DOGFIGHT
ライバル機大全

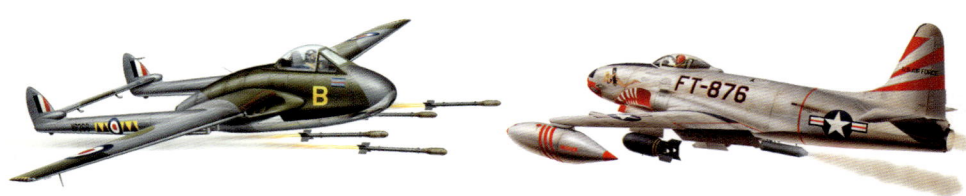

ロバート・ジャクソン & ジム・ウィンチェスター 著

松崎豊一 監訳

原書房

CONTENTS

DOGFIGHT
MILITARY AIRCRAFT COMPARED AND CONTRASTED
Robert Jackson & Jim Winchester

INTRODUCTION
004 はじめに

FROM BIPLANE TO DIVE-BOMBER
010 第1章 複葉機から急降下爆撃機まで

COMBAT TYPES OF THE DECISIVE YEARS 1943-45
052 第2章 対戦の行方を決した
　　　　 1943年－45年に活躍した航空機

THE EARLY YEARS OF THE COLD WAR 1945-60
086 第3章 冷戦初期の時代　1945年－60年

AIRCRAFT OF THE VIETNAM ERA 1964-74
128 第4章 ベトナム戦争時代の航空機
　　　　 1964年－75年

COMBAT TYPES FROM 1975 TO THE PRESENT DAY
162 第5章 1975年から現在までの航空機

AFTERWORDS
220 監訳者あとがき

はじめに

空中戦にある種の特別なロマンと魅力を与えているものはいったい何だろうか？それは、何にも増して個々のパイロットの存在そのものだ。
勇気や判断力、視覚や反射能力の鋭さという個人の資質がぶつかり合い、複雑で力強い機械を制御する能力が試される。

火薬が発見された時代から航空機が発明されるまでの500年以上、戦闘はほとんど見ず知らずのあいだで行われてきた。大部隊によって勝敗が決まり、爆発物が用いられるようになると、戦闘区域は拡大していった。そして、個人の勇敢さや戦闘に参加する者の武芸の重要性は、しだいに低下していった。もちろん、ブレニムやワーテルロー、ゲティスバーグなどの戦いでは、熾

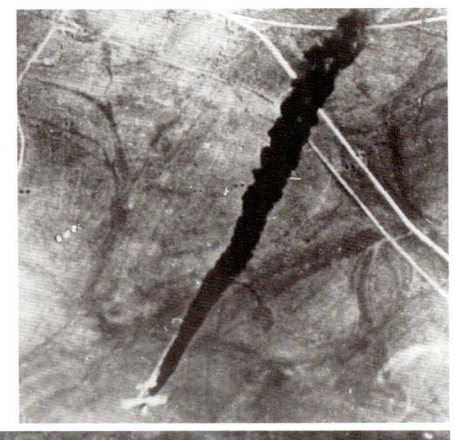

右：第1次世界大戦の西部戦線における空中戦で、連合国軍の戦闘機が墜落する

下：モラン・ソルニエ N の操縦席で 7.6mm ホッチキス機関銃を構える、フランス空軍のエース、ローラン・ギャロ

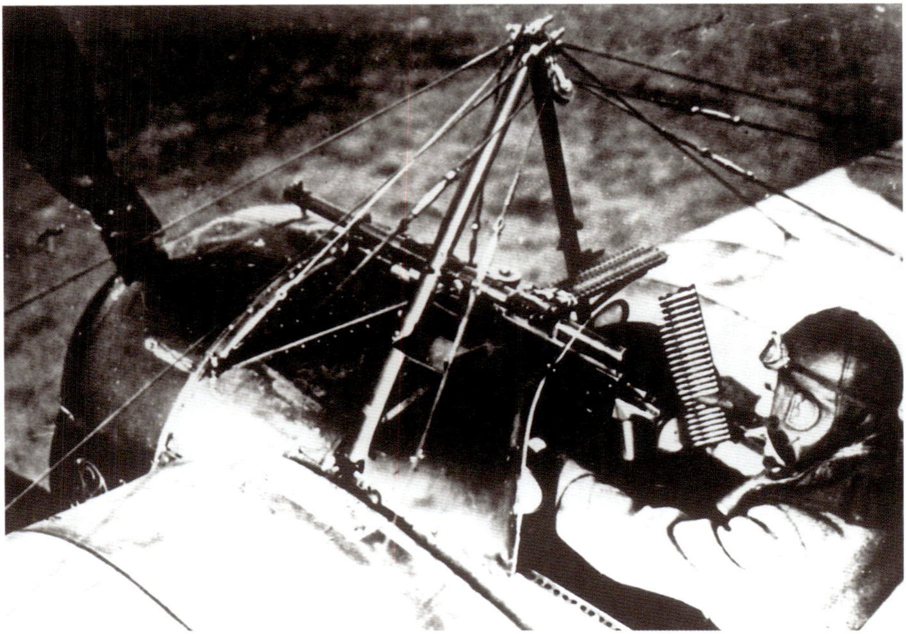

上：バトル・オブ・ブリテンのときに南イングランド上空を彩った空中戦による排気ヴェイパーの軌跡。この戦いは、ほぼエアパワーだけで勝敗が決した史上数少ない軍事作戦だった

左：1944年4月の任務の前に作戦の説明を受けるアメリカ陸軍航空隊P-51マスタングのパイロット。マスタングはやがて、ドイツに向かうアメリカ陸軍航空隊爆撃任務における全行程にわたる護衛戦闘機となる

烈な白兵戦があった。しかし、勝敗を左右する基本的な要素は火器の配備とその量にかかっていたのだ。第1次世界大戦時のヴェルダンの戦いでは、何万もの歩兵が目に見えぬ遠くの大砲から発射される高性能炸薬砲弾の嵐のなかを逃げまどい、武器を手にすることもできずに命を落とした。

しかし空中戦は、黎明期から今日に到るまできわめて個人的なものであり、高度に発達した技術が、逆に人間の知性や勇気という美徳、危険を予測できる能力を際立たせるのである。追撃するフォッカーが距離を縮めてくるなか、弾詰まりを起こしたルイス式軽機関銃の弾倉を手袋をした手で必死に叩く第1次世界大戦時の射撃手と、追尾してくる地対空ミサイルを振り払おうと

急降下する現代の戦闘機のパイロットは、直接つながっているのだ。

　空中戦には、ある種冷徹な孤立感もある。チェス盤上の対決と同様に常に敵の存在が感じられ、意志の力と狡猾さが戦闘を決する。しかし、チェスの対戦相手の顔や眼をじっくりと観察して人格への手がかりや推論を得ても、その真の姿はやはり謎のままである。他方空中戦では相手の顔を見ることすらめったになく、パイロットは互いに謎のまま対戦することになる。

　それどころか空中戦で勝者になったとしても、自分の武勲の実際の効果さえ見ることもできない。銃弾が敵のコックピットを切り裂き、骨組みや革、機器を砕くのは、0.2-3秒というほんの一瞬だ。高度が高ければ、風防が粉々になった瞬間に与圧が失われる。機を支えていた翼面に破滅的な損傷が生じ、冷却液が漏れ出し、引火した燃料がオレンジ色の火の玉と化す。この最後の出来事さえ遠くからしか観察できず、その勝利の瞬間がスピードや旋回率の高さによってもたらされたものだとしても、それは危険からのつかの間の解放でしかない。

　パイロットとは、ほかの兵士とは違う存在だ。彼らは航法士であり、数学者であり、気象と地理の専門家でなければならない。また、射撃手でありスポーツ選手でなければならない。しかも、殺人者の本能と、危機の瞬間に肉体の限界以上にあごを食いしばって耐えることができる動物的な強靱さがなければ、生き残ることは危うい。卓越した精鋭であり、その物語は英雄物語なのだ。

　本書の目的は、第1次世界大戦時のフランドル上空でのもつれあうような空中戦から、現代のジェット戦闘機の超音速での遭遇まで、過去1世紀のあいだに戦闘飛行を行ったパイロットの経験を読者と分かち合うことにある。本書に登場する航空機のペアは、ほとんどが敵味方の組み合わせだが、戦闘能力での競争相手を配した場合もある——味方内で互いに競争していた航空機だ。比較するための組み合わせもあるし、ある特定任務のために設計されながら、非常に異なる環境と戦闘状況で活躍した航空機がペアとなっている場合もある。

アメリカ空母ヨークタウンからの対空砲火によって爆発する中島飛行機の雷撃機「天山」艦上攻撃機。太平洋戦域では、制海権のもとでの航空戦力が勝敗を決めた

右：照準器に捕らえられた MiG-19 の中国版シェンヤン F-6。冷戦時代のミグ戦闘機はきわめて運動性が高く、F-4 ファントムⅡのようなより高速で最新の戦闘機にとっても大きな脅威だった

下：ベトナム戦争のさなか、マクドネル・ダグラス F-4 ファントムⅡの前でミグ撃墜の V サインを示すアメリカ空軍パイロット。スプリッタープレートには爆撃ミッションのスコアが描かれている。ファントムがベトナムに導入された当初、空対空武装はミサイルのみだったが、のちに運動性の高いロシア設計の戦闘機との空中戦では機関砲がないことが深刻な欠陥だと判明し、機首部に 20mm バルカン砲が追加された

本書のはじまりは1918年のフランドル上空で、有名な〝レッド・バロン〟マンフレッド・フォン・リヒトホーフェンが搭乗して名を残したフォッカー三葉機だ。この航空機と比較するのはスパッドⅩⅢで、これを使用した連合軍の全ての飛行隊に良い結果をもたらし、新たに戦いに参加したアメリカ軍航空隊のパイロットにとって、敵ドイツ軍の歴戦のパイロットへの対抗を可能とした航空機だ。この機によってはじめてアメリカ軍エースが誕生し、アメリカ人パイロットは勇猛であるという、それから何十年もつづく伝統を作り上げたのである。

最初に取り上げるのは、複葉機から単葉戦闘機と単葉爆撃機までの進歩だ。イタリアのサヴォイア・マルケッティ SM79 やイギリスの有名なヴィッカース・ウェリントン、スーパーマリン・スピットファイア、そしてドイツのメッサーシュミット Bf109 のような単葉戦闘機と爆撃機は、第2次世界大戦初期にすべての主要国空軍の主力となった。両大戦間時代の後半には、航空戦

INTRODUCTION

の様相を変えた伝説的な航空機が出現する。1940年から41年にヨーロッパと中東を暴れ回った悪名高いユンカースJu87ストゥーカ急降下爆撃機や、太平洋のミッドウェーでの作戦行動が戦争の行方を変えたダグラス・ドーントレスなどだ。

物語は第2次世界大戦後半へとつづく。新しい革新的な戦闘機が高速と高度なテクノロジーを駆使した航空戦の基礎を築き、それ以後の時代の方向性を決めることになる。この流れは、最も危険な時代だった冷戦の最初の時代へとまっすぐにつづいていく。エアパワーの根幹が、核武装した戦略ジェット爆撃機と、それを撃ち落とす手段の発達にあるという考えが大勢を占めることになったのだ。

その後の冷戦時代にはさらなるエアパワーの革新が起こり、力点は次第に大量破壊兵器から離れてグラマンA-6イントルーダーなどの航空機が放つ〝スマート〟な武器へと移っていった。そしてこれが制限戦争における成功の鍵だったのだ。本書の戦闘機の物語の終わりは、世界中の空における治安維持活動を行うために最適化された航空機だ。いまや、F-15やMiG-29のような昔の敵機はしばしば同じ陣営にあり、NATOや昔のワルシャワ条約軍の搭乗員たちがお互いに緊密な同盟関係で行動している。

右：マクドネル・ダグラスF-15イーグルは、ほぼ間違いなく20世紀後半を代表する戦闘機だ。上昇速度が速く、最高速度は2655km/h、優れた運動性を備え、空中迎撃から地上攻撃まで幅広い任務をこなすことができる

左：F-16ファイティングファルコンは、ジェネラル・ダイナミクスによって造られた軽戦闘機システムだ。形状は空力的に不安定だが、空中戦を行う航空機に必要な鋭敏な操縦性が可能となり、翼下のハードポイントに武器を搭載しても9Gまで耐えることができる

上：スホーイ Su-27 フランカーは1980年代に高性能制空戦闘機として就役した。素晴らしい運動性と2500km/hという最高速度を持つこの機が登場したとき、F-15 イーグルですら太刀打ちできないと考えられた

右：ノースロップ B-2 スピリット爆撃機は、1機あたり約9億ドルのコストがかかった。〝ステルス〟技術のおかげで敵のレーダーシステムにほぼ捕捉されないこの機は、敵の領地深くに侵入して精密照準爆撃を実行するために設計された

FROM BIPLANE TO DIVE-BOMBER

　第1次世界大戦から第2次世界大戦までの20年に、戦闘用航空機開発では大きな技術的進歩が見られた。しかし、1本の頑丈な翼桁が翼端から翼端まで通り、胴体を横切っている片持ち翼単葉機の方が、支柱とワイヤで支えられた複葉機より優れた考え方だと設計者たちが最終的に納得するまでに、15年もの年月がかかった。このため、やがて訪れる戦いで大きな役割を担うことになる単葉の戦闘機と爆撃機が、世界の主要な航空機製造会社から生み出されるようになるのは、1930年代なかばのことである。

　この時代、優秀な戦闘用航空機開発の要は高性能の航空エンジンであり、第1次世界大戦直後にこの点で指導的立場を確立していたのはアメリカとフランスだった。外国に記録破りの成功を持っていかれたイギリスの主要な航空機エンジン製造会社は、自社のエンジン設計理論を根本から見直す必要に迫られることになった。

　ロールスロイスからは、以前のエンジンから格段の進歩をとげたケストレルが生まれ、これはイギリス空軍の非常に優秀なホーカー・ハート軽爆撃機とホーカー・フューリー戦闘機に採用された。

　ケストレルの究極型であるケストレルV

ケンリーでグロスター・ゲームコックの前に整列するイギリス空軍第2飛行大隊の航空機搭乗員。ゲームコックは25％の事故損失率を記録した。

第1章
複葉機から急降下爆撃機まで

は、やがて第2次世界大戦できわめて大きな役割を果たす、ロールスロイス・マーリン・エンジンのプロトタイプであるPV-12へと発達していく。皮肉なことに、ドイツの最も有名な戦闘機、メッサーシュミットBf109のプロトタイプの動力装置は、輸入されたロールスロイス・ケストレルだった。

星型エンジンに関する限り、第1次世界大戦終結直後のイギリスの努力はあまり成功したとは言えなかった。イギリス戦闘機の戦後最初の世代であるシスキンやグリーブ、フライキャッチャーのような機は、複雑で扱いにくく重い2重星型エンジンのアームストロング・シドレー・ジャガーで動いており、稼働寿命の短さと潤滑問題に悩まされていた。この状況が改善されたのは、1925年にブリストル・ジュピターが導入されたときだ。このエンジンは、第1次世界大戦後に設計されたイギリス戦闘機初の成功作であるグロスター・ゲームコックと、のちにブリストル・ブルドッグの動力装置として使われた。ジュピターの後継エンジンであるマーキュリーが搭載されたのは、イギリス空軍の最後の複葉戦闘機、グロスター・グラディエーターと、第2次世界大戦勃発時にイギリス空軍爆撃機隊の主力となったブリストル・ブレニムだった。戦争勃発直前に完成したばかりの、より強力な星型のブリストル・ハーキュリーズは恐るべきブリストル・ボーファイターに搭載され、このエンジンと機上レーダーをともに搭載していた同機は、1941年にドイツ空軍の夜間爆撃機を撃破することになる。

1930年代なかばごろには、ロールスロイスが高性能液冷航空機エンジンの開発で確固たる優位を確立しており、1934年にはPV-12がホーカー・エアクラフト・カンパニーが開発していた単葉型フューリー——のちにハリケーンと呼ばれることになる——に搭載することが認められた。また同様に、シュナイダー・トロフィー・レースで有名な高速水上機に基づいて設計されたスーパーマリン社の単葉戦闘機の動力装置にも選ばれた。この機が、名機のスピットファイアである。

アメリカでは、液冷のカーティスD.12の成功にもかかわらず、航空機エンジン製造会社、なかでもライトとプラット＆ホイットニーの2社は、ダグラス・ドーントレス艦上急降下爆撃機のような新世代戦闘用航空機のための星型エンジン開発に集中していた。この2つの会社は、第2次世界大戦で軍用航空へ大きな貢献をすることになる。

ダグラスSBD-3ドーントレス急降下爆撃機。ドーントレスは1940年に就役し、太平洋でのアメリカ空母の勝利の中心的役割を果たした。

フォッカーDr.I

イギリスのソッピース製三葉機の成功はドイツ軍最高司令部を刺激し、ドイツの全航空機メーカーが三葉機（ドライデッカー）の製造を命じられた。設計された航空機のうち、ファルツDr.Iとフォッカーडr.Iの2機だけが製造に入り、ファルツが10機のみ生産された。三葉機に時間を費やすことを好まなかったアントニー・フォッカーは、V4という名前の実験的な複葉機の胴体を元にした航空機を製造した。元々の機に、布張りの3枚の主翼を取り付け、車軸に翼型のカバーを付け加えたのだ。2機の増加試作型V4はF.Iとして1917年8月下旬に前線に輸送され、第1次世界大戦のエースパイロット、マンフレッド・フォン・リヒトホーフェンとヴェルナー・フォスによって評価されることになった。リヒトホーフェンのF.I 102/17はやがて全体を真っ赤に塗装され、すぐに彼にとって60回目の勝利をもたらした。

ヴェルナー・フォスは、1917年9月23日に勇壮な空中戦ののちに撃墜されて死亡し、一方〝レッド・バロン〟のF.Iは別のパイロットが操縦しているときに失われた。生産型のフォッカーDr.Iは、リヒトホーフェンのJG1（第1戦闘航空団）〝フライング・サーカス〟に10月に配備された。実際に生産されたのは320機に留まり、ドイツ帝国軍航空隊における就役数は最大でも170機を超えることはなかった。

ドイツ帝国軍航空隊　第1戦闘航空団　第11戦闘中隊
1918年　フランス　キャピー

Dr.Iは1918年のドイツ軍の春の攻勢で大活躍し、〝レッド・バロン〟リヒトホーフェンは不朽の名声を得た。彼は80機の撃墜のうち20機をイラストにある425/17を含む3機のDr.1で成し遂げた。リヒトホーフェンは、1918年4月21日にこの機に搭乗して撃墜されている。残されたレッド・バロンのフォッカー三葉機は第1次世界大戦後にベルリンで展示されたが、第2次世界大戦中の連合国軍の爆撃で破壊された。

Fokker Dr. I

機種：三葉戦闘機
乗員：1名
動力装置：オーベルウールゼルUR.Ⅱ　9気筒ロータリー・ピストンエンジン　110hp×1
性能：最高速度185km/h　実用上昇限度6100m
　航続時間1時間30分
外寸：翼幅7.19m　全長5.77m　全高2.9m
全備重量：586kg
兵装：同期式7.92mm LMG 08/15 機関銃×2

スパッドXIII 🇫🇷

1917年5月、フランスの戦闘機部隊は西部戦線で新しいスパッドXIIIを標準配備とし始めた。この機は先行機と同様に銃の発射プラットフォームとして優れており、きわめて頑丈だったが、低速飛行はむずかしかった。イスパノスイザ8Baエンジンと前方射撃用ヴィッカース機関銃をそなえたこの機は、当時ではきわめて珍しい225km/h近くの最高速度を出し、6710mまで上昇できた。その後スパッドXIIIは80以上の飛行隊に配備され、8472機が生産された。また、アメリカ海外派遣軍がこの型式を893機購入して16個飛行隊に配備し、さらにイタリアにも供給されて、そのうち100機は1923年まで現役だった。第1次世界大戦が終わったあと、スパッドXIIIの余剰機は売りに出され、ベルギーが37機、ポーランドが40機を購入し、チェコスロバキアと日本にも輸出された。

アメリカのエース、エディー・リッケンバッカー空軍大尉は、スパッドXIIIを「今までで最上の機だ」と表現している。この頑丈な飛行機は空中戦によく耐え、第1次世界大戦の前線では、ロータリー・エンジン搭載の他機より高速で飛ぶことができた。操縦性には劣ったが、その分上昇性能と最高速度で埋め合わせていた。

**フランス陸軍航空隊　SPA.48 戦闘飛行隊
1917年　西部戦線**

イラストのスパッドXIIIには、部隊のモットーである「歌い、かつ闘う」に由来する、鳴く雄鶏を描いたSPA.48飛行隊のエンブレムがついている。同飛行隊はスパッドS.VIIも使用していたが、こちらはほとんどが迷彩塗装されていなかった。この型式にはフランス空軍のエース、ジョルジュ・ギンヌメールが搭乗し、1917年9月に撃墜されて死亡するまでに54回の勝利をあげている。1機がサロン・ド・プロヴァンスのフランス空軍士官学校に保存されている。

SPAD XIII

機種：複葉戦闘機
乗員：1名
動力装置：イスパノスイザ 8BEc 8気筒V型エンジン　220hp×1
性能：最高速度224km/h　実用上昇限度6650m　航続時間2時間
外寸：翼幅8.1m　全長6.3m　全高2.35m
全備重量：845kg
兵装：7.62mm 機関銃×2

フォッカーDr.I vs スパッドXIII

マンフレッド・フォン・リヒトホーフェン男爵が赤く塗装して搭乗したことで有名になったフォッカーDr.Iは（Drは三葉機を意味するDreideckerを示す）、1917年10月に就役した。

Dr.Iはきわめて運動性が高かったが、新世代の複葉戦闘機とはすでに大きな性能の差があり、大量に配備されることはなかった。この機が戦闘で成功をおさめられたのは、むしろ搭乗する経験豊富なパイロットの腕のおかげだった。

ドイツ軍エース

機敏で高い操縦性を持つDr.Iに最大限の能力を発揮させるには、経験豊富なパイロットが飛ばす必要があった。マンフレッド・フォン・リヒトホーフェンがその代表だが、そのほかにも優秀なパイロットはおり、なかでも有名なのは騎兵の経験から仲間たちに〝クレフェルトの騎兵〟と呼ばれていた、ヴェルナー・フォスだ。1917年4月、Dr.Iをテストする少数精鋭のパイロットグループに選ばれ、はじめてこの機を飛ばしたフォスは、この小型機はサラブレッドのように一流だと本能的に感じ取った。

Dr.Iが前線の飛行隊に到着するには数週間かかるため、そのあいだにフォスは、みずからは三葉機に乗り、アルバトロスD.V.で編制された飛行隊の指揮をとった。

『フォスは自分を表現する色を決め、飛行機全体を黒く塗装し、胴体の両側に白いドクロと交差する骨のマークを描いた』

フォスの敵撃墜数が30機に達した1917年7月末になると、飛行隊すべてにDr.Iが配備され、同機に搭乗したフォスは8月の最初の10日間に連合国軍の航空機をさらに5機撃墜した。8月が終わる前にさらに4機を撃墜し、9月にはさらに複数勝利を何度も重ねて卓越した技量を見せつけた。5日の朝、彼はソッピース・パップを撃ち落とし、さらにその日のうちにフランスのコードロン偵察機を撃墜した。5日後、彼はソッピース・キャメルの3機編隊を奇襲し、1機を最初の射撃で撃ち落とし、1機を上空で爆発させ、もう1機が敗走するまで追撃した。それから彼はFE.2dを捕捉し、攻撃した。そしてイギリスの複葉機の翼は引き裂かれてしまった。

1917年9月23日、ヴェルナー・フォス

ドイツ空軍のエース数名が搭乗したフォッカー三葉機は、1916年のイギリスのソッピース三葉機から触発されて誕生した。

1960年に空を飛ぶ完璧に復元されたスパッドXIII。第1次世界大戦のビンテージ航空機をコレクションしている、アメリカ人パイロット、コール・ペイレンが操縦している。

は48回目の勝利をあげたが、激烈な空中戦のあと、イギリス陸軍航空隊第56飛行隊のアーサー・リーズ＝デイヴィズ大尉によって撃墜されて死亡した。華麗で恐れを知らぬ空の戦士だったフォスは、愛機を完全に手中にしていたパイロットだった。

フランスの対戦相手

フランス軍のエース中のエース、ルネ・フォンクは有名なコウノトリ飛行隊でスパッドXIIとXIIIに搭乗し、終戦までに75回の勝利をあげた。フォンクは、空中での戦いの細部にまでこだわり抜いた。視覚や心臓、筋肉、反射神経を強化する新たな方法を常に考え出し、また同時に機械と武器が技術的に完璧であるように確認を怠らなかった。

フォンクは空中戦闘に彼独自の科学を取り込み、貴重な自由時間を相対速度や偏向角などの研究に費やした。彼は可能な限り多くの撃墜した敵機を調査しているが、これはおかしな趣向を持っていたというわけではなく、敵の視界の〝盲点〟を突き止めようとしていたのだ。

『フォンクの空中戦での弾薬使用の少なさは伝説とも言えた。敵機を撃ち落とすのに1ダース以上の弾を使うことはめったになかった』

フォンクの成功の秘密は、正確な位置決めと抜群の狙撃の腕前という2つにあった。彼は、ほとんどだれも見ることができないほど遠くの1フラン硬貨をライフルの弾1発で撃ち抜くことができたのだ。

スパッドXIIIの操縦性はフォッカー三葉機には及ばなかったが、高速と素晴らしい上昇力を持っていた。それらはスパッドに乗るフォンクやほかのベテランパイロットにとって大きな利点となった。フォンクの戦術は非常にシンプルだ。高く飛び、ほぼ常に対戦相手より上空の位置を取る。そして慎重にタイミングを計り、高度と速度を利用して奇襲をかけるのだ。卓抜した射撃能力のおかげで、ほぼいつでも1回射撃しながら急降下するだけで相手を撃墜することができた。また、旋回戦闘を避けることで、速度を殺すことなく再び高々度まで上昇することができた。

フォンクは、忘れられない空中戦について語っている。休暇から呼び戻されて、トレコンの部隊に合流するためにパリから飛行していた1918年7月16日のことだ。「2機の複座戦闘機LVGが真っ直ぐ前方に見え、6機のフォッカーD.VIIが460m上空に飛んでいるのが見えた。私のスパッドにはコックピットの足元にスーツケースが2個とワイン1箱が押し込まれていたが、攻撃することにした。フォッカーは無視して複座戦闘機に向かって射撃すると、両機とも炎を上げて墜落していった。復讐に燃えるフォッカーが追撃してきたが、彼らを振り切って、貴重なワインも無傷でトレコンに無事着陸した」

ブリストル・ブルドッグ II

ブリストル・ブルドッグはホーカー・フューリーとともに、1930年代のイギリス空軍戦闘機軍団の代表機である。プロトタイプのブリストル・タイプ105・ブルドッグは、1927年5月のイギリス空軍戦闘機要求仕様の候補機として初飛行した。〝性能比較飛行〟がブリストル機といくぶん性能の良いホーカー・ホーフィンチとのあいだで行われ、改良型のタイプ105Aが1928年にブルドッグIIとして選定された。採用された理由は、より現代的な鋼管構造とより安価なジュピター星型エンジンの2つだった。Mk II が92機作られたあとに、より強力なジュピター・エンジンを動力装置とするMk IIAが268機生産された。

先行機のソッピース・スナイプよりすぐれた操縦性を持っていたものの、ブリストル・ブルドッグはさほど高速でも、上昇力にすぐれているわけでもなく、機関銃2挺という兵装も同じだった。しかしブルドッグは、イギリス空軍戦闘機としてはじめての無線機と酸素供給装置をそなえていた。慎重すぎる仕様を策定した航空省の保守的方針のため、イギリスの戦闘機開発は1920年代にはほとんど進歩がなかった。イギリス空軍の戦闘機は、1937年から38年にハリケーンとスピットファイアが導入されるまで、2挺あるいは4挺の小口径機関銃をそなえた複葉機だけだったのだ。

**イギリス空軍戦闘機軍団　第23飛行隊
1932年　ケント州　ビギン・ヒル空軍基地**

第23飛行隊は、1929年から1937年にブルドッグが配備されていた10個の第一線部隊の1つである。第23飛行隊がブルドッグを使っていた時代は、実際には1931年から1933年までで、このK1678機はこの間ずっと第23飛行隊で使われたのち、第2航空機供給部隊（ASU）へと送られ、1938年に抹消された。第23飛行隊はずっと多座戦闘機を飛ばしており、1960年代に入って単座のライトニングが導入された。複座のファントムやトーネードF.3の使用へと戻った同隊は、今日ではワディントン空軍基地でセントリーAEW.1 AWACS（E-3D）運用部隊として活動している。

Bristol Bulldog II

機種：単座昼間戦闘機
乗員：1名
動力装置：ブリストル・ジュピターVIIF星型ピストンエンジン　330hp×1
性能：最高速度280km/h　実用上昇限度8930m
　　　航続距離563km
外寸：翼幅10.31m　全長7.62m　全高2.99m
全備重量：1600kg
兵装：7.7mm　ヴィッカース機関銃×2

ポリカルポフ I-16

1933年12月31日に初飛行したポリカルポフI-16は、世界ではじめて引き込み式降着装置を持つ生産型単葉戦闘機だった。ソ連製のこの機は数多くの戦闘を経験しているが、その最初はスペイン内戦だ。

共和国派からは〝モスカ（ハエ）〟、民族独立派（フランコ将軍派）からは〝ラタ（ネズミ）〟とニックネームをつけられたI-16は、ハインケルHe51よりはるかに優秀だったことが証明されている。またこの機は、相手側の民族独立派で最も数の多かったフィアットCR.32より速かったが、イタリア機の方が運動性がいくぶん高く、機銃の発砲に際して安定が良かった。

I-16は1937年から39年にかけて、日中戦争とソ連と満州の国境地帯であるノモンハンでの紛争で戦闘に参加した。また1939年から40年のソ連とフィンランドの〝冬戦争〟に参加し、3機から4機編隊でフィンランドの飛行場への低空攻撃を主として行った。

I-16は1941年6月のドイツによる侵攻時にも、赤軍の第一線戦闘機部隊の主力を占めていた。そして、1942年のレニングラードの戦いとクリミア戦線でも、第一線の戦闘機として飛びつづけた。このI-16は、1940年の生産終了までに6555機が製造されている。

1938年　スペイン共和国空軍　第4モスカ飛行隊

スペインに最初に到着した機は1936年11月15日に最初の戦いに出撃し、バルデモーロやセセニャ、エキビアスに進軍中の民族独立派軍に対する共和国派軍の反撃に際し上空援護作戦を行った。イラストのI-16の尾翼に描かれた独特な〝ポパイ〟のマーキングは、第4飛行隊の所属であることを表している。CM-125という記号のこの機は、1938年9月13日に墜落して失われた。

Polikarpov I-16

機種：戦闘機
乗員：1名
動力装置：シュベツォフM-63　9気筒星型エンジン　1100hp×1
性能：最高速度489km/h　実用上昇限度9000m
　　　航続距離700km
外寸：翼幅9m　全長6.13m　全高2.57m
全備重量：2095kg
兵装：7.62mm 機関銃×4 または 7.62mm 機関銃×2、20mm 機関砲×2
　　　爆弾、ロケット弾　500kg

ブリストル・ブルドッグ vs ポリカルポフ I-16

ブリストル・ブルドッグは1939年には時代遅れになっていたが、1939年から40年の〝冬戦争〟ではフィンランド空軍機として戦い、はるかに性能の優れたソ連機に対して称賛に値する戦功を記録した。

フィンランド空軍のブルドッグとロシア機の最初の接触は、LLv26（第26飛行隊）の2機のブルドッグが6機のポリカルポフI-16戦闘機から攻撃を受けた12月1日の朝だった。混戦のさなかに2機のブルドッグは離ればなれになり、空軍軍曹のトイフォ・ウゥトゥは1人で敵と対峙することになった。彼はI-16に数回の射撃を行って1機を撃墜したが、これが冬戦争で最初の空中戦での勝利となった。ウゥトゥ自身も不時着し、負傷している。

『ブルドッグが、機敏なソ連機に完全に劣っていたのははっきりしていた——ソ連機は世界初の引き込み式降着装置を備えた単葉戦闘機だった』

12月が終わるまでに、さらに2機のSB-2爆撃機と1機のI-16というソ連機がブルドッグのパイロットによって撃ち落とされ、またさらに1月にはSB-2が撃墜されたが、ブルドッグが機敏なソ連機に完全に劣っていたのははっきりしていた。相手は世界初の引き込み式降着装置を備えた単葉戦闘機だったのだ。

輸出の成功

ブリストル・ブルドッグが1930年代はじめにイギリス空軍で就役したとき、この機は特に速度において以前の戦闘機より大きく進歩しており、輸出市場で人気を得た。17機がフィンランドに供給され、馬力強化型ブリストル・マーキュリーVIS2エンジン搭載などの多くの改良をほどこされ、スキーを装備した機もあった。

冬戦争の終わりごろ、I-16は地上攻撃作戦に頻繁に使われるようになった。ソ連の多くのI-16部隊はヒット・エンド・ラン侵略戦術に熟練し、3機から4機編隊でフィンランド領土深くに飛来するようになった。フィンランド機が離着陸時に襲来するI-16によって捕捉されることも数度あり、多くの機が撃墜された。

またブリストル・ブルドッグは、I-16

ブリストル・ブルドッグには時代遅れという明白な欠点があったにもかかわらず、1939年～40年の冬戦争で、フィンランドのために勇敢に戦った。

Bristol Bulldog II vs Polikarpov I-16

I-16は1941年のモスクワ防衛のときにドイツ地上軍への攻撃に使われ、1943年まで前線で戦っていた。

と同様にスペイン内戦でも戦っている。このときには両機とも共和国側で戦い、ブルドッグはイギリス人パイロット、I-16はロシア人〝義勇兵〟とスペイン共和国軍パイロットが操縦した。ロシア人たちは、飛行指揮官のもとで飛行隊単位で派遣されることが多かった。スペイン内戦後期になると、ブルドッグのような旧式機は、司令官の名を冠したクローネ・サーカスとして知られる単一部隊で集中して使われ、サンタンデル防衛戦などにも投入された。

『設計と性能における明白な違いは別として、両機の大きな違いは兵装だった。ブルドッグは機関銃2挺のみだったのに、I-16には機関銃4挺、もしくは機関銃2挺と機関砲2門が装備されていた』

スペイン内戦では、I-16は大々的に地上攻撃に使われた。最も成功した作戦が行われたのは1937年3月で、民族独立派側で戦っている3万もの兵力のイタリア軍5個師団が、アルゴラ村からバルセロナ幹線道路ぞいに進軍していたときだ。イタリア軍は48時間で32km前進し、彼らの前方にいる共和国軍は隊列を崩さずに粛々と後退していった。実は、共和国軍は航空攻撃が行われることを数日前に知らされており、その秩序正しい撤退の理由がやがて明らかになる。3月10日、多くのI-16を含む100機を超える共和国軍機が混雑した幹線道路を急襲し、イタリア軍を粉砕した。道路はすぐに燃え上がる輸送車で動きがとれなくなり、イタリア軍が混乱から抜けだそうと戦っても、前日に降った雨でできたぬかるみに足を取られるだけだった。

兵装の差

飛行場が近接しているおかげで、共和国軍の戦闘爆撃機は一日中絶え間なく攻撃を仕掛けることができた。一方で、進軍を援護するはずのイタリア軍戦闘機航空団2個と爆撃機飛行隊2個が軍事行動を行っていたのは北部のソリアからで、さらに基地と戦闘地域のあいだには高地があった。この結果、悪天候ともなるとイタリア軍機は霧に包まれた丘陵地帯を越えなければならず、殺到する共和国軍航空機に反撃できたのは、ほんの少数にしかすぎなかった。この機に乗じて共和国地上軍は大挙して反撃し、イタリア軍を16kmほど押し返した。イタリア軍は4000名を超える死傷者を出し、装備の大部分は機銃掃射によって破壊されたり、泥のなかに放棄されることになった。

ブリストル・ブルドッグとポリカルポフI-16を詳細に比較するのは、不公平というものだろう。このソ連製戦闘機が登場したとき、ブルドッグはすでに時代遅れになっていたのだから。設計と性能における明白な違いは別として、両機の大きな違いは兵装だった。ブルドッグは機関銃2挺のみだったのに、I-16には機関銃4挺、もしくは機関銃2挺と機関砲2門が装備されていた。

メッサーシュミット Bf109

　メッサーシュミット Bf109 V1 プロトタイプは 1935 年 9 月に初飛行を行い、1939 年 9 月に第 2 次世界大戦が勃発したときには、1060 機のさまざまなサブタイプの Bf109 がドイツ空軍戦闘機部隊に配備されていた。そのなかの Bf109C と Bf109D は、すでに Bf109E シリーズに置換されており、この機は 1940 年を通じてドイツ空軍戦闘機部隊の主力機となっていく。このシリーズは E-9 にまで及び、戦闘機や戦闘爆撃機、偵察機として造られた型もある。10 機の Bf109E が、ドイツが計画した空母〝グラフ・ツェッペリン〟からの作戦行動のために改造され、Bf109T の記号が与えられた。

　Bf109E-3 はバトル・オブ・フランスでのイギリス空軍戦闘機の主たる対戦相手であり、合計 4 挺の MG17 機関銃が機首に 2 挺、主翼に 2 挺装備されており、エンジン取付の FF 機関砲 1 門はプロペラ軸から発砲できた。しかし、この配置はトラブルが多く発生したため機首取付機関砲は取り外され、Bf109E-4 型の主翼にはエリコン機関砲が 2 門搭載された。そしてこの型は、バトル・オブ・ブリテンでのほとんどのドイツ軍戦闘機部隊に装備されることになった。

**ドイツ空軍　第 3 戦闘航空団　第 I 飛行隊
1940 年 8 月　フランス　グランヴィル**

イラストの Bf109E-4 は飛行隊司令官ハンス・フォン・ハーンの乗機で、第 3 戦闘航空団 I 飛行隊（I/JG 3）の部隊章である、タッツェルヴルム（かぎ爪を持つ龍）が機首に描かれている。この部隊章は、飛行隊本部の航空機には緑色、第 1 中隊機には白、第 2 中隊機には赤、第 3 中隊機には黄色で描かれていた。ハンス・フォン・ハーンは、独ソ戦までに 34 機を撃墜している。

Messerschmitt Bf109E-4

機種：戦闘機
乗員：1 名
動力装置：ダイムラー・ベンツ DB 601 Aa 12 気筒倒立 V 型エンジン　1175hp × 1
性能：最高速度 560km/h　実用上昇限度 10500m　航続距離 660km
外寸：翼幅 9.87m　全長 8.643m　全高 2.50m
全備重量：2665kg
兵装：20mm 機関砲 × 2、7.92mm 機関銃 × 2

Messerschmitt Bf109 vs Hawker Hurricane

ホーカー・ハリケーン 🇬🇧

　基本的にスピットファイアと同じ仕様で造られ、同じマーリン・エンジンが搭載されていたホーカー・ハリケーンは速度が遅く、運動性にも劣っていたが、頑丈で武器発射時の安定性が高く、スピットファイアが不足したときでも対応することができた。1935年11月にプロトタイプが初飛行を行ったハリケーンは、量産化がスムーズに進んだためバトル・オブ・ブリテンにおいてイギリス空軍で最も多数を占めていた効果的な戦闘機だった。その後すぐに、本土防衛任務に振りかえられたが、ハリケーンは当時連合国が入手可能な戦闘機としては最も優秀だったことから、地中海や北アフリカ、中東の部隊で使用するために供給された。ハリケーンはマルタ島防衛や北アフリカ、ビルマ戦線で目覚ましい働きをしている。

　ハリケーンMkⅡには2段過給器の付いたマーリンXXエンジンが搭載され、兵装の違いが主となる改良型が数多く生まれた。ⅡDは地上攻撃に特化したモデルで、戦車破壊のための重機関砲2門で武装しており、下面には追加の防弾装甲がほどこされていた。MkⅡDの成功により、MkⅡDと同じ機関砲ポッド装備を、ロケットや爆弾と交換できるハリケーンMkⅣの生産へとつながっていった。

イギリス空軍　砂漠空軍　第6飛行隊　1943年　チュニジア

HV663は1943年後半に造られて北アメリカへ輸送され、はじめはチュニジアのカルタゴにある第71作戦訓練飛行隊で使われた。その後、1942年6月からハリケーンMkⅡDを飛ばしていた〝空飛ぶ缶切り〟というあだ名を持つ第6飛行隊へ配備された。この飛行隊は1943年2月にエジプトから戦闘地域へと移動し、チュニジアまでイギリス陸軍第8軍を援護しつつ、強力な40mm機関砲でドイツのアフリカ軍団に大損害を与えた。

Hawker Hurricane mk IID

機種：単座地上攻撃戦闘機
乗員：1名
動力装置：ロールスロイス・マーリンXX　V型12気筒ピストンエンジン　1280hp×1
性能：最高速度460km/h　実用上昇限度10365m　航続距離740km
外寸：翼幅12.19m　全長9.81m　全高3.95m
全備重量：3720kg
兵装：主翼下ポッドに40mmヴィッカースS機関砲×2、主翼に7.7mmブローニング機関銃×2

メッサーシュミット Bf109
vs
ホーカー・ハリケーン

ホーカー・ハリケーンは、第2次世界大戦を通してイギリス空軍にとってワークホース的存在だったが、メッサーシュミット Bf109 という侮りがたい好敵手がいた。

イギリス空軍戦闘機パイロットであり、第32飛行隊のジャック・ローズ中佐は、バトル・オブ・フランスのとき(当時は中尉だった)のホーカー・ハリケーンの長所をこう語っている。「あの当時の私は、ハリケーンが頑丈なことに日ごとに感銘を受けていた。フランスの戦いでの数日間に整備員が行った応急修理のいくつかは、ハリケーンを設計したシドニー・カムが見たら腰を抜かしそうなほどひどいものだったが、それでもハリケーンは働いたのだ」

ハリケーン攻撃

「慌ただしい数日のあとの5月19日、私はハリケーン6機編隊の1機として飛んでいた。命じられたのは、リールとブリュッセルのほぼ中間にあるトゥルネーとオウデナールデの間のパトロールで、地上管制からドイツ軍爆撃機と遭遇する可能性があると告げられていた。やがて、我々とほぼ同じ高度の3600mで密集編隊飛行をしている12機ほどのハインケルHe111を発見し、敵戦闘機の有無を素早く確認したあとで、後方からドイツ機を攻撃した」

『不意に曳光弾が飛んできて、ハリケーンの機体に命中するのを感じた』

「敵編隊の左側面を飛ぶハインケルを攻撃できる位置にいたので、急速に接近しながら近距離に達するまで数秒間射撃した。そして私が離脱しようとしたとき、ハインケルの左エンジンからオイルが噴き出し、私の機の風防をおおってしまった。前方視界がほとんどきかなくなり、反射式照準器も使い物にならなくなった。ズボンの右ポケットからハンカチを取り出したが、シートハーネスのせいで風防の向こう側までじゅうぶんに手が届かないため、風防をきれいにするには、ハーネスをはずすしかなかった。

機は失速と巡航のあいだぐらいの速度だった。シートハーネスをはずし、ほとんど方向舵の支柱に立っているような状態で体半分ほど外に乗り出し、うしろに装甲板もないなかで風防を拭くことに集中してい

メッサーシュミット Bf109 は熟練操縦士が飛ばすと素晴らしい戦闘機だったが、着陸が難しかった。着陸事故で破壊された数のほうが、戦闘で失われた数より多かった。

Messerschmitt Bf109 vs Hawker Hurricane

1942年の西部砂漠作戦で出撃のために編隊で離陸するホーカー・ハリケーン。ハリケーンは北アフリカで中核的役割を果たした。

た。すると、不意に曳光弾が飛んできて、ハリケーンの機体に命中するのを感じた。数秒前には視界になかった109に後方から攻撃されていたのだ。ドイツ戦闘機パイロットにとっては、またとないほど面白い標的だっただろう。

　低速で即座に回避行動を取ったため、きりもみ状態になったが、それが私にとって最善の結果となったようだ。冷却液のグリコールとガソリンを長く曳きながらきりもみ降下する私の機を見て満足したのか、ドイツ機はこれ以上弾丸を浪費する必要はないと考えたようだ。グリコールとガソリンが噴き出しているのに気づいた私は、すぐにエンジンを停止したが、2度目の攻撃の危険が去ったとわかるまではきりもみをつづけた。きりもみの状態を確認してハリケーンの姿勢を正して滑空させたあと、機から急いで脱出するべきか、それともエンジンなしで着陸すべきかを決断しなければならなかった。そのとき、やや西方向の1800mから2100m下方に、リルの南にあるセクリン飛行場が見えた……事態を物語る航跡を曳きつつ長くジグザグの滑空で接近したあと、手動油圧ポンプで降着装置を出し、タッチダウンの数秒前にフラップを下げた」

ドイツ機

　バトル・オブ・ブリテンのときにBf109E-4で飛んでいたドイツ空軍のエース、アドルフ・ガーランドもまた、ハリケーンの頑丈さについて書き残している。

『……火を噴いたから、致命的な打撃のはずだった』

「イギリス戦闘機と遭遇するたびに、最大限の努力が必要だった。ロンドンから帰還する途中のある日、ロチェスター北でハリケーン12機の飛行隊を発見した。彼らの760m上空後方から攻撃しながら、編隊のなかを矢のように飛び、編隊の中心線上に位置する1機に衝突寸前まで近づいて発砲、大きな金属片が飛び散るのを認めた。最後に機首をあげてその機を飛び越し、それから敵編隊のど真ん中を飛び抜けるように飛んだ。ひやひやものだったが、ありがたいことに、イギリス側も私と同じか、あるいはもっと大きな恐怖を感じていたのだろう。だれも攻撃してこなかった。

　ダンジネスで撃ち落としたハリケーンは、これほど簡単にいかなかった。私の与えた大きな損傷で火を噴いたから、致命的な打撃のはずだった。それでも墜落せずに、ゆるやかな曲線を描きながら滑空下降していく。一緒に飛んでいた仲間と3度攻撃したが、撃墜できなかった。どうにも納得できなくて、煙を吹き出して飛ぶ穴だらけの残骸まで数メートルの距離に近寄ってみると、粉砕されたコックピットには死んだパイロットが座り、その機はまるで亡霊の手で操られるかのように、ゆっくりとらせんを描きながら地面へと下降していった。技術的には不利な条件だったにもかかわらず、勇敢に、そして忍耐強く戦ったそのイギリス人パイロットに対し、私は深い感嘆の念を禁じ得なかった」

メッサーシュミット Bf110

1936年5月12日、Bf110長距離護衛戦闘機プロトタイプ3機のうち最初の1機が初飛行し、生産型Bf110C-1の納入は1938年に行われた。Bf110C-2とC-1の違いは、無線装置だけである。C-2とC-3は、20mm機関砲を装備するように改良された。戦闘爆撃機型のBf110C-4/Bは、胴体中央下部に2発の250kg爆弾を搭載した。C-4/B型はまず第1駆逐航空団に、それからイギリス沿岸のレーダー施設や精密さが要求される目標攻撃のために編制された第210実験飛行隊（EG210）に供給された。Bf110C-5は特別な偵察型だった。

ほかにも数多く造られた改良型には、火器が追加されたBf110C-6や500kg爆弾を2発搭載するために降着装置を強化した爆撃専門機Bf110C-7などがある。Bf110DとEは、戦闘機としても爆撃機としても使うことができた。Bf110F-1（爆撃機）とF-2（重戦闘機）、F-3（長距離偵察機）、F-4（夜間戦闘機）には、1300hpのDB601Fエンジンが搭載されていた。最終的な主要生産型Bf110Gはほかの改良型より多く製造され、1350hpのDB605エンジンが搭載された。この機は夜間戦闘機であり、Bf110を真に卓越した存在にしたリヒテンシュタインAIレーダーが装備されていた。

ドイツ空軍 第210実験飛行隊 第Ⅱ飛行隊 1940年夏

イラストのメッサーシュミットBf110C-4/Bには、第1駆逐航空団（ZG1）のインシグニアであるヴェスペ（スズメバチ）が描かれている。ZG1の第1中隊（1/ZG1）は第210実験飛行隊Ⅱ飛行隊（Ⅱ/EG210）が編制されたときの中核となった部隊だが、このスズメバチのマークはそのまま残され、1942年に本隊に戻ったときにも消されていなかった。

Messerschmitt Bf 110C-4/B

機種：高速戦闘爆撃機
乗員：2名
動力装置：ダイムラー・ベンツ DB601N-1 12気筒倒立V型エンジン 1200hp×2
性能：最高速度550km/h 実用上昇限度8000m 航続距離1300km
外寸：翼幅16.25m 全長12.65m 全高3.50m
全備重量：6750kg
兵装：20mm機関砲×2、7.92mm機関銃×4、後部コックピットに7.92mm機関銃×1、250kg爆弾×2

ブリストル・ブレニム

　ブリストルが自主開発し、〝スピリット・オブ・ブリテン〟と名付けられたプロトタイプは1935年に初飛行し、やがてブリストル・ブレニムへと発展した。この原型機は、当時の戦闘機よりも80km/hほど速い速度で飛び、新たな軽爆撃機のベースとしてイギリス空軍に採用された。最初のブレニムⅠは1936年9月に初飛行し、イギリスだけでなくヨーロッパ数カ国から注文を受けた。

　このときに輸出された航空機は、第2次世界大戦初期に枢軸国側の手に落ちた。生産型ブレニムが機関銃や装甲板、その他の兵装備品をそなえるころには、戦闘機の速度が向上したこともあって、この機がかつて保持していた戦闘機への速度の優位性は失われてしまっていた。機首が短いブレニムⅠは最初の生産モデルで、なかにはMk ⅠF戦闘機として造られたものもあった。機首の長いMk Ⅳは最も数多く造られた型で、3000機以上が生産された。1939年〜41年に少数機編隊で昼間攻撃に使われたMk Ⅳは、ドイツ軍の対空砲火やメッサーシュミットの格好の獲物だった。イギリス空軍爆撃軍団の飛行隊で実戦任務についていた最後の機は、1942年10月に引退した。その後は、夜間戦闘機や対艦船任務などにも対応できることを証明し、のちには新しい爆撃機乗員の訓練機としても役立った。

イギリス空軍爆撃軍団　第88飛行隊
1941年　アトルブリッジ空軍基地

　イラストのブレニムZ7427は、1941年8月から1942年9月まで所属していたノーフォークのアトルブリッジ基地、第88飛行隊の色に塗装してある。この機は第88飛行隊に所属する前後は、第105飛行隊に所属していた。その後は第21飛行隊へと移り、1943年12月に余剰機として抹消されるまでは、スコットランドの作戦訓練飛行隊で使われていた。

Bristol Blenheim Mk IV

機種：双発軽爆撃機
乗員：3名
動力装置：ブリストル・マーキュリーXV 星型ピストンエンジン　995hp × 2
性能：最高速度428km/h　実用上昇限度8300m
　　　航続距離1810km
外寸：翼幅17.22m　全長12.98m　全高2.99m
全備重量：6530kg
兵装：左翼に7.7mm機関銃×1、後部銃座に7.7mm機関銃×1、最大600kgの爆弾

メッサーシュミット Bf110
vs
ブリストル・ブレニム

バトル・オブ・ブリテンによって、メッサーシュミット Bf110 は戦闘爆撃機としては完全に失格で、長距離護衛戦闘機としても同様であることが明らかになった。

1940年8月12日の朝、イギリスに対する大規模な空襲決行の24時間前となるこの日、第210実験飛行隊のメッサーシュミット Bf109 と 110 の21機がカレー＝マルク飛行場から離陸し、イギリス海峡を低空で進むコースを取った。イギリス沿岸に接近すると上昇して散開し、個別の目標地点へと向かった。6機の Bf110 で編制されたマルティン・ルッツ中尉が率いる第1中隊は、イーストボーン近くのペヴァンシーのレーダー施設を攻撃し、各機が454kg爆弾を2個投下して施設に損傷を与え、一方のオットー・ハインツ中尉率いる第3中隊の Bf109 はドーヴァー海峡沿岸を急襲し、やはり同様の損害を与えた。しかし、被害を受けても、すべてのレーダー施設が3時間で再び運用を開始した。

8月12日の午後、第210実験飛行隊は20機のメッサーシュミットでマンストンの前方飛行場を攻撃した。マンストン飛行場は一時的に使用不可能となった。すべてのメッサーシュミットがカレー＝マルクに帰還したが、1機だけはイギリス海峡上空でのイギリス空軍機との交戦のあとカレー近くに不時着し抹消された。

悲惨な襲撃

第210実験飛行隊が活動を再開した8月14日の水曜日は、悪天候のために爆撃作戦が制限されていた。攻撃目標は再びマンストン飛行場だった。攻撃は第1中隊のBf110によって実行され、このときにはマンストンの対空砲火によって2機が犠牲となり、乗員4人のうち3人が死亡した。

翌8月15日は、第210実験飛行隊にとって悲惨な日となった。夕方に15機の Bf110 と 8機の Bf109 がイギリス海峡を越えてロンドンの南、ケンリーへと向かったが、進路を誤りクロイドンを爆撃して訓練機40機を破壊した。Bf110 の1機がハリケーンに攻撃されて不時着し、生存していた乗員は捕虜となった。

第210実験飛行隊の司令官、ワルター・ルーベンスドルファー大尉は攻撃初期で負傷し、スピットファイアに攻撃された彼の機は、午後7時に炎に包まれて墜落した。またこのとき、第2中隊の Bf110C が1機、イギリス空軍第32飛行隊のウォラル

メッサーシュミット Bf110 は、意図していた長距離〝駆逐戦闘機〟としては失敗だったが、夜間戦闘機としては非常に大きな成功をおさめることになった。

Messerschmitt Bf110C vs Bristol Blenheim

ブリストル・ブレニムは、最初に登場したときには当時の戦闘機よりも速かったが、第2次世界大戦初期には甚大な損害をこうむることになった。

少佐とクロスリー中尉に撃墜され、パイロットは負傷して捕虜になり、観測員兼砲手は死亡した。さらに3機のBf110と1機のBf109が、イギリス戦闘機の射撃の犠牲になっている。

ブレニムの損失

Bf110の部隊はバトル・オブ・ブリテンで甚大な損害をこうむったが、イギリス空軍爆撃機軍団第2航空群のブレニム爆撃飛行隊が受けた損害はさらに悲惨であり、クルーは長期にわたって苦闘をしのばなければならなかった。ブレニムの作戦行動は、敵が占拠しているノルウェーの目標地点に向けたもので、海上を長距離飛行しなければならなかった。スタヴァンゲル飛行場に向けてのある攻撃では、第107飛行隊のブレニムが12機出発したが、そのうちの6機はひどい悪天候のため攻撃目標を発見できず、もしくは途中で引き返さなければならなかった。

『フォッケウルフ190がいつもやってきて、挽肉のようにずたずたにされる』

あるパイロットの報告書によると「スコットランド沿岸を過ぎるとすぐ、私たちは猛烈に激しい雨に遭遇した。上昇してしばらくすると、雨が雪に変わった。高度4000mで、ブレニム2機のエンジンが氷におおわれ、停止した。1機がほとんど制御できないまま海上180mまで落下したとき、エンジンが再び動き出した」

旧式化が進んでいたにも関わらず、1942年になってもブレニムはヨーロッパ上空で昼間作戦行動をつづけた。あるパイロットは次のように回想している。

「出撃しても何も発見できない飛行もずいぶんあったが、ドイツ空軍があらわれると、とたんに地獄を見ることになった。我々のスピットファイア援護機は多くの場合メッサーシュミットBf109には対抗できたが、フォッケウルフ190がやってくると、ブレニムはほとんど挽肉のようにずたずたにされてしまうのだ。鮮やかな記憶が残っていることがある。慌ただしい1週間で、連続してパドカレー地域に出撃し、大きな損害を受けた……。そして、最後の任務では援護機の半分が時間通りにあらわれず、6機のうち3機を失った。海岸に向かって戻りながら、機首砲の先にもし空軍中将がいたら、なんのためらいもなく撃つだろうと考えたことを覚えている。思い返すと、完全に馬鹿げた考えだが、そのときは私たちの多くが同じように感じていた……」

ロッキード・ハドソン

**イギリス空軍　沿岸軍団　第48飛行隊
1943年　ジブラルタル**

このFK395は沿岸軍団の第48飛行隊に納入されたが、しばらくは空輸補助部隊に利用されていた。その後、第48飛行隊に戻り、最終的にはマンチェスターのリングウェイにあるイギリス空挺部隊実験隊に送られた。抹消されたのは戦後の1946年6月。実際に第48飛行隊がジブラルタルのノースフロント飛行場から哨戒作戦を行ったのは1942年12月から1944年2月にかけてのことで、その後輸送軍団に再編入され、航空機をハドソンからダコタ（C-47）に変更した。ジブラルタルを本拠とした時代のハドソンは、ASV海上探索レーダーを装備し、爆弾と爆雷を搭載して地中海でドイツ海軍Uボートを捜索した。1943年3月28日、第48飛行隊のハドソンは、スペインのカルタヘナ東でU-77潜水艦を爆雷で攻撃して損傷を与えた。このUボートは、最終的に第233飛行隊のハドソンによって撃沈されている。

　イギリス空軍が1938年にロッキードのモデル14スーパー・エレクトラの軍用改造型を発注したのは、近代的な哨戒爆撃機と航法訓練機の需要を満たすためだった。プロトタイプのハドソンMkIはその年の12月に初飛行し、最初の注文の250機は1939年10月までに完成した。ハドソンには、貨物室の代わりに爆弾倉と背部にボールトン・ポール製ターレット式銃座が設けられた。さらに腹部にも銃座が備えられ、パイロットが操作する前方射撃用機関銃が2挺そなえられていた。旅客機タイプの窓はそのまま残され、輸送機としても使われたが、何と言っても主任務は洋上哨戒で、イギリス空軍沿岸軍団、及びオーストラリア空軍やニュージーランド空軍などで使用された。

　開発はつづき、ライト・サイクロンエンジンやプラット＆ホイットニーのツインワスプエンジンを装備した機体は、A-28やA-29の米陸軍記号名（Aは攻撃機を表す）で生産ラインから生み出された。ハドソンIVはA-28Aと同型で、総数410機のハドソンIVがイギリス空軍に供給され、その他の機はカナダへと送られた。

Lockheed Hudson

機種：双発海上哨戒爆撃機
乗員：4名
動力装置：プラット＆ホイットニーR-1830-67
　空冷星型エンジン　1200hp×2
性能：最高速度420km/h　実用上昇限度8220m
　航続距離3476km
外寸：翼幅19.96m　全長13.51m　全高3.63m
全備重量：8400kg
兵装：7.62mm前方発射機関銃×2、背部銃座×
　2、腹部×1）、最大726kgの爆弾または爆雷

フォッケウルフ Fw200 コンドル

　当初は旅客機として設計され、運行されていたフォッケウルフ・コンドルは、驚くほど短い開発期間の後、1937年7月に初飛行している。日本はコンドルに感銘を受け、旅客機型を数機注文した。さらに、10番目に開発された機は、日本帝国海軍の海上哨戒機のプロトタイプとして完成している。しかし、大戦勃発により日本にコンドルが納入されることはなかった。

　1939年の春、ヒトラーの命を受けたドイツ空軍参謀長は、若く有能な士官エドガー・ペーターゼン中佐にビスケー湾での艦船攻撃のために新たな部隊を創設するよう指示した。この任務のため、コンドルが軍用名Fw200C-0として採用され、当初は限定的な兵装だけで1940年に第40爆撃航空団の第Ⅰ飛行隊（Ⅰ/KG 40）に配備された。現実的な最初の生産型はFw200C-1で、機関砲1門と機関銃4挺で武装しており、主翼下面と胴体中央に爆弾と爆雷用のラックを備えていた。コンドルはこのような追加重量に配慮した強度を持っておらず、着陸時に多くの機が構造的な欠陥を露呈した。のちの型にはさらに多くの機関銃が搭載され、対艦ミサイルを搭載することもできるようになった。連合軍が長距離哨戒機を導入し、アイスランドに戦闘機を配備するまでは、このコンドルは〝大西洋の疫病神〟であり、連合軍艦船に多大の損害を与えた。

第3航空艦隊　第Ⅳ航空軍　Ⅰ/KG 40
1940年　フランス　ボルドー・メリニャック

　Fw200C-1 F8+AHは、垂直安定板に描かれた船舶撃沈数から見て、きわめて有能な飛行隊司令官エドガー・ペーターゼン中佐と彼の部下たちが普段乗り組んでいた機体である。別のパイロットが操縦していた1941年2月5日、この機の命運は尽きた。アイルランド西に向かうイギリス船団を攻撃していた機は、対空砲の反撃により損傷を受けた。その後、濃霧に遭遇し、アイルランド、コーク州のカッシェルフィーン・ヒルへと飛行してしまった。乗員6人のうち5人が死亡し、最後の1人も重度の火傷を負った。

Focke-Wulf Fw 200C-1 Kondor

機種：4発海上哨戒爆撃機
乗員：5名
動力装置：BMW 132H 星型ピストンエンジン
　　830hp × 4
性能：最高速度360km/h　実用上昇限度6000m
　　航続距離4440km
外寸：翼幅32.82m　全長23.46m　全高6.3m
全備重量：22700kg
兵装：7.92mm　MG15機関銃×3、20mm MG FF　機関砲×1、250kg爆弾×4または1000kg爆雷×2まで

ロッキード・ハドソン vs フォッケウルフ Fw200 コンドル

現在も生存している乗員の何人もが、ハドソンはタフな飛行機だったと証言している。ハドソンの機長だったレスリー・ベネット空軍少尉は、1940年にノルウェー沿岸で敵艦を攻撃していたときに7機のメッサーシュミットBf109に急襲された出来事を語った。

「彼らがあらわれたとき、私たちは補給船に2度目の攻撃をかけていた。彼らはまるで、喧嘩相手を探している怒った蜂のようだった。彼らが接近してきて、戦いが始まった。私の機の乗員たちは戦闘配置についた。私はエンジンを全開にすると海面すれすれまで降下した。メッサーシュミットが片側に4機、反対側にも3機近寄ってきて、どんどん接近し、代わるがわる側面攻撃をしかけてきた。機関銃が連続して発砲され、振り返るとキャビンが煙に包まれており、そこで何が起こっているかがわかった」

それから敵戦闘機は戦術を変え、前方と後方から攻撃してきた。

必死の戦い

「肩越しに彼らが接近してくるのを見ていた。1機が前方から接近してくるたびに、上げ舵をとって射撃ラインからはずすようにした。まるで馬跳びのようだった。海へ飛んでいった砲弾がしぶきをあげ、蒸気があがるのが見えた。突然、頭の横の窓に4ヵ所穴が開き、銃弾の破片が機のうしろのキャビンに吸い込まれていった。シャツ姿で飛行している私のチュニックは、キャビンのうしろに掛けてあった」

『手に取ると、弾丸の穴が4つきれいに開いていた……』

「あとでうしろを振りかえると、床に血が流れているのが見えた。この前の戦争にも参加した古参兵の無線通信士が腕を撃たれていたが、彼はまだ機関銃を操っていた。機は雲がまばらに散らばった空域へと向かっていた。戦闘機はそこまで追ってきて、しばらくは見え隠れしていたが、結局は振り切ることができた。機関砲手がターレットから離れる許可を求めてきた。そのとき、彼も脚に怪我をしているのに気づいた。だがそれでも、なにも言わずに撃っていたのだ。航空士が彼に包帯を巻いているとき、仕留めたかと聞いてみた。彼は指を1本立ててにやりと笑い、海に向けた。それからまた指を1本立てて、斜めに傾けて

旅客機のロッキード14を元に開発されたハドソンは、イギリス空軍にとって第2次世界大戦初期に重要な役割を果たす対潜哨戒機となった。

Lockheed Hudson vs Focke-Wulf Fw200 Kondor 031

戦争の最初の数ヵ月、Fw200コンドルはまさに大西洋の厄病神であり、Uボートより多くの船舶を沈めていた。

見せた。つまり、1機は確実に仕留め、降下していったもう1機はコントロールを失ったはずだという意味だった」

長距離殺戮機

1941年前半、ドイツ軍航空機はイギリスの大西洋と北海の海上輸送に対する大きな脅威だった。経験豊富な長距離飛行パイロットだったエドガー・ペーターゼン中佐は、最初の長距離対艦船部隊KG40の編制任務を与えられ、その部隊にはフォッケウルフ200が配置された。彼は次のように回想している。

「コンドルは航続距離におけるすべての要件を満たしていたが、決して理想的ではなかった。構造は、特に後部胴体は軍用機としては脆弱すぎ、ことに着陸時に頻繁に構造的な欠陥を露呈した。

しかし、航続距離は驚異的だった。フランスのボルドーからの作戦行動では、大西洋を越えてアイルランド西まで飛び、それからさらにノルウェーまで行って着陸することができた」

『構造は、特に後部胴体は軍用機としては脆弱すぎ、ことに着陸時に頻繁に構造的な欠陥を露呈した』

1941年1月1日から、KG40は海軍の大西洋航空司令部の指揮下に入った。イギリス空軍第252飛行隊が北アイルランドのアルダーグローブで編制されたことで、Fw200の脅威は1941年春には衰えつつあった。同飛行隊には長距離型重武装のブリストル・ボーファイターが配備され、後継部隊とともに連合軍船団を脅かしているドイツ軍爆撃機に対する壁となった。

ハドソンもしばしばコンドルに遭遇しているが、コンドルの主な対戦相手はボーファイターであり、のちには護衛空母から発進するグラマン・マートレット（ワイルドキャットの英名）とも対戦することになる。海軍本部によるもう一つの船団護衛の解決策が、船団自体が護衛戦闘機を持つことだった。護衛空母が利用可能になるまでの応急処置として、間に合わせの対策が考え出された。商船に装備したカタパルトから戦闘機1機を――ホーカー・ハリケーンもしくはフェアリー・フルマー――補助ロケットを使って発進させ、迎撃を終えたパイロットは着水、あるいは脱出するというものだ。35隻の商船にこの装備が造られ、最初の成功が記録されたのは1941年8月3日で、輸送船マプリンから発進した第804飛行隊のイギリス海軍エヴェレット中尉がハリケーンを操縦して、陸地から644kmの地点でFw200を撃墜した。このカタパルト発進の戦闘機によって、合計5機のコンドルが撃墜されている。しかし、コンドルの活動にとどめを刺したのは、護衛空母だった。1942年12月に、この種の最初の空母である、オーダシティから発進したマートレットは、空母がUボートによって撃沈されるまでにFw200を4機撃墜している。

サヴォイア・マルケッティ SM.79 スパルヴィエロ

イタリア空軍　特別雷撃機航空団　第130飛行大隊　第283飛行隊
1942年　シチリア　ジェルビーニ

第280と第283飛行隊で構成されている特別雷撃機航空団第130飛行大隊は、包囲されたマルタ島に向かう船団への攻撃に専念しており、1942年6月にジブラルタルから出航した〝ハープーン〟という暗号名の船団に大きな損害を与えた。イラストのSM.79は、砂色の下地に緑2色のまだらという標準的な〝砂とほうれん草〟の迷彩を施されている。後部胴体とエンジンカウリングには、地中海で軍事行動を行っていたドイツ空軍と同様に白い帯が描かれていた。

Savoia-Marchetti SM.79 Sparviero

機種：雷撃機
乗員：5名
動力装置：ピアジオ P.XI RC40 星型エンジン 1000hp×3
性能：最高速度 435km/h　実用上昇限度 6500m　航続距離 1900km
外寸：翼幅 21.20m　全長 15.62m　全高 4.40m
全備重量：11300kg
兵装：12.7mm 機関銃×3、7.7mm 機関銃×1、45cm 魚雷×2 または爆弾 1250kg

　高速の8座席旅客機だったプロトタイプのSM.79は、1934年10月に初飛行した。1936年10月にはじまった軍用SM.79スパルヴィエロ（ハイタカ）の生産は、1943年6月まで連続して行われ、1217機が製造された。

　イタリア空軍はただちにスペインでSM.79の実戦テストを行い、この機はかなりの成功をおさめた。1940年6月にイタリアが第2次世界大戦に参戦したとき、SM.79の兵力はイタリア空軍の全爆撃機兵力の半数を優に上回っていた。1940年6月からSM.79はマルタ島や北アフリカでの爆撃作戦に頻繁に参加し、高い精度の爆撃で知られるようになった。また一方で、雷撃機型はイギリスの船舶輸送に対してさかんに作戦行動を行っていた。

　1943年9月にイタリアが降伏したあと、SM.79はひきつづき両陣営で飛んでいた。1936年に初飛行したSM.79Bは双発の輸出モデルで、エンジンを外した機首はガラス張りの航法・爆撃手席に変わった。

ヴィッカース・ウェリントン

　ヴィッカース・ウェリントンは、のちにルール地方のダムを破壊した爆弾を考え出したバーンズ・ウォリスによって設計された。1936年6月15日に初飛行したプロトタイプは1937年4月19日に意図せぬ高速急降下を起こして空中分解により失われたが、その原因は昇降舵の不均衡だと判明した。その結果、生産型のウェリントンMkⅠとその後の機には改良した垂直安定板と方向舵、昇降舵が取り付けられた。MkⅠ初号機のL4212は1937年12月23日に初飛行し、爆撃機軍団飛行隊で最初にウェリントンを配備されたのは第9飛行隊であった。

　最も数の多い最初の型はMkⅠCだが、爆撃機軍団で主として使われたのはMkⅢで（1519機製造）、信頼性の低いペガサス・エンジンを1500hpのブリストル・ハーキュリーズエンジンに取り替えたモデルである。ウェリントンⅢは1941年6月22日に歴戦の第9飛行隊に配備され、爆撃機軍団の4発重爆撃機が相当数使用可能になるまで、ドイツに夜間攻撃をかける軍団の柱となった。ウェリントンの最後の爆撃機型は3808機製造されたMkⅩで、ウェリントンの全生産機数の30％以上を占めている。また、ウェリントンはイギリス空軍沿岸軍団で広く用いられた。

イギリス空軍　第115飛行隊
1942年　ノーフォーク　マーハム空軍基地

1939年4月に最初のウェリントンMkⅠを受領した第115飛行隊は、第2次世界大戦でヨーロッパ本土を攻撃した最初のイギリス空軍部隊となった。すなわち1940年4月にドイツが占領していたノルウェーのスタヴァンゲル・ソラ飛行場を爆撃したのだ。この飛行隊は、1941年11月からランカスターが配備された1943年3月までウェリントンMkⅢを使用した。

Vickers Wellington

機種：爆撃機
乗員：6名
動力装置：ブリストル・ハーキュリーズⅪ星型エンジン　1500hp×2
性能：最高速度 411km/h　実用上昇限度 5790m
　　　航続距離 2480km
外寸：翼幅 26.26m　全長 19.68m　全高 5.0m
全備重量：15420kg
兵装：7.7mm機関銃×8、最大2040kgの爆弾

サヴォイア・マルケッティSM.79
vs
ヴィッカース・ウェリントン

この2機はよく似た役割を果たしていたが、イタリアのSM.79とイギリスのウェリントンには大きな違いがあった。イギリス機は戦闘による多大な損傷も切り抜けることができたが、イタリア機はできなかったのだ。

　北アフリカでの枢軸国軍事攻勢の初期、SM.79はイギリス空軍のホーカー・ハリケーンによって多大な損失をこうむり、イギリスが1940年12月に反撃を開始したときには、戦闘損傷で使用不能となった多くのSM.79が飛行場に放棄されることになった。当初はわずか3機のシーグラディエーター複葉戦闘機で防衛されていたマルタ島の攻撃初期には、SM.79は比較的無傷だったが、ハリケーンが配備されるようになると、ここでもかなりの損失をこうむることになった。

爆撃飛行

　イギリスは戦争のごく初期に、ウェリントンは甚大な損傷を受けても切り抜けることができることを知った。1939年12月18日、R・ケレット中佐指揮のもと、第9、第37、第149飛行隊のウェリントン24機が、ドイツ海軍艦隊の攻撃に出発した。機には227kgの徹甲爆弾が搭載されており、乗員たちはヴィルヘルムスハーフェンのシリッヒ停泊地か、もしくはヤーデ河口に停泊している艦船があれば攻撃するよう命令を受けていた。爆撃高度は3048m以上を指示されていたが、爆撃機は6機ずつの4個編隊で4267mに上昇した。イギリス沿岸を離れてから1時間足らずで、彼らは視界48km以上という雲一つない空を飛行していた。行程3分の2あたりの北海上空で2機がエンジントラブルで脱落し、基地へと帰っていった。

　午前10時50分に、爆撃機は新しい〝フレーヤ〟探知機器を持つヘルゴランド島とヴァンガーオーゲ島の実験レーダー局に探知された。ヴァンガーオーゲ島の担当将校はただちにイェーフェルにある戦闘機作戦室に警報を出したものの、機器の故障に違いないと報告しただけだった。明るい日の光にあふれた雲一つない空から攻撃を仕掛けてくるほど、イギリス人は無謀ではないと考えたのだ。

　一方の22機のウェリントンは、ヘルゴランド島にある対空砲を避けるために迂回し、今しも北からヴィルヘルムスハーフェンへと回り込んでいるところだった。数分

SM.79スパルヴィエロは、きわめて用途の広い航空機だった。雷撃機としての役割では、地中海のイギリス船団に大きな脅威となった。

Savoia-Marchetti SM.79 Sparviero vs Vickers Wellington

乗務するウェリントン1A爆撃機へと向かう出撃前のイギリス空軍搭乗員。〝OJ〟という機体の記号が示すように、これらのウェリントンは第149飛行隊に所属している。

遅れて、ヨハネス・スタインホフ中佐率いる戦闘機隊、X/JG 26のメッサーシュミット Bf109の6機が、迎撃のためにイェーフェルから最初に発進した。イェーフェルのほかの戦闘機部隊、あるいはヴァンガーオーゲ島に隣接する飛行場にいる部隊は、どこも準備が整っておらず、彼らが発進するまでにさらに遅れが生じた。

スタインホフ率いる109はヴィルヘルムスハーフェンへ接近中のウェリントンと遭遇し、瞬く間に2機を撃墜した。それから、爆撃機が海軍基地上空の激しい対空砲火をかいくぐって3960mで飛行しているため、戦闘機は進路を変えた。ウェリントンは目標が見つからなかったためか爆弾を投下せずにヴィルヘルムスハーフェンを通過し引き返してきたが、このときも爆弾を投下せず、それから北西へと飛び去ろうとしていた。このときまでに、X/JG 26のBf109にはZG76の双発メッサーシュミット110とJG77のBf109が合流しており、これらの戦闘機集団はヴァンガーオーゲ島の北へと通過しているウェリントン編隊へと襲いかかった。

ウェリントンの虐殺

Bf110の犠牲者となったもう1機の爆撃機が落下し、ボルクム島へと不時着した。生き残った乗員は1名のみだった。そのほかのBf110も、ボルクム島の北西24km圏内でさらに5機のウェリントンを撃墜し、オランダのアーメラント島の北48kmで6機目を撃墜した。

『外を見ると、主翼の構造すべてがはためいているようだった──機首はもぎ取られていた。エンジンは、だれかがハンマーでたたき壊し、ノミで削ったかのようで、金属がすべてはがれているように見えた』

ウェリントンの乗員の1人、チャールズ・ドライバー空軍2等兵がいた機首の銃座は、機関砲の弾で下部と側面が吹き飛ばされていた。のちに彼はこう語った。「最初に、脚と足のまわりがやけに寒いと感じた。下を見ると海が見えた。次に、銃が発射できないことに気づいた。どうしたのかと思って見てみると、銃身が半分吹き飛ばされていて、お手上げの状態だった」

ウェリントンのパイロット、ラムショー空軍軍曹は、ドライバー2等兵に天測窓に上がって、ほかの戦闘機を警戒するように命令した。2等兵は、自分の目にしたものに震え上がった。「外を見ると、主翼の構造すべてがはためいているようだった。内側が丸見えで、どうやって造られたかがわかるほどだった。まるで、だれかが巨大なナイフで翼の先端まで削ったみたいだった。機首はもぎ取られていたが、胴体のほかの部分に激しい風があたらないように隔壁ドアを閉めておいた。エンジンは、だれかがハンマーでたたき壊し、ノミで削ったかのように、金属がすべてはがれているように見えた」

ラムショー軍曹は、満身創痍の機をなんとかだめすかして、海上に不時着する前にイギリスの陸地が見えるところまで達することができた。ほぼすべての乗員が生き残ったが、後部砲手のリリー空軍軍曹が、戦闘機からの攻撃中に死亡した。乗員たちはトロール船に引き上げられ、グリムズビーに上陸した。

マッキ MC.202 フォルゴーレ

　マッキ MC.202 フォルゴーレ（サンダーボルト）は、イタリアの2番目の単葉戦闘機、MC.200 サエッタ（ライトニング）の直系の子孫である。サエッタはフィアット A74 星型エンジンが動力で、1937年12月24日に初飛行し、イタリア空軍への納入は1939年10月に始まり、1940年6月までに約150機が就役していた。

　MC.200 の性能向上への試みは1938年に始まったものの、ドイツのダイムラーベンツ DB601 A-1 液冷倒立 V 型エンジンという最適なエンジンが入手できる1940年初期まで実現しなかった。このエンジンは標準的なサエッタの機体に据え付けられ、1940年8月10日に初飛行した。その後の飛行テストで素晴らしい結果が得られ、MC.202 フォルゴーレと名づけられた機は、アルファロメオが RA.1000 RC.411 としてライセンス生産した DB601 エンジンを装備して製造するよう発注された。

　この型は1941年夏にウディネにある第1航空団で就役し、11月にマルタ島をめぐる軍事行動に参加するためにシチリアへと移動した。フォルゴーレは1943年9月のイタリアによる休戦まで生産がつづいたが、生産数は常にエンジン数に縛られていた。マッキが MC.202 を392機製造し、1100機ほどがブレダなどのほかの会社で製造された。

イタリア空軍　第51航空団　第20飛行隊 第151中隊
1942年　シチリア

このイラストのマッキ MC.202 セリエⅦは、イタリア空軍の第51航空団第20飛行隊第151中隊のエンニオ・タラントゥーラ軍曹が搭乗していた。イタリア空軍エースの1人だったタラントゥーラは、8機撃墜のスコアをあげている。タラントゥーラの乗機は〝ダイ・バナーナ〟（行け、バナナ）と名づけられたが、これは彼が第2次大戦勃発まではバナナの輸入業者だったからだ。

Macchi MC.202

機種：戦闘機
乗員：1名
動力装置：アルファロメオ RA.1000 RC.411 12気筒倒立 V 型エンジン　1075hp × 1
性能：最高速度 600km/h　実用上昇限度 11500m　航続距離 610km
外寸：翼幅 10.58m　全長 8.85m　全高 3.50m
全備重量：2930kg
兵装：12.7mm ブレダ SAFAT 機銃 × 2、7.7mm 機関銃 × 2、のちの生産機には主翼に 20mm 機関砲 × 2

スーパーマリン・スピットファイア

　MkⅠの機体から発展したスピットファイアMkⅤが主な生産機型で、6479機が製造された。最初の生産型は、1941年3月にイギリス空軍戦闘機軍団に配備された。

　スピットファイアⅤの大多数には20mm機関砲2門と7.7mm機関銃4挺が装備され、相手の装甲に対してより強力だった。MkⅤは高度5000mで1415hp出せるロールスロイス・マーリン45エンジンを搭載していたのに対して、MkⅡが搭載したマーリンⅩⅡは1150hpだった。とはいえ、MkⅤは基本的には妥協の産物であり、メッサーシュミットの新型機より高性能の戦闘機を必要としていた空軍司令部からの緊急要請にこたえて、急遽就役した機だった。

　スピットファイアⅤのデビューは、まさに絶妙のタイミングである1941年5月だった。同じころドイツ空軍の戦闘機部隊には、開発段階の技術的問題を解消したメッサーシュミットBf109Fが供給されはじめていた。しかしスピットファイアⅤは、戦闘機軍団が強く望んでいた総合的な優位性を提供できなかった。空中戦の多くが行われる高々度では、ほとんどの点でBf109に劣ることが判明し、MkⅤで編制された数個の飛行隊はその夏中、同機を酷評しつつ戦わねばならなかった。しかしこの機は、北アフリカやシチリア、イタリアでは好評で、良好な運用実績を残している。

南アフリカ空軍　第2飛行隊
1943年　シチリア

砂漠空軍の第7飛行団の一部である南アフリカ空軍の第2飛行隊は、1943年8月23日にシチリア島で作戦活動を開始したが、その後イタリア本土の新しい基地へと移動した。

Supermarine Spitfire V

機種：戦闘機／戦闘爆撃機
乗員：1名
動力装置：ロールスロイス・マーリン 45/46/50 V-12エンジン　1440hp×1
性能：最高速度602km/h　実用上昇限度11280m　航続距離756km
外寸：翼幅11.23m　全長9.11m　全高3.48m
全備重量：3080kg
兵装：20mm機関砲×2、7.7mm機関銃×4

マッキ MC.202 フォルゴーレ
vs
スーパーマリン・スピットファイア

スピットファイアとマッキ202が頻繁に遭遇したのは、要塞化されたマルタ島上空だった。

　1942年6月3日、マルタ島にイギリス空軍の交替パイロットが到着した。このカナダ人、ジョージ・バーリング空軍軍曹はその後イタリア戦闘機と戦い、マルタ島で名を知られる最も撃墜数の多いエースとなる。

　バーリングのマルタ島到着は劇的だった。バーリングが乗機のスピットファイアをルカ飛行場の滑走路からタキシーウェイに入った数秒後に敵の大群が来襲し、ユンカースJu88やイタリア軍爆撃機が飛行場を猛爆撃するなか、彼は細長い掩体壕に乱暴に押し込まれてしまった。バーリングはまわりで繰り広げられる戦闘を目にして、自分も参加したいと切望した。そしてその望みは思ったより早くかなえられたのである。15時30分、分散した駐機場で出撃準備のできた第249飛行隊の11機とともに、彼は戦闘態勢の整ったスピットファイアのコックピットに収まっていた。パイロットたちはシャツと半ズボンしか身につけていないにもかかわらず、無慈悲に照りつけてくる太陽の下でめまいを起こしそうだった。上空6000mでは氷点下30度という寒さになることはわかっていたが、焼けつくような日差しの島で厚い飛行服を着るのは日射病になる危険があったのだ。

迎撃

　マルタ島隣接のゴゾ島に来襲する敵機迎撃のために緊急発進の命令を受けたとき、猛暑の中で待機していたパイロットたちはかえってほっとした。スピットファイアは4機編隊で上昇し、パイロットたちは北の空を捜索した。突然、敵機を発見した。40機のメッサーシュミットBf109とマッキMC.202に護衛された、20機のJu88がいた。バーリングの編隊は護衛戦闘機に襲いかかり、残りのスピットファイアは爆撃機攻撃に向かった。

『敵機が私の機のそばを通過した。それはマッキMC.202で、いまや私の視界いっぱいに広がっていた……』

　機動飛行を行うヒマはなかった。両軍は海上5490mで正面から対峙していたのだ。バーリングは、機首の前を横切ったメッサーシュミットに連射したが効果はなかった。一瞬ののち、新たな敵戦闘機が視界に

マッキMC.202は第2次世界大戦中にイタリアで生産された最良の戦闘機の1つであり、1943年9月の休戦のあとは両陣営で戦いつづけた。

Macchi MC.202 Folgore vs Supermarine Spitfire

スピットファイアMk Vは基本的にはMk Iに改良されたマーリン・エンジンを搭載しているだけだった。この機は空中戦ではフォッケウルフ Fw 190 に劣っていたが、効果的な戦闘爆撃機だった。

入ってきたが、ぎりぎりの瞬間にメッサーシュミットは射線からはずれ急降下で逃げていった。のちにバーリングはこう語っている。

「次の瞬間、私自身が銃火を浴び、最大限の舵を切ってスピットファイアを旋回させた。敵機が私の機のそばを通過した。それはマッキ MC.202 で、いまや私の機がそのうしろに回り込み、視界いっぱいに広がっていた。

私の機関砲が命中して、敵機が振動するのが見えた。それから高速できりもみ降下していった。マッキが墜落したのかどうか確認する余裕はなかった。空はいまだに航空機だらけで、私はヴァレッタ湾の方向へと降下していく Ju88 の編隊のあとを追った。一番近い爆撃機の 45m 以内に接近し、射撃をはじめた。その爆撃機は炎につつまれ、乗員たちが脱出した」

6月の残りの期間は、マルタ島上空での戦闘は比較的小康状態だった。ドイツ軍とイタリア軍は 4 月と 5 月の爆撃作戦中にかなりの損害をこうむっており、新たな攻撃のために力を蓄えているところだった。しかし 7 月になると再び戦闘が激化し、バーリングは 11 日の午後だけでマッキ 202 を 3 機撃墜し、この功績で殊勲飛行勲章を与えられている。

新たな協力者

戦争の後期にスピットファイアとマッキ MC.202 は、1943 年 9 月のイタリア休戦後に連合軍に参加したイタリア共同交戦空軍内で友軍として戦った。それ以外の MC.202 は、北イタリアでドイツ軍に参加した共和国空軍で戦いつづけた。

地中海戦域で多くの連合国軍機と戦ったエミリオ・タラントゥーラ軍曹は、のちにこう語っている。

「スピットファイアはいつも面倒だった。ほかの戦闘機のほとんどはマッキの高い旋回性能でやっつけられたし、戦争後期に登場した P-51 マスタングも出し抜くことができた」

彼の言葉は、マスタングのパイロットであり、21 機撃墜を記録した第 31 戦闘航空群のジョン・J・ヴォル中尉の戦闘報告書で裏付けられている。ヴォルによると、マッキ 202 は彼が遭遇した最も手強い航空機の 1 つだった。

「帰還する途中で雲の切れ目からマッキ 202 を発見し、あとを追った。雲に入ったり出たりして常に目視するのではなく飛行機雲を追跡し、ついに発射圏内に達したとき、うしろを一目見ると、別のマッキが追尾してきていた。射撃を開始し、まだ機関銃 1 挺あたり 20 発しか前方のマッキに発射していないのに 100 発撃ったような気がしたころ、私の弾が敵のコックピットをばらばらに吹き飛ばし、パイロットが脱出した。私は後方の機に向かおうとしたが、そのときには新たな敵機が戦いに参加していた。マッキは、マスタングより鋭い旋回ができるため、取り囲まれそうになりのっぴきならない状態に陥った。私は雲のなかに飛び込み、一目散に基地を目指した」

ial
🇬🇧 ホーカー・タイフーン

　ホーカー・タイフーンは、メッサーシュミット Bf110 のような重武装・重装甲の護衛戦闘機と戦うことのできる航空機という、1937年の航空幕僚の要求にこたえて設計された。2機のプロトタイプのうちの1号機は、1940年2月24日に初飛行したが、最初の生産型は、1941年5月まで飛ぶことはできなかった。

　生産の遅れは、巨大で重いネピア・セイバー・エンジンの信頼性欠如のせいだったが、後部胴体の構造的欠陥などのほかの問題もいくつかあった。これらの問題は1941年9月にダックスフォードにあるイギリス空軍第56飛行隊にタイフーンが初めて配備されたときにも解決しておらず、数人のパイロットが事故で死亡している。さらに、この機は中高度と低高度では高速かつ操縦性も良かったが、高々度での性能はフォッケウルフ190とメッサーシュミット Bf109F の両機より劣っており、上昇速度はお粗末だった。実際のところ、ドイツ軍機の低空侵攻への迎撃にたまたま成功したために、すんでのところで発注取り消しを免れたのだ。

　技術的問題が解消された1943年の終わりには、タイフーンで編制された飛行隊数も増加し、敵の補給線や船舶、飛行場に猛攻撃をかけており、連合軍の戦闘爆撃機のなかで最も強力な航空機として航空史に名を刻むことになる。この機は総数で3330機が製造された。

イギリス空軍　第2戦術航空軍　第175飛行隊
1944年　ノルマンディ
連合軍がノルマンディに上陸したあと、ロケット弾搭載のタイフーンは敵装甲車両の撃破と同義語となるほど威力を発揮し、なかでもドイツ軍のノルマンディからの撤退中、この機が基地にしていたファレーズ・ギャップでは広く認められていた。

Hawker Typhoon Mk IB

機種：低空迎撃もしくは地上攻撃機
乗員：1名
動力装置：ネピア・セイバー24気筒フラットH型液冷エンジン　2100hp×1
性能：最高速度663km/h　実用上昇限度10730m　航続距離1577km
外寸：翼幅12.67m　全長9.73m　全高4.67m
全備重量：5170kg
兵装：主翼内に20mm機関砲×4、外部爆弾積載最大910kgまたは27kgロケット弾×8

リパブリック P-47 サンダーボルト 🇺🇸

第2次世界大戦で真に偉大な戦闘機の1つ、リパブリック P-47 サンダーボルトのプロトタイプ XP-47B は1941年5月6日に初飛行し、最初の生産型 P-47B は多くの面倒なトラブルを修正したあと、1942年3月に工場から姿をあらわした。

1942年6月に第56戦闘航空群に P-47 が供給されはじめ、1942年12月から1943年1月にイギリスに配備されて、1943年4月13日に最初の戦闘任務に飛び立った。それから2年間、この機はアメリカ陸軍航空隊第8戦闘機軍団のどの航空機より多くの敵機を撃墜した。ヨーロッパでの最初の作戦出撃から1945年8月の太平洋の戦いの終わりまで、サンダーボルトは54万6000回の戦闘出撃を行っている。第56戦闘航空群が1943年の春に最初の作戦出撃を行うころまでには、サンダーボルト各型のうち最も多数製造されたモデル、P-47D には膨大な注文が集まった。イギリス空軍は、かなりの数をビルマ戦線で使用していた。P-47D の総生産数は1万5660機に上り、第2次世界大戦後は多くの機が諸外国の空軍で使用された。第2次世界大戦中は、ソ連が割り当てられた203機のうち195機を受け取り、残りの機はその輸送途上で失われた。

アメリカ陸軍航空隊　第8戦闘機軍団　第56戦闘航空群
1944年　イギリス　ボックステッド基地

イラストの P-47D は、1944年8月にヒューバート〝ハブ〟ゼムケ大佐から第56戦闘航空群の司令官の地位を引きついだ、デヴィッド・C・シリング大佐の個人機である。シリングは第56戦闘航空群で132回の戦闘任務を行い、22.5回の勝利をあげている。彼は1956年に死亡したが、カンザス州の空軍基地のひとつに、彼に敬意を表してシリング空軍基地の名前がつけられた。

Republic P-47D Thunderbolt

機種：戦闘機
乗員：1名
動力装置：プラット＆ホイットニー R-2800-59 空冷星型エンジン　2300hp × 1
性能：最大速度 689km/h　実用上昇限度 12800m　航続距離 2030km
外寸：全幅 12.43m　全長 11.01m　全高 4.32m
全備重量：8800kg
武装：12.7mm 機関銃 × 6 または 8、爆弾 450kg　爆弾 450kg またはロケット弾 × 10

ホーカー・タイフーン
vs
リパブリック P-47 サンダーボルト

タイフーンとP-47は両機とも中高度戦闘機として設計されたが、P-47はその役割を果たしたものの、タイフーンは失敗だった。ある時点では注文取り消しの危機にあったがタイフーンは生き残り、P-47と同様に最上級の地上攻撃機となった。

タイフーンを実戦テストする役目だったローランド・ビーモント中佐は、この機の最終的な成功に不可欠な存在となった。彼は1942年3月8日に、機関銃12挺が装備されたMk 1Aを最初に飛ばしたとき、こう言わざるをえなかった。

「騒音と振動、大型のセイバーエンジンによる全般的な問題を解決し、実際には何からも守ってくれないバタバタする側面窓を持ったコックピット（実際、隙間風がひどかった）を強化すれば、この航空機は優れた安定性を持ち、すべての方向の操縦に対してよく反応し、非常に運動性が高く（特に640km/h以上の高速度域で）、きわめて早い旋回速度を持つことがすぐに明らかになるだろう。75%出力での低高度巡航が480km/h以上と今日のほとんどの戦闘機より速く、最高出力の水平飛行では620km/hが出せる。そして、操縦に大きな力が必要となり、物凄い騒音はあるにしても、公表されている急降下制限速度の800km/hでも充分な制御力が残っているのだ」

『やがてこの重くてうるさい飛行機は、快適に飛ばせるだけでなく、多くの作戦任務に対し、それら専門に設計された航空機より大きな能力を発揮するのではないかと考えられるようになったのである』

「低速における操作と失速特性を見ると、操縦性は高速から160km/hまでは素晴らしいが、着陸状態（脚／フラップダウン）での失速速度である109km/hでは操舵の反応が鈍くなることが確認できる。着陸進入やオーバーシュート、着地時にタイフーンはほぼハリケーン並みに操作できることが示されているが（そして、スピットファイアより御しやすい）、どちらの機より地面効果による〝浮く〟傾向は低い。広い車輪間隔からくる大きな利点は、荒れた地面でも驚くほど安定し、スピットファイアよりはるかに横風着陸に強いことである。

そして飛行の終わりには、この大型で醜い戦闘機は実際に快適に飛べることがはっきりした——もしパイロットが耳に指を突っ込んで、騒音を防ぐことができ、機外をもっとしっかり見ることができればの話だが」

1942年の夏、第56と第266、第609飛行隊という、タイフーンによる最初の3個飛行隊が、ドイツ戦闘爆撃機を迎撃する作戦のために送られた。ドイツ戦闘爆撃機によるイギリスの沿岸標的への低空での奇襲

第183飛行隊のホーカー・タイフーン1b。意図していた迎撃という役割を果たせなかったタイフーンだが、ノルマンディ作戦で地上攻撃機として大活躍した。

1942年10月の第56戦闘航空群のP-47B編隊。先頭の機は、後にP-47エースとなるヒューバート・ゼムケが操縦している。

攻撃が、ますます厄介になってきていたのだ。この機の低空での有効性に疑いはなく、第609飛行隊の活躍のおかげで、この機をキャンセルしてアメリカのP-47サンダーボルトを採用しようという、イギリス空軍戦闘機軍団技術部門による1943年初期の最後の試みも、うまくつぶすことができた。その年の終わりには問題が解消され、この機を使用する飛行隊の数が増加していった。その頃には、20mm機関砲4門という翼内部搭載の兵装に加えて、226kg爆弾を2個搭載し、敵の補給線や船舶、飛行場を徹底的に攻撃する任務に邁進し、タイフーンは連合軍の戦闘爆撃機のなかで最も強力な機としての経歴に向けて歩み出していたのだ。

P-47の戦術

アメリカ陸軍航空隊のP-47サンダーボルトの強力な支持者となったのは、ロバート・S・ジョンソン大佐だったが、彼は1943年に第56戦闘航空群とともに若い中尉としてイギリスに着任した。彼はやがて、戦果をもたらすための堅実な戦術を考え出した。同僚パイロットへのアドバイスは簡潔だ。
「ドイツ野郎に照準を合わせさせるな。奴との距離が90mだろうが900mだろうが、奴らの20mm砲は簡単に飛行機を打ち落とせる。ドイツ機に対しては高度20000フィート（6100m）で、20000フィートの距離と充分な速度を保つのがベターで、機首を上げて低速度で接近するよりはるかにいい。もし相手が接近してきたら、こっちも接近すると、10回のうち9回は、相手は正面衝突直前で右旋回するはずだ。それからは、こっちのものだ。うしろについて、撃ち落としてやれ」

『ロケット弾で武装したP-47は、タイフーンのように地上攻撃ミッションで圧倒的な威力を発揮することが証明された』

ジョンソンは、持論をどう実践したかを説明している。
「晴れた日だった。私たちは沿岸上空を飛行しており、海岸に打ち寄せる波が白く砕けていた……。まわりを見まわすと、ドイツ野郎が追尾していた。奴はうしろに回って撃ってきたから、こっちは急激な上昇旋回を行った。ドイツ機が有利な位置についていた。おまけにこっちには補助タンクがあって、くっついたまま離れようとはしなかった。相手はどんどん内側に入ってくると、斜め後方から射撃をしようとしていた。相手の機首が少し下がるまで旋回を続けた。それから機を滑らせて、奴を攻撃した。

奴は再度こちらに向かってきて、どちらも同じように機首を向けて接近した。そのときの旋回中に、やっと補助タンクが離れていった。相手の機首が下がると、こっちが仕掛けて再び攻撃する。10分間に4度繰り返したが、空中戦ではえらく長い時間だ。すると、奴のキャノピーが空中に飛び出し、その下を機体が飛んでいたんだ。奴はばらばらになろうとしていて、私は確実に仕留めるためにもう1回連射した」

爆撃機護衛の役割は次第にP-51マスタングに引き継がれ、P-47は北西ヨーロッパでの地上攻撃や目標を捜索・攻撃する任務に割り当てられることが多くなった。ロケット弾で武装したP-47は、タイフーンと同様にこうした任務に圧倒的な威力を発揮することが証明された。

# ユンカース Ju88

今までに生産された航空機のなかで、最も多用途で効果的な戦闘用航空機であるユンカース Ju88 は、第2次世界大戦中のドイツ空軍にとって常に非常に重要な存在であり、爆撃機や急降下爆撃機、夜間戦闘機、近接支援機、長距離重戦闘機、偵察機、雷撃機として働いていた。生産前期型である Ju88A-0 は 1939 年夏に完成し、最初の生産型 Ju88A-1 は試験部隊である第 88 実験部隊に納入された。

Ju88A は Ju88A-17 まで 17 種類の改良型が造られ、型が進むごとにエンジンが強化され、防御火器が増備されたのに加え、より有効な防弾装備を持つようになった。最も広く使用された発展型は Ju88A-4 で、ヨーロッパと北アフリカの両方で活躍した。Ju88A-4 はフィンランドに 20 機、イタリアやルーマニア、ハンガリーにも何機かが提供された。Ju88A はシリーズ全体で 7000 機もの機が納入されている。

Ju88A は、バルカン半島や地中海、さらに東部戦線（対ソ連戦）で多くの戦いに参加した。そしてこの機はドイツのクレタ島侵攻で集中的に使用され、マルタ島と補給船団への大きな脅威となった。だが最も傑出した戦績のいくつかをあげたのは、北部ノルウェーを本拠地とした KG26 と KG30 が、ソ連へ向かう連合軍船団に破壊的な攻撃を実施した北極海域だった。

ドイツ空軍　第 30 爆撃航空団　第 I 飛行隊 1940 年　オランダ

1939 年 8 月に、第 88 実験部隊は第 25 爆撃航空団　第 I 飛行隊（I/KG25）に再編成され、その後すぐに I/KG30 となった。最初の作戦任務は 9 月 26 日のイギリス軍艦への攻撃であり、この隊が Ju88 を最初に戦闘に使った部隊となった。さらに 10 月 16 日にフォース湾の英艦隊を攻撃したときには、2 機の Ju88 がスピットファイアに撃墜された。

Junkers Ju88A-4

機種：爆撃機
乗員：4 名
動力装置：ユンカース・ユモ 211J 倒立 V 型 12 エンジン　1340hp × 2
性能：最高速度 450km/h　実用上昇限度 8200m 航続距離 2730km
外寸：翼幅 20.00m　全長 14.40m　全高 4.85m
全備重量：14000kg
兵装：最大 7 挺までの 7.92mm MG15 または MG81 機関銃、最大 3600kg の内部／外部搭載爆弾

ブリストル・ボーファイター 🇬🇧

ブリストル社は、概念研究からプロトタイプの完成まで6ヵ月という驚くほど短期間で、タイプ156ボーファイターのプロトタイプを完成させた。ボーファイターは、ハーキュリーズ・エンジン2基を搭載し、狭い胴体前部にパイロットを、胴体中央のパースペックス製ドーム下に観測員を搭乗させる、力強い戦闘機として誕生した。迅速な開発は、タイプ152ボーフォート雷撃機の基本レイアウトを利用し、主翼や尾翼、降着装置などを流用することで成し遂げられた。タイプ156のプロトタイプは1939年7月に初飛行し、MkIF夜間戦闘機は1940年9月に就役した。またボーファイターTF.10は機関砲と機関銃を装備するだけでなく、ロケット弾や魚雷、もしくは爆弾で兵装することができる長距離攻撃戦闘機として開発された。主としてイギリス空軍沿岸軍団が使用したTF.10は、第2次世界大戦中にノルウェーのドイツ軍艦船を破壊し、敵の洋上哨戒機を攻撃した。

オーストラリア航空機製造部（DAP）は、1944年からTF.10をベースとしたボーファイターMk21を364機製造した。もともとはライトR-2600エンジンを搭載する予定だったが、実際には標準的なハーキュリーズ・エンジン装備で製造された。オーストラリア製〝ボー〟の特徴はフロントガラス前の大きな膨らみで、そこには結局は装備されなかったがスペリー自動操縦装置を収納予定であり、さらに7.7mmではなく12.7mm機関銃を搭載していた。

**オーストラリア空軍　第77（攻撃）航空団
第22飛行隊
1945年　モルッカ諸島　モロタイ島**

1945年初頭に納入されたA8-186は、6月にニューギニアの第22飛行隊に配備され、この飛行隊の最後のミッションを含む数回の作戦に参加した。1947年には教育用教材機となり、1950年には子どもの遊び道具として農家に売却された。その後1965年に回収され、オーストラリアのニューサウスウェールズ州カムデンにあるプライベート運営のカムデン航空博物館によって修復された。

Bristol Beaufighter Mk21

機種：双発攻撃機
乗員：2名
動力装置：ブリストル・ハーキュリーズXVII星型エンジン　1735hp×2
性能：最高速度514km/h　実用上昇限度8840m　航続距離2400km
外寸：翼幅17.64m　全長12.59m　全高4.84m
全備重量：11520kg
兵装：主翼に12.7mm機関銃×4、胴体前方に20mmイスパノ機関砲×4、主翼下にロケット弾×8

ユンカース Ju88
vs
ブリストル・ボーファイター

ドイツ空軍のJu88は、戦争のごく初期からイギリス諸島への作戦に参加した。フォース湾のイギリス海軍艦船を目標とした最初の攻撃は、1939年10月16日にジルト島ヴェスターラントが本拠地のKG30に所属する9機のJu88によって行われた。

空襲の指揮者はヘルムート・ポール大尉だった。停泊地上空に到着した大尉は標的を選び、急降下をはじめた。対空砲火は濃密で素早く、飛行機をかすめて機体を揺らした。

ポール大尉はこう語っている。「突然、大きな爆発音がした。冷たい突風がうなりをあげてコックピットに入り込んできた。コックピットの屋根の透明なハッチが消え去っていて、それと一緒に上部の後方発射機関銃もなくなっていた。私は、今や視界一杯に広がっている目標に再び集中した。一瞬ののち、爆弾を投下した我々は再び急上昇した」

爆弾のうち1発は水中で爆発し、もう1発はイギリス海軍巡洋艦サウサンプトンの右舷中央部に命中し、甲板を3層貫通して船体側面から飛び出てきて、提督用のはしけを木っ端みじんにした。爆弾は不発だった。インターコムから、敵戦闘機が後方から接近とポールに警告する後部砲手の声がした。第602飛行隊のスピットファイアだった。

『Ju88は高速だったため、迎撃するのが非常に困難な航空機だった』

戦闘機攻撃

先頭のスピットファイアを操縦していたのは、ピンカートン空軍大尉だった。射撃をした彼は、弾丸がユンカースの暗緑色迷彩の上で弾けて、火花が散るのを見た。エンジン1基から火があがり、爆撃機は下降しはじめた。ユンカースはどんどん高度を失いつつあった。1基のエンジンだけで機体を飛ばそうともがくポール大尉は、トロール船がいることに気づいた。のちに彼は次のように語っている。

「ノルウェー船（そのときのノルウェーは中立国だった）かもしれないと考え、そちらへ機を向けた。ユンカースを着水させる前に、どうにかトロール船を避けることができたが、潮の流れは速かった。トロール船の船員は救助してくれず、私も重傷を負った機の乗員1名もイギリス海軍の駆逐艦に引き上げられた。だが私は、脳震盪と顔面の負傷で甲板に倒れ込んでしまった。引き上げられた仲間は怪我のために翌日死亡した」。ポールは5日後にエジンバラのポートエドワード病院で目を覚ました。のこり

真の多目的航空機であったJu88は、写真のようにヘンシェルHs293対艦ミサイルを2発搭載することもできた。しかし実戦でJu88がHs293を搭載して出撃したケースはない。

ここに見られる給油中のボーファイターは、南西太平洋戦域でオーストラリア空軍第30飛行隊によって使用された機のなかの1機である。

の乗員2名の遺体は海から引き上げられた。

Ju88がバトル・オブ・ブリテンのあとでイギリス諸島に夜間攻撃を開始したとき、暗闇の中、同機を追跡・撃破するのに充分な速度を出せるのは、重武装で双発のブリストル・ボーファイターだけだった。しかしJu88に立ち向かうためには、連合軍には克服すべき数多くの問題があった。

夜間戦闘

〝ダムバスターズ〟として有名なガイ・ギブソン中佐は、第29（ボーファイター）飛行隊とともに任務についたことがあり、夜間戦闘の経験について述べている。

「私たちが1機のJu88をレーダーで捕捉したとき……レーダー操作員からは相手がこちらのやや左に位置すると告げられていたので、左に急旋回した。ところが逆側を見てみると、実際にはほぼ並んで飛んでいた。相手はこちらを先に見つけると、すぐに姿を消してしまった。また別の夜、私たちの機と相手が非常に接近していたとき、レーダー操作員がいまにも衝突すると言ったが、何も起こらなかった。失望した私は、相手が反撃してくるように機関砲4門をすべて空に向かって発砲した。すぐに、ずっと下から、相手機の後部砲手が曳光弾を撃ち返してきた。こちらの機上レーダー装置が、またしても何かおかしかったに違いない。だがこのときは、その後部砲手は愚行の報いを受けた。彼が脱出する前に、砲弾を山ほど撃ち込まれてしまったのだ」

『ボーファイターは非常に頑丈に造られており、かなり無骨な外観の航空機だった。すばらしく立派な兵器だったが、初期には機上搭載レーダーの信頼性がきわめて低かった』

ギブソンのレーダー操作員が体験した〝やぶにらみ〟という現象を、イギリス空軍夜間戦闘機の卓越したエース、ジョン・カニンガム大佐は次のように説明している。「航空機の外部アンテナが頼りなのに、〝やぶにらみ〟の問題にはずっと悩まされていた。この機は通常野外で使われていたが、濡れると水がレーダーシステムに入ってきて、左右の主翼アンテナからの信号のバランスが崩れるのだ。レーダー試験のために昼間に飛行機を飛ばした我々は、このことを早い時期にわかっていた。目標が前方にいて、レーダー操作員はボーファイターの後部で尾翼の方を向いて座っている。〝目標機〟に近づくと、操作員に相手の距離と高度を報告するように指示する。目標を真正面の位置に置いて、操作員に『今はどうだ？』と聞く。そうすると彼はレーダーを見て、『約30度左上空』と答えが返ってくる。そこで、操作員に座席から離れて前方を見させると、目標機は彼がレーダースクリーン上で見た位置ではなく別の所にいるってわけだ。これが〝やぶにらみ〟だよ」

しかし、この問題が解消されると、ボーファイターは殺戮者に変身し、この機はイギリスに夜襲をかけるドイツ軍パイロットに大いに恐れられる存在となった。たとえば1941年5月10日の夜には、ボーファイターはロンドンを攻撃するドイツ軍爆撃機を合計で14機撃墜している——ドイツ空軍のいわゆるブリッツ・クリーク（電撃戦）が開始されて以来、一夜でこうむった最大の損失だった。

ユンカース Ju87 ストゥーカ

ストゥーカ（Stuka）という名前はSturzkampfflugzeugの略語であり、この言葉は〝急降下爆撃機〟を意味しているため、本来は第2次世界大戦時に急降下爆撃能力のあるすべてのドイツ空軍機に使われてしかるべき言葉だった。だがこの言葉は永遠にユンカースJu87と結びつくことになる。1935年晩春に初飛行した最初のプロトタイプJu87 V1は、640hpのロールスロイス・ケストレルエンジンが搭載されていた。1937年12月に3機の生産型Ju87A-1が、スペイン内戦で民族独立派を支援しているドイツ軍コンドル部隊での実戦試験のために派遣された。

次のサブシリーズJu87A-2は、大幅に改良されたJu87Bと交替する1938年まで生産された。第2次世界大戦勃発までには、第一線のストゥーカ部隊はJu87B-1を標準としており、機にはより強力な燃料噴射装置つきの、1100hpのユンカース・ユモ211A12気筒エンジンが搭載されていた。最も重要な外部変更は、Aモデルのズボン型主脚カバーを〝スパッツ〟型に変更したことで、脚柱をぴったりと覆ったカバーと流線形の車輪カバーが取り付けられた。Ju87B-2も似ているが、エンジンは可動式ラジエーターフラップつきの1200hpユンカース・ユモ211Dに強化された。対艦船型のJu87B-2はJu87Rとして知られている。次の生産型はJu87Dで、ある程度の数量のサブシリーズが生産された。最後のストゥーカ改良型はJu87Gで、翼の下にBK37機関砲（37mmフラック18砲）を2門搭載できるように標準型Ju 87D-3/-5を改造したものだった。

ドイツ空軍　第76急降下爆撃航空団　第Ⅰ飛行隊
1940年　フランス

イラストの機は1940年フランスに進出した第76急降下爆撃航空団 第Ⅰ飛行隊のユンカースJu87B-2ストゥーカで、ヴァルター・ジーゲル大尉が操縦していた。

Junkers Ju87B-2 Stuka

機種：急降下爆撃機
乗員：2名
動力装置：ユンカース・ユモ211D倒立V型エンジン　1200hp×1
性能：最高速度380km/h　実用上昇限度8000m　航続距離600km
外寸：翼幅13.80m　全長11.00m　全高3.88m
全備重量：4250kg
兵装：7.92mm機関銃×3、外部爆弾最大1000kg

ダグラス SBD-1 ドーントレス 🇺🇸

ダグラス・ドーントレスはノースロップBT-1軽爆撃機から発展した。ダグラスの子会社だったノースロップが1939年に親会社に吸収合併されたとき、エド・ハイネマンがアメリカ海軍の空母搭載急降下爆撃機の要求にこたえるために設計を見直して完成した。プロトタイプのXSBD-1はBT-1の改造で、1939年初頭に初飛行した。4月にアメリカ海兵隊とアメリカ海軍がSBD-1とSBD-2をそれぞれ注文し、海軍用のSBD-2は燃料容量を拡大し、海兵隊用の後部機関銃が1挺だったのとは異なり、2挺備えていた。

SBD-1は57機が製造され、1940年後半に第2海兵爆撃飛行隊（VMB-2）で初配備された。最初のSBD-2生産型は1941年初期にアメリカ海軍に加わった。一時はBarge（はしけ）やClunk（ドスンという擬音）、スピーディーワン（SBD-1の変わり読み、Speedy-Oneにかけてあるが実際には遅いことを皮肉っている）と呼ばれることもあったが、やがて〝遅いが破壊的〟（Slow But Deadly）というあだ名が一般的となった。前方へスイングする爆弾架を使って急降下攻撃をするドーントレスは、非常に正確な爆撃機であり、固定武装と後席に可動銃座をそなえているため自己防衛にもたけていた。

アメリカ海兵隊　第11海兵航空群　VMB-2（第2海兵爆撃飛行隊）
1941年　バージニア州　クアンティコ

1930年代のアメリカ海軍とアメリカ海兵隊のカラー・コードによると、このSBD-1に見られるカウリング前半と胴体後部の帯状のレッド塗装、さらに2-MB-1のコードレターは、飛行隊司令官が操縦している第1編隊のリーダー機を意味している。イラストの機はドーントレスの生産型2号機で、ビューローナンバー（海軍航空局ナンバー）は1957となっている。この機の運命は不明だが、事故や敵機によって失われたわけではないと考えられる。SBD-1のほとんどは訓練に使われたが、のちのSBD-3以降のモデルは1942年6月のミッドウェーの戦いで、勝利に向けての不可欠な存在となり、太平洋戦争初期のガダルカナル島やその他の諸島作戦でも重要な役割を果たした。

Douglas SBD-1 Dauntless

機種：艦上急降下爆撃機
乗員：2名
動力装置：ライトR-1920-32サイクロン星型ピストンエンジン　1000hp×1
性能：最高速度427km/h　実用上昇限度9175m　航続距離972km
外寸：翼幅12.65m　全長9.68m　全高3.91m
全備重量：3180kg
兵装：機首に12.7mmブローニング機関銃×2、後部コックピットに7.62mmブローニング機関銃×1、胴体中央部に454kg爆弾×1と主翼下に45kg爆弾×2

ユンカース Ju87 ストゥーカ
vs
ダグラス SBD ドーントレス

Ju87 ストゥーカとダグラス・ドーントレスは、両機とも専用急降下爆撃機として設計され、ストゥーカは地上発進、ドーントレスは艦上発進の作戦を目的としていた。

　ストゥーカの飛行隊が1個、ドイツの空母グラフ・ツェッペリンから作戦行動をとるために編制されていた。しかし空母が完成することはなく、ストゥーカとドーントレスの海軍での役割を比較する機会も生まれなかった。

　連合軍パイロットの多くが捕獲したストゥーカを飛ばす機会があったが、北アフリカ戦線の西部砂漠地帯に特にその機会が多かったのは、エル・アラメインの戦いのあと、連合軍の迅速な進軍によって、ドイツ軍が何百機もの航空機を放棄しなければならなかった地域だからだった。試乗したパイロットに、空軍殊勲十字賞と空軍十字勲章を与えられたD・H・クラーク英空軍少佐がいる。彼は1944年にエジプトの実戦訓練部隊で教官として働きながら、異なる航空機を飛ばす機会があれば、かならずその機会を利用していた。彼のストゥーカの記憶は好ましいものとはほど遠いが、彼の飛ばした航空機は捕獲の前後に酷使されていたと言っておくのが公平だろう。

ストゥーカの試験飛行

「ユモ211Jエンジンの轟音。エンジンを始動したときには過去の勝利を思い起こさせるような獰猛さはほとんど感じられなかった。老いを示すかのようなかすれた爆音は怒りの咆哮とはほど遠く、荒々しい回転により胴体は振動して震えた。コックピットは広く、全方向の視界が良好だ——床にも透明なアクリルパネルが嵌め込まれており、パイロットは脚のあいだから目標を見ることができる。しかしこのような工夫の利点は私には理解できなかった」

『ユモ211Jエンジンの轟音。エンジンを始動したときにはほとんど獰猛さは感じられなかった……荒々しい回転により胴体は振動して震えた』

「ブラックバーン・スキュアやキティホーク（カーチスP-40）での多くの急降下爆撃経験から学んだ唯一の方法は、目標を片方の翼の下にとらえて降下し、それから急旋回して直接目標に向かうことだ。ストゥーカの風防の内側には丁寧に線が描いてあり、度数がきざんである。これらは明らかにパイロットのためのもので、水平線との位置関係から急降下の角度がわかるようにしてある——でも、だからといって役に立つのか？　普通は機首を標的に向けるだけで手一杯で、角度の心配なんかしていられ

後部胴体の黄色あるいは白い帯により、東部戦線上空を飛行していることが確認できるユンカース Ju87 ストゥーカの編隊。

ダグラス・ドーントレス急降下爆撃機は太平洋戦争で不可欠な存在であり、ミッドウェーの戦いでは日本の空母機動部隊の壊滅に決定的な役割を果たした。

ないものだ！

　私は地上走行に移った。離陸は私の予想より時間がかかり、降着装置を格納しないのも変な感じだった。上昇するのはむずかしかった。前もって予定したキティホークが太陽に向かって飛び出し、私はその機を追うために何度もBf109相手に行った通りに、上昇して胴体下方につけようとした。だが、ストゥーカは角度を保つことができずに振動し、失速して降下した。あれはまるで、レンガを飛ばしているようなものだった。あの朝が実戦だったら、10回以上撃墜されていただろう。ただのおんぼろP-40を相手にしていたのにだ。つまり、スピットファイアやハリケーン相手だったら、答えはわかりきっている！

　急降下ブレーキは使えなかったが、チムサ湖を見渡すアンザック・メモリアル公園に向かって緩降下をした。対気速度計がこの機が非常に苦手な400km/hを表示していたので、慎重に水平姿勢にした……実戦でストゥーカを飛ばす羽目にならなくて、とても嬉しかった。私はバラ飛行場に戻り、きしみ音をたてている胴体をなだめながら穏やかに着陸した」

破壊的なドーントレス

　1942年、Ju87ストゥーカが北アフリカとロシアで最後の栄光の時を過ごしているとき、地球の別の場所では新たな急降下爆撃機が戦争の行方を変えようとしていた。1942年6月4日、アメリカ空母エンタープライズとヨークタウンから発進したダグラスSBDドーントレスが日本の空母、赤城と加賀、蒼龍を撃沈し（後に飛龍も）、日本帝国海軍から主要な海上攻撃力を奪ったのだ。赤城に乗務していた航空部隊司令官、淵田美津雄は、この破壊的な攻撃を次のように説明している。

　「視界は良好だった。雲は約3000mの高度にあり、ときには雲が切れることがあったが、彼らにとっては敵機に接近する絶好の隠れ蓑だった。10時24分、ブリッジからの発進開始命令がラウドスピーカーから流れた。航空士官が白い旗を振り、零式戦闘機が速度をあげて甲板からうなりをあげて飛びだした。その瞬間、見張りが『急降下爆撃機来襲！』と叫んだ。見上げると、3機の敵の黒い航空機が我が艦に向かって突っ込んできていた。いくつかの機関銃が必死で一斉射撃を行ったが、手遅れだった。アメリカのドーントレス急降下爆撃機のずんぐりしたシルエットがみるみる大きくなり、それから突然その翼からいくつもの黒い物体が不気味に漂ってきた。爆弾だ！　まっすぐこちらに向かって落ちてくる！　私は本能的に甲板にうつぶせになった……。

　最初に急降下爆撃機の恐ろしい轟音が聞こえて、それから直撃した爆弾の爆発音がした。目のくらむような閃光があがり、そして最初より大きな2度目の爆発音がした。奇妙に暖かい突風が体にぶつかってきた。まださらに衝撃があったが、前より激しくはなかった。ニアミスだったのだろう。それから、機銃の轟音が不意にやんで、驚くほどの静寂がやってきた。敵機はすでに視界から消えていた……まわりを見渡した私は、ほんの数秒でもたらされた破壊におののいた……加賀と蒼龍も爆撃を受け、黒い煙をあげているのを見ることができた。見るのも恐ろしい光景だった」

COMBAT TYPES OF THE DECISIVE YEARS 1943-45

　1939年から1943年にかけて、戦闘用航空機の能力は大きく進歩した。イギリスとアメリカからは、ドイツの心臓部に攻撃を仕掛けるランカスターやハリファックス、B-17フライングフォートレス、B-24リベレーターなどの重爆撃機が登場した。これらの爆撃機により、イギリス空軍は夜間、アメリカ陸軍航空隊は昼間にと、24時間態勢でドイツ第三帝国を打ちのめしていったのである。

　北アフリカでは戦況を左右する戦いが行われており、1943年初頭のチュニジアでの枢軸国軍の最後の抵抗で頂点を迎える。そしてこの戦いがドイツ空軍輸送部隊の最後の舞台となった。ドイツ軍の初期の軍事行動から輸送部隊の中核となっていた航空機、ユンカースJu52が壊滅的な損害をこうむったのだ。それは地中海沿岸で最後まで持ち

パッカード製造のロールスロイス・マーリン61エンジンを搭載したとたんにノースアメリカンP-51マスタングは、第2次世界大戦の戦闘機で最もすぐれた性能を持つことになった。

第2章
大戦の行方を決した 1943年−45年に 活躍した航空機

こたえようとしていたドイツ軍への補給を、必死に試みた結果であった。Ju52の同時代機であるダグラスC-47は、より頑丈で長持ちする航空機だと証明され、現在でも世界のどこかで貨物輸送に使われている。

ロシアの大平原では、厳冬とソ連の激しい抵抗が、常勝を続けてきたドイツの猛攻を食い止めていた。そのころ、ソ連の航空機産業は、ラボーチキンLa-5のような優秀な戦闘機を大量に製造しはじめていた。この機を操縦したイワン・コジェドゥーブは、62回の空中戦に勝利して連合軍側の有力なエースとなった。ソ連空軍は、このような航空機の出現のおかげで、大部分の連合軍戦闘機よりすぐれていたドイツ空軍の手強い戦闘機フォッケウルフFw190〝ブッチャーバード〟にようやく対抗できるようになったのだ。

しかし、大戦の勝敗を決める航空戦がくり広げられたのはロシアより西だった。このとき、連合軍はついにノースアメリカンP-51マスタングを配備したのだった。この戦闘機があればこそ、アメリカ陸軍航空隊爆撃隊のベルリンへの往復を護衛でき、最後の数ヵ月間の非常に厳しいドイツ側迎撃に立ち向かうことができたのだ——当時爆撃隊にとっての最大の脅威は、1944年秋から配備数が増加していたジェット戦闘機、メッサーシュミットMe262だったが、足の長いマスタングはこの史上初の実用ジェット戦闘機に対しても離着陸時を狙うなど、よく対抗できたのである。

Me262は空における将来の戦いを具現化しており、その空力デザインは冷戦初期に出現する多くのジェット戦闘機へと反映されることになる。革新的な航空機はほかにもあった。ロケット動力のMe163のような驚くべき航空機は、パイロットにも敵にも危険だったが、戦後のロケット研究の土台を築いた。

そして世界の反対側では、日本軍の初期の勝利に多大な貢献をした三菱の零式戦闘機が、ついに機敏な好敵手、ヘルキャットに出会う。グラマン・ヘルキャット海軍戦闘機は、第2次世界大戦でどの機より多くの敵機を破壊し、連合軍の最終的勝利を確固たるものにする大きな役割を果たしたのだ。

三菱のA6M零戦は能力の高い戦闘機だったが戦闘被害に脆弱で、1回の射撃で空中分解を起こすこともあった。

ダグラス A-20 ハヴォック

ダグラスはアメリカ陸軍の1938年の双発軽爆撃機要求にこたえ、高翼単尾翼形式のモデル7、またはDB-7（ダグラス・ボマー7型）を開発し、プロトタイプ1号機はその年の10月に初飛行した。当初はアメリカよりフランスが興味を示し、200機近くを注文した。そのほぼ半分は1940年6月までに到着したが、フランスの降伏によって残りはダグラス・ボストンとしてイギリスに納入された。さらに200機が生産され、一部は夜間戦闘機ハヴォックとなった。

最初のアメリカ陸軍航空隊の型式はA-20で、フランスとイギリスに納入された機と同様にガラス張り機首だったが、機体は強化されていた。次の重要な型はA-20Gで、爆撃照準用のガラス張り機首ではなく通常のソリッドノーズへ変更された最初の型だった。A-20G生産中に、オープンポジションの可動式銃座は動力付きマーチン製銃座に取り替えられた。主翼は、その下に最大4発の227kg爆弾を積載できるように強化された。イギリス空軍のボストンは低空爆撃機としてかなり有効だったが、アメリカ陸軍航空隊はこの機を、特に太平洋戦域で中高度爆撃機もしくは低空での銃撃機として使用した。そのためノーズガンに加えて〝パッケージ〟式に銃を胴体側面に追加した機も作られている。

第9空軍　第97爆撃航空団（軽爆）　第410爆撃群　第647爆撃飛行隊　アメリカ陸軍航空隊　1944年　イギリス

イラストの〝ジョーカー〟は〝ビーティ突撃隊〟として知られる、第647爆撃飛行隊所属のA-20G-35-DO（43-10181）だ。1943年7月に編制されたこの爆撃飛行隊と上部部隊の第410爆撃大隊（軽爆）は、第9空軍の一員として1944年5月から戦闘に参加し、主として進撃する連合軍地上部隊支援という戦術任務にたずさわった。この大隊は、1944年9月にフランスの前線飛行場へ移動している。第410爆撃大隊は、ヨーロッパ戦争の終わりにダグラスA-20を後継機のA-26インヴェーダーにコンバートした。

Douglas A-20G Havoc

機種：双発攻撃爆撃機
乗員：2名
動力装置：ライトR-2600-23サイクロン14気筒二重星型空冷エンジン　1600hp×2
性能：最高速度510km/h　実用上昇限度7225m　航続距離1600km
外寸：翼幅18.67m　全長14.32m　全高4.83m
全備重量：10960kg
兵装：12.7mmブローニング機関銃×9（機首に6、中央上部ターレットに2、下部に1）、最大2720kgの爆弾

ノースアメリカン B-25 ミッチェル

　第2次世界大戦で最も重要なアメリカ軍戦術航空機の1つ、ノースアメリカンB-25ミッチェルは1939年1月に初飛行した。アメリカ陸軍航空隊のB-25Bミッチェルは、連合軍の爆撃作戦につづいて低空での機銃掃射を行い、ニューギニアの日本軍を効率的に攻撃した。B-25Bにつづいて、事実上同一機のB-25CとB-25Dが就役している。ミッチェルの対艦船専用機であるB-25Gは、405機が製造されている。

　太平洋戦域で使用するために開発されたB-25Gには4名が搭乗し、機首の強力な12.7mm機関銃4挺に加えて、75mm M4機関砲1門が追加装備されていた。次の改良型B-25H（1000機製造）には、軽量型の75mm機関砲1門が装備された。4318機と大量産された次の発展型B-25Jには、B-25Dと同様のガラス張り機首の初期モデルと、後期型の12.7mm機関銃を8挺装備したソリッドノーズの機がある。イギリス空軍が869機のミッチェルB-25Jを受け取り、アメリカ海軍も1943年から458機を受領し、PBJ-1Hの海軍名称で使用した。ソ連もミッチェル862機を武器貸与で受け取り、戦後になるとB-25の余剰機は広く輸出された。

　1942年4月16日、新聞の一面をミッチェルがかざった。東京から1075kmの位置に忍び寄ったアメリカ空母ホーネットから、日本本土への初爆撃のために、J・H・ドゥーリトル中佐率いるアメリカ陸軍航空隊第17航空群のB-25Bが16機発進したのだ。

アメリカ陸軍航空隊 北アフリカ派遣隊
1943年　北アメリカ

イラストの〝ビゼルトのうす汚いガーティ〟は北アフリカ戦線に派遣されたB-25D-1-NC（41-29896）で、同戦域で活動したミッチェルの標準カラースキーム、デザートサンド・カモフラージュに塗られている。

North American B-25H Mitchell

機種：中型爆撃機
乗員：5名
動力装置：ライトR-2600-13　サイクロン14気筒二重星型空冷エンジン　1700hp×2
性能：最高速度457km/h　実用上昇限度6460m　航続距離2450km
外寸：翼幅20.60m　全長16.12m　全高4.82m
全備重量：18960kg
兵装：12.7mm機関銃×6、爆弾倉内部と主翼に1360kgの爆弾・爆雷

A-20 ハヴォック vs B-25 ミッチェル

第 2 次世界大戦のあらゆる戦域で顕著な成功をおさめたダグラス A-20 ハヴォックとノースアメリカン B-25 ミッチェルの両機は、きわめて頑丈で多芸であり、信頼できる双発攻撃爆撃機だった。

1944 年初頭にアメリカの第 3、第 312、第 417 爆撃群はニューギニア戦域で A-20 を実戦に使用し、素晴らしい戦績をあげた。

第 312 と第 417 爆撃群は 1944 年にニューギニアに展開した当初から A-20G を戦闘に使用した。前年にニューギニアに進出していた第 3 爆撃群もほぼ同時期に爆撃機を A-20G に変更していた。これにより 1944 年 9 月、南西太平洋戦域の第 5 空軍には 370 機のハヴォックが配備されることになった。日本の対空砲火はヨーロッパ戦線のドイツ軍ほど激しくなかったため、出撃の多くは低空で行われていた。このような低空爆撃作戦をつづけるうち、爆撃照準を行う爆撃手はほぼ必要ないことが判明した。そのためたいていは、なめらかな形の機首には、爆撃手席に換えて追加の前方発射機関銃が据え付けられた。

『A-20 の強大な射撃能力と操縦性や速度、それに爆弾積載量は、航空機や格納庫、補給品集積場などへのピンポイント攻撃には理想的な武器となった』

A-20 の 3 機横並び編隊で実施する艦船攻撃では、まず前方固定機銃による掃射で艦船側の防御兵装を圧倒し、低空で爆弾を投下、スキップボミング (反跳爆撃) により輸送船や駆逐艦の横腹に爆弾を命中させて大きな戦果をあげた。このような戦術を最初に考案したポール・I・〝パピー〟ガン陸軍大尉は、B-25 ミッチェルでも同じ戦術を採用した。この案の実戦適用が驚異的な成功をあげたため、A-20 生産機の前方射撃能力を強化することになり、さらにはモデル A-20G の生産ラインにも同様の処置がなされることになった。

壊滅的な砲火

第 5 空軍の A-20 の一部には、従来の重武装の前方発射火器に加えて、ひとまとまりにした 3 基のバズーカ式ロケット発射筒が各翼下に装備されていた。発射筒には、それぞれ M8、T-30、114mm 回転安定型ロケット弾が入っていた。ロケット発射筒は重く複雑で、価値を実感するよりトラブル発生のほうが多かったため、それほど使

ダグラス A-20 ハヴォックは高速で重武装だった。この機は連合国空軍にとって、ロシア戦線などのあらゆる戦域で貴重な戦力となった。

Douglas A-20 Havoc vs North American B-25 Mitchell

B-25ミッチェルは優秀な中型爆撃機であり、太平洋戦域では敵船舶に壊滅的な被害を与えた。

用されていない。

A-20を使用している爆撃隊は、ニューギニアでの軍事行動が終わると、フィリピンに目を向けた。1944年4月中旬までには、第5空軍の3個爆撃群（各群に4個爆撃飛行隊が所属する）は島伝い作戦に参加するようになっていた。この作戦はやがて、1945年1月7日のルソン島侵攻へとつながる。フィリピンが占領確保されたあとの1945年初期、A-20部隊は台湾の日本軍標的に注意を向けた。第312爆撃群がA-20をA-26インヴェーダーに、さらに第417爆撃大隊がA-20をB-32ドミネーターに転換し、超重爆撃群へと改編された。戦争終了までずっとA-20を使用していた第3爆撃群がA-20を使用した最後の実戦部隊となり、日本降伏時には日本本土侵攻への準備を整えるため沖縄に展開した直後であった。

東京空襲

A-20は戦闘には非常に役立ったが、大衆の心をとらえたのは大戦屈指の戦術爆撃機であるノースアメリカンのB-25ミッチェルだった。アメリカ国民のやる気を奮い立たせることが必要だった1942年4月に、大胆にも東京に初空襲をかけたのだ。次にあげる東京空襲の話は、目撃者の体験に基づいている。

『B-25は飛び跳ねた。積んでいた900kgの爆弾を落として軽くなったからだ……』

「彼らは海上60mという低空を保って飛び続けた……午後1時30分、ジミー・ドゥーリトルが敵の海岸を目にした。ポター（航法士）がドゥーリトルに、東京の北48kmで陸地初認できるだろうと報告した。その通りだった。機が海岸線を越え、左前方に大きな湖を見つけたドゥーリトルは、素早く地図で確認して航海士が正確だったと確認した。彼は機を南へ向け、パッチワークのような水田の上を低く飛んだ。空を見上げた農民が、高速飛行するB-25を自国の航空機と間違え、手を振った。ドゥーリトルが目を上げると、約600m上空を飛行している日本の戦闘機5機が見えたが、彼らは攻撃する様子を見せず、やがて引き返していった……。

爆撃機は轟音をたてて丘陵伝いに飛び、高圧線を飛び越えた。対空砲火はなかった。まるで、自国で訓練飛行をしているようだった。突然、真正面に日本の首都が大きく広がり、ドゥーリトルはB-25を450mに上昇させた。

ガラス張りの機首では、爆撃手のフレッド・ブレーマーが前方を凝視して、目標の軍事工場を探していた。ブレーマーが標的を発見すると、ドゥーリトルはそちらへ舵を切り、パイロットは爆撃手の指示に従って機をその方向に保った。ドゥーリトルの計器盤で4回赤いライトが点滅し、集束焼夷弾を4回投下したことを告げた。B-25は飛び跳ねた。積んでいた900kgの爆弾を落として軽くなったからだ。目標地域から遠ざかるために、ドゥーリトルはエンジンを全開にした。

東京上空の飛行は30秒だった……。攻撃成果を確認する時間はなかった。海岸に着くまで、ずっとエンジン全開だった……」

ハンドレページ・ハリファックス

　ハリファックスは、当初はアヴロ・ランカスターと同様に双発機設計だったが、1939年10月に最初の機が初飛行する前にマーリン・エンジンの4基搭載に変更された。さまざまな兵装をほどこしたMkⅠ、MkⅡはマーリンを搭載して作られたが、MkⅢにはブリストル・ハーキュリーズ星型空冷エンジンが採用された。MkⅦは基本的に同一だが、ハーキュリーズの低馬力型を載せ、機首の回転銃座はガラス張りドームになった。派生型として、工作員や奇襲部隊を降下させるために使われたものや、さらに兵員輸送やグライダー曳航、貨物機としても使われた機体もある。ハリファックスはランカスターより性能が低く、通常はより低い高度を飛行していた。英爆撃機軍団の第6爆撃グループに所属したカナダ爆撃飛行隊には、大戦中ほとんどハリファックスが配備されていた。

カナダ空軍　第6爆撃グループ　第408 〝グース〟爆撃飛行隊
1944年　ヨークシャー州　リントン・オン・オース基地
　大きくて色鮮やかな〝残酷な乙女ヴィッキー〟のノーズアートは、イギリス空軍機としては非常に珍しいものだ。カナダの飛行隊は、この点ではイギリス空軍よりずっとおおらかだった。PN230は、ストックポートのフェアリー航空機が契約に基づいて製造した、B.ⅢとB.Ⅶの150機生産分のうちの1機だ。この機を実戦使用したのは第408〝グース〟爆撃飛行隊のみで、戦後まで生き残り、1949年にスクラップとして売却された。
　第408爆撃飛行隊は1942年9月にハリファックスを受け取り、MkⅤとMkⅡを1943年10月まで飛ばしていた。その後は星型エンジン搭載のランカスターMkⅡを使用していたが、1944年9月にハリファックスMkⅢとⅤに戻っている。

Handley Page Halifax B.Mk VII

機種：4発重爆撃機
乗員：7名
動力装置：ブリストル・ハーキュリーズ XVI 空冷14気筒星型エンジン　1650hp×4
性能：最高速度460km/h　実用上昇限度5670m　航続距離1660km
外寸：翼幅31.76m　全長21.82m　全高6.32m
全備重量：29450kg
兵装：尾部銃座に12.7mmブローニング機関銃×2、中央上部銃座に7.7mmブローニング機関銃×4、機首に7.7mmブローニング機関銃×1、5895kgまでの爆弾

アヴロ・ランカスター 🇬🇧

　アヴロ・ランカスターは、第2次世界大戦で最も有名なイギリス空軍〝重爆撃機〟であり、同時代機のハリファックスやスターリングより大きな爆弾積載量を有し、より高々度で飛行することができた。ランカスターは、ロールスロイス・ヴァルチャーエンジン双発で、尾部に3枚の垂直安定板を持つ、失敗作のマンチェスターから生まれた。このマンチェスターは再設計されて、4基のマーリン・エンジン搭載となり、中央の垂直安定板は取り外された。最初のランカスターはもともとはマンチェスターⅢと呼ばれており、1941年1月に初飛行している。

　1942年4月に最初の（昼間）爆撃を行ったランカスターは、やがてイギリス空軍爆撃機軍団の夜間爆撃勢力の中核となっていった。またランカスターは、特殊任務に必要な種々の武器搭載に順応性があることを証明している。最も有名な特殊任務は、1943年5月に第617飛行隊が行ったダム爆撃だ。この〝ダムバスター〟飛行隊は、改造された航空機を使って同じく精密爆撃を行っていた第9飛行隊と、頻繁に組んで行動していた。

イギリス空軍　第9飛行隊
1945年　リンカンシャー州
イギリス空軍バードニー基地

〝日ごとに若返る〟というノーズアートを描いたこの機は、通常はダグラス・トゥェドル空軍大尉と第9飛行隊の搭乗員で飛行していた。この機はアームストロング・ウィットワース製造のランカスターB.Ⅰ（特殊型）で、バーンズ・ウォリスが設計した12000ポンド（5443kg）のトールボーイ爆弾を積載できるように改造されていた。ウォリスは、ルール地方のダム爆撃に使用された〝反跳爆弾〟も発明している。トールボーイ爆弾をノルウェーのベルゲン港にあるUボートのドックに投下した1945年1月11日と12日の空襲では、第9と第617飛行隊のランカスターのうち32機が出撃し、第617飛行中隊は2機、第9飛行中隊は1機のランカスターを失った。Uボート修理ドックには損傷を与えたものの、破壊できなかった。港にいた掃海艇は、退避しようとしているうちにトールボーイ爆弾で沈められた。第9飛行隊は、戦後はキャンベラやバルカン爆撃機を使用するようになり、現在はスコットランドのロッシーマス基地からトーネードGR.4を飛ばしている。

Avro Lancaster B.Mk I

機種：4発重爆撃機
乗員：7名
動力装置：ロールスロイス・マーリン24V-12液冷ピストンエンジン　1640hp × 2
性能：最高速度 462km/h　実用上昇限度 7470m　航続距離 2675km
外寸：翼幅 31.1m　全長 21.1m　全高 5.97m
全備重量：31750kg
兵装：7.7mmブローニング機関銃×8、従来型爆弾 6350kgまで、もしくは 5443kg トールボーイ爆弾×1、あるいは 10000kg グランドスラム爆弾×1

ハンドレページ・ハリファックス
vs
アヴロ・ランカスター

ハンドレページ・ハリファックスは、最新のランカスターより遅く、上昇限度も低く、爆弾積載量も少なかったが、搭乗員からは非常に愛されていた。どちらの爆撃機も戦闘での甚大な被害をものともせず、基地に帰ってくることができた。

ここで取り上げる2つの出来事は、イギリス空軍の有名な2機の爆撃機の頑丈さを示すと同時に、搭乗員の勇気とねばり強さをも物語っている。どのパイロットもヴィクトリア十字勲章を与えられた。最初はウィリアム・リード空軍大尉の戦闘記録である。
「1943年11月3日の夜、ランカスターのパイロット兼機長のウィリアム・リード大尉は、デュッセルドルフ攻撃に派遣された。オランダの海岸を越えてすぐ、メッサーシュミット110からの射撃で操縦席の風防がこなごなになった。ヒーター回路の故障で後部射撃手の手がかじかみ、ただちに応戦することも、マイクロフォンを使って警告を発することもできなかった。しかし、やや遅れたものの、射撃手はメッサーシュミットの射撃に反撃し、撃退した。

メッサーシュミットとの交戦で、リード大尉は頭と肩、手に傷を負った。昇降舵トリムタブが損傷を受けており、機体のコントロールがむずかしくなった。後部銃座も激しく損傷しており、通信システムとコンパスは働かなかった。リード大尉は乗員の負傷の有無を確認し、自分の怪我のことはなにも言わずにそのまま任務を続行した。

そのあと間もなく、ランカスターはフォッケウルフ190に攻撃された。このとき、敵機はランカスターの機首から尾部まで機銃掃射を浴びせかけた。後部射撃手は動かせる1挺のみで反撃したが、銃座の位置の関係で正確に狙いをつけることができなかった。航法士は死亡し、無線通信士は致命傷を負った。中央上部の銃座も銃撃を受け、酸素システムは働かなかった。リード空軍大尉も再び傷を負い、航空機関士は前腕を負傷していたにもかかわらず、携行型酸素供給器で大尉に酸素を吸わせた。

リード大尉は目的を果たさずに帰還することをいさぎよしとしなかった。50分後にはデュッセルドルフに到着する距離だ。彼は目標までのコースを記憶しており、ごく平静に飛行をつづけた。通信システムの故障で連絡の取れない爆撃手は、機長の怪我のことも戦友たちの負傷のことも知らなかった。爆弾を投下したとき、この機は目標中心点のまさに真上に位置していたことを示す写真が残っている。

それからリードは、北極星と月を見て舵を取り、基地へ戻る進路を定めた。彼は、失血のために次第に弱ってきていた。緊急酸素はすでになくなっていた。風防ガラスが破壊されていたため、寒さは厳しい。彼はなかば意識を失っていた。オランダ沿岸の対空砲火は激しかったものの、航空機関士が爆撃手の助けを借りてかろうじてランカスターを飛ばした。

北海を横断する長い飛行を終え、どこかの飛行場が見えてきた。元気を取り戻した機長が再び舵を取り、着陸準備に入った。地上の霧で滑走路のライトが一部かすんで

イギリス空軍第10飛行隊のハリファックスⅡ。ハリファックスは爆撃という主要任務だけでなく、ヨーロッパ占領地域への工作員や物資投下という特殊任務に広く利用された。

いた。機長は頭の傷から目に垂れてくる血に悩まされながらも、安全に着陸した。だが、着地して荷重がかかったとたん、降着装置の1本が折れ、破損してしまった。

　2度の攻撃で負傷し、酸素もなくなり、厳しい寒さに苦しみ、航法士は死亡し、機体は酷く損傷し、自衛もできないなか、リード大尉は桁外れの勇気と指導力を発揮した。敵領域に320km以上侵入して、ドイツの最も強力に守備された目標の1つを攻撃したのだ。その1キロ1キロは、危険に満ちた故国への帰途をさらに遠く、厄介なものにするものだったのだ。彼の忍耐強さと義務への貢献は、いくら称賛しても称賛しきれないであろう」

ハリファックスの帰還

　1944年3月30日から31日の夜、爆撃機軍団は572機のランカスターと214機のハリファックスをニュルンベルク爆撃へと向かわせた。この任務は、戦争中で最も悲惨な夜間空襲となる。爆撃機隊は、敵沿岸を越えた瞬間から常に攻撃にさらされることになった。

　シリル・バートン空軍少尉が操縦する第578飛行隊のハリファックス1機が、ニュルンベルクから110kmの距離で1機のユンカースJu88夜間戦闘機の攻撃を受け、最初の射撃でインターコムのシステムが破壊された。その後、メッサーシュミット210も戦いに加わり、ハリファックスの機関銃が操作不能になった。攻撃は途切れずにつづき、爆撃機の苦闘も続いた。戦闘がクライマックスに達した頃、航法士と爆撃手、無線通信士がパイロットからの手信号を誤解し、機体がいまにも墜落すると信じ込んでパラシュートを手に取った。

　バートン空軍少尉は、絶体絶命の状況に陥った。機は激しく損傷し、航法士は去り、残りの乗員と連絡を取ることもできない。このまま任務を続行して目標地域に入ったら、無防備な機は完全に敵の戦闘機のなすがままになるだろう。それに、もし生き残れたとしても、3基のエンジンだけで防御を固めた敵領内を4時間半も飛行して戻らなければならない。すべてが不利だったにもかかわらず、バートン少尉は続行を決意した。機はさらなる攻撃に出会うことなくニュルンベルクに到着し、パイロット自身の手で爆弾を投下した。

　バートンが故国へと戻ろうとしたとき、激しく振動していた左側損傷エンジンのプロペラが吹き飛んだ。さらに悪いことに、燃料タンクのうち2つが攻撃で損傷しており、燃料が漏れていた。それでも彼はそのまま航路を保ち、強い向かい風にもかかわらず、ルート上にあるきわめて危険な重防御地帯を無事に回避した。最終的に彼がイギリスの海岸線を越えたのは、彼の基地のあるヨークシャー州バーンの北わずか145kmの地点だった。

　この頃には燃料がほぼなくなり、適切な着陸地点が見つかる前に、残っていた左エンジンが停止した。片翼のエンジンが2つとも止まった機はほぼ制御不能になり、悪いことに、安全に脱出するには高度が低すぎた。バートンが残り3名の乗員に墜落体勢を取るように命じているとき、右側外のエンジンも停止した。1基のエンジンしか動いていないなか、パイロットは必死で民家を避けた。ハリファックスは開けた地面に墜落し、大破した。バートンは死亡したが残り3名の乗員は生き残り、彼の勇敢さを物語る一部始終を語った。バートンには死後ヴィクトリア十字勲章が贈られた。

　爆撃機軍団にとって、ニュルンベルク爆撃の代償は大きかった。96機の爆撃機が帰還せず、71機が損傷を受けた。これはドイツ夜間戦闘機隊が成し遂げた最大の勝利だった。そして、最後の勝利でもあった。

バトル・オブ・ブリテン記念飛行隊のランカスターには、1942年4月のアウグスブルク爆撃に参加した第44（ローデシア）飛行隊の航空機を意味する記号名（KM-B）が記されている。

フォッケウルフ Fw190

　フォッケウルフFw190は、ドイツ空軍省による1937年の新しい単座戦闘機要求によって生まれた。この仕事に挑んだ設計者のクルト・タンクは、手に入る最も強力なエンジンを使う小型戦闘機を生み出した。1939年6月に初飛行したプロトタイプのFw190V1は、BMW139空冷星型エンジンが動力だったが、生産型は、1600hpのBMW801 14気筒エンジン搭載となった。最初のFw190Aは1941年9月にチャンネル諸島前線で戦闘を行い、新しい戦闘機の開発にまるで気づいていなかった連合軍の諜報機関を驚愕させた。初期の190はスピットファイアVよりはるかに優れており、ここから戦争中ずっと行われる抜きつ抜かれつの開発競争がはじまった。Fw190Fは戦闘爆撃機として開発されたモデルで、胴体下に500kg爆弾、主翼下に2発の250kg爆弾を搭載可能だった。Fw190F-2はFw190A-8を元に作られたサブタイプで吹き飛ばし式キャノピーを採用していた。東部前線では、地上攻撃航空団（シュラハトゲシュバーダー＝Schlachtgeschwaderは殺戮部隊という意味になる）に主としてFw190が配備されており、さまざまな対人または対装甲武器を使って、おもにソ連の装甲車輌や輸送車輌、前哨基地や地上部隊への攻撃を行った。ソ連戦闘機としばしば遭遇しており、地上攻撃部隊でありながらパイロットの多くが20機以上の撃墜スコアを記録している。

ドイツ空軍　第1地上攻撃航空団　第Ⅱ飛行隊　第5中隊
1943年　ソ連　ハリコフ基地

第1地上攻撃航空団の第Ⅱ飛行隊（Ⅱ/SG 1）は、1943年3月にポーランドのデブリン・イレーナでJu87ストゥーカからFW190F-2へと転換した。第5中隊はスピナーとコードレターを赤く塗り、そこに白い縁取りをしていたが、赤はソ連のレッドスターマークと間違えられると考えられたため、戦闘に入る前に黒へ変更されたという。

Focke-Wulf Fw190F-2

機種：地上攻撃戦闘機
乗員：1名
動力装置：BMW 801D-2 14気筒星型ピストンエンジン　2100hp×1
性能：最高速度634km/h　実用上昇限度13410m　航続距離750km
外寸：翼幅10.51m　全長8.95m　全高3.95m
全備重量：4400kg
兵装：機首上部に弾薬1000発の7.9mm MG 17機関銃×2、主翼に弾薬200発の20mm MG 151/20機関砲×2、最大350kgの爆弾

ラボーチキン La-5

　ラボーチキン La-5 は、以前の LaGG-3 を星型エンジン搭載として開発したものだ。新しい戦闘機を配備された最初の戦闘機部隊は、S・P・ダニーリン大佐率いる第 287 戦闘航空師団で、スターリングラード防衛に際してボルガ川前線の第 8 航空軍に配属された。

　初期の戦闘で、La-5 はメッサーシュミット Bf109G よりすぐれた万能戦闘機であることが示されたが、上昇速度は劣っていた。そこでラボーチキンは、戦闘機の重量を減らす再設計を行い、さらに Bf109G やフォッケウルフ Fw190A-4 よりすぐれた上昇性能と運動性を与えるために、1510hp の M-82FN 直噴エンジンを搭載することになった。

　La-5FN はソ連空軍だけでなくチェコスロバキアの第 1 戦闘機連隊にも配備され、この連隊のパイロットは素晴らしい戦功をあげた。La-5 の改良型である La-7 は La-5 と同様のエンジンを搭載しており、異なっていたのは主翼桁を木製から金属製に換えるなど、設計の一部が変えられているだけだった。複座の訓練機型である La-5UTI も製造され、La-5／La-7 シリーズの総生産数は戦争終了までに 1 万 5000 機以上となった。La-5／La-7 シリーズの本来の任務は低空と中高度の戦闘機だったが、対地攻撃任務に就くこともあった。

ソ連空軍　第 159 戦闘航空連隊 1944 年

　イラストのラボーチキン La-5FN は、第 159 戦闘航空連隊のピョートル・ヤコフレヴィッチ・リコレトフ大尉が操縦していた。ピョートル・リコレトフの最終的な戦績は、敵機 30 機の撃墜だった。彼は 1944 年の終わりに交通事故で重傷を負い、その怪我がもとで 1945 年 7 月 13 日に死亡した。

Lavochkin La-5FN

機種：戦闘機
乗員：1 名
動力装置：Ash-82FN 星型エンジン　1650hp × 1
性能：最高速度 647km/h　実用上昇限度 11000m　航続距離 765km
外寸：翼幅 9.80m　全長 8.67m　全高 2.54m
全備重量：3400kg
兵装：20mm もしくは 23mm 機関砲 × 2 と、82mm RS-82 ロケット弾 4 発もしくは 150kg の爆弾あるいは対戦車地雷

フォッケウルフ Fw190 vs ラボーチキン La-5

ここに述べた東部前線における Fw190 と La-5 との空中戦の一場面は、I / JG 51 のシュミット曹長による報告書による。

「1943年2月、我々はムツェンスク近くの目標攻撃に向かうストゥーカの護衛任務のため、再び飛び立った。隊長と〝ペピ〟（イェネヴァイン大尉）、ほかのパイロット2名とともに、まずはムツェンスク上空の状況を確認しはじめた。その日は赤軍の日で、ロシア人から手に入れたビラには新たな驚きが起こると書いてあった。私が組んでいた編隊僚機のパイロットはカールだった。カールとは親友になっていた――お互いを兄弟よりも理解し合っていたが、これが一緒に飛行する最後となってしまった。離陸後まもなく、私のFw190の調子が悪いことに気づいた。プロペラブレードの制御がうまくいかない。速度を保持するために、手で調節しなければならないのは大変だった。そんな状況では一緒に戦えないから、邪魔になる。私はカールに機体の不調を連絡して、基地に戻っていいかと聞いた。だがカールはだめだと言い、援護中のストゥーカは彼が守ることになった」

戦闘へ

「目標到達直前に見えたのは空一杯のFw109が、仲間内で互いに空中戦をしているシーンだった。私はカールに、彼らは気でも違ったのかと聞いた。でもカールの鋭い目は、約40機のうちFw190は4機だけだと見抜いていた。そのほかの機がビラに書いてあったその日の驚きだった――そのとき初めて、私たちはLa-5を目にしたのだ。飛行の様子を見ていると、友軍機との唯一の違いは丸い翼端だけだった」

『カールの1回目の連射のあと、1機のLa-5はすぐに火の玉になった……』

「ストゥーカは状況を理解して降下し、早急に退去していった。ありがたかったよ！ストゥーカが飛び去ったとたんに気持ちが楽になり、カールと私も帰還しようとしたとき、突然2機のLa-5が同高度で私たちに向かってきた。『エメ、おれの速度につ

ブレーメンの生産ラインから出てくる最初のFw190A-3の1機。この航空機は連合軍にとっていやな驚きとなった。

ラボーチキン La-5 は、ソ連空軍にとって Fw 190 と対等にわたりあえる航空機となった。ソ連空軍トップエース、イワン・コジェドブもこの機を操って多くの撃墜を記録している。

いてこい』とカールが叫ぶ。わたしは必死でがんばる。彼なしでは、死にかけた機と一緒におだぶつだ。私たちがちょうど La-5 の正面に来たとき、カールが旋回する。ロシア機も同じことをする。私はおそろしく心配になったが、カールは私の知ってる一番優秀なパイロットだ。彼は右旋回して戦いをはじめる。自転車乗りならだれでも知っているように、ほとんどの人は左回りを好む。うまく右回りをできる方が有利で、それは私たちだった。カールの1回目の連射のあと、1機の La-5 はすぐに火の玉になり、驚くほど明るく輝いた。その機は降下していき、黒い煙の雲をあげて墜落した」

東部戦線のエース

ソ連の La-5 で最も卓越したパイロットは、墜落で両足を失ったにもかかわらず、戦闘機を飛ばすために義足をつけて 1943 年夏に戦線に復帰したアレクセイ・マレシェフだ。1943 年 7 月のクルスクの戦いで、マレシェフの戦闘機連隊が、上空掩護するヤコブレフ Yak-9 の飛行隊とともに前線上空を哨戒していたとき、丸い鼻先をした戦闘機の群が低空から右側へと忍び寄ってきた。それらの機は、すぐに Fw190 だと確認された。

『それは 190 で、機関砲口をきらきら光らせながらまっすぐ向かってきた』

すぐに、いくつもの空中戦が繰り広げられた。1機の Yak-9 が Fw190 を激しく追走して通り過ぎ、彼らを追うマレシェフは激しく連射して、ドイツ機の尾翼を砕いた。190 は逆さまになり、消えていった。マレシェフがまわりを見渡すと、同高度でまっすぐに飛んでいる別のフォッケウルフがいた。マレシェフの機関銃からの短い連射で、ドイツ機は長い炎の帯をなびかせながらきりもみを起こした。

マレシェフの La-5 が急旋回すると、風防の真ん中にあった黒い点がまたたく間に大きくなった。それは 190 で、機関砲口をきらきら光らせながらまっすぐ向かってきた。マレシェフは水平飛行を維持し、そのまま La-5 を辛抱強く操縦した。コックピットの上で、曳光弾が光った。どちらかが離脱しないと、衝突してしまう。ぎりぎりの瞬間にドイツ機が上昇し、マレシェフはその腹に向けて連射した。彼は操縦桿を引いて戦闘機を宙返りさせ、その頂点でハーフロールをうって機を水平に戻し下を見下ろした。フォッケウルフはいない。しかしそのとき、きりもみをしながら地上へと落ちていくドイツ機がマレシェフの目に飛び込んできた。これは2日間での5回目の撃墜だった。彼は 15 回の撃墜記録を得て、戦争を終えることになる。

ユンカース Ju52

史上最も有名な輸送機の1つ、ユンカース Ju52/3mの物語がはじまったのは、1930年10月13日に単発のJu52/1m民間輸送機が処女飛行を行ったときだった。1年半後、基本設計となる新たな改良型が登場した。これがJu52/3mで、BMW 132A星型エンジン（プラット＆ホイットニー・ホーネットのライセンス生産）を3基搭載していた。1934年に民間旅客機Ju52/3mの軍用型が、まだ公に姿を見せていないドイツ空軍のために製造された。Ju52/3m g3eという記号名のこの航空機は、重爆撃機として設計されていた。1934年から35年にかけて、450機以上のJu52/3mがドイツ空軍に納入されている。この型はスペイン内戦で顕著な働きをしており、5400回の出撃で8機が失われた。

1940年4月、Ju52輸送機型はデンマークとノルウェー侵攻の最前線にいた。約475機のJu52はオランダ侵攻に使用することができ、493機は1941年5月のクレタ島侵攻に参加した。その年の終わりまでに、300機ほどのJu52が地中海戦域で実戦に参加していた。

1943年4月5日から22日のあいだに、ドイツ空軍輸送機432機以上が、チュニジアに閉じこめられた枢軸国軍への補給を行おうとして撃墜されたが、その大部分はJu52であった。またロシア戦線では、Ju52の5個飛行隊がスターリングラード攻防戦での空輸に参加した。1939年から1944年までのJu52/3mの総生産数は、民間型を含めて4845機に上った。

ドイツ空軍　第172 ZB V（輸送航空隊）爆撃航空団　第Ⅰ飛行隊
1943年　イタリア

イラストの機はKG zb V 172のユンカース Ju52/3m g5e。機首と尾翼に、ドイツの人気漫画の空飛ぶ豚〝イオランテ〟を描いたインシグニアをつけている。

Junkers Ju52/3M

機種：輸送機
乗員：乗員2名もしくは3名、さらに兵員18名あるいは担架12
動力装置：BMW 132T-2 9気筒星型エンジン 730hp × 3
性能：最高速度286km/h　実用上昇限度5900m 航続距離1305km
外寸：翼幅29.20m　全長19.90m　全高4.52m
全備重量：11030kg
兵装：7.92mm 機関銃× 4

ダグラス C-47 スカイトレイン 🇺🇸

　不朽の名機C-47の原型はダグラスDST（ダグラス寝台輸送機の略）として1935年12月に初飛行している。また旅客型のDC-3は第2次世界大戦前にアメリカ民間機として最も多数を占めた旅客機だった。1938年以降、アメリカ軍はいくつもの異なる機種記号をつけ、何千機ものDC-3を導入することになった。C-47スカイトレインはメインとなった軍用輸送機型で、1942年以降就役した。第2次世界大戦中と戦後に、ほぼすべての西側の空軍がC-47（イギリス名のダコタはよく知られている）を取得し、現在でも少数の機が主としてアフリカと南アメリカで使用されている。最近になって、オシコシにあるバスラー社が多くのC-47のエンジンをPT6A-67Rターボプロップ・エンジンに換装し、BT-67ターボ・ダコタへと改造し、運用期間が延長された。BT-67は胴体も延長され、新しい機器が装備されている。ベトナム戦争中に登場したAC-47〝スプーキー〟のあと、数ヵ国が基本型の輸送機のうち数機を、左側窓に7.62mmミニガン3挺を装備したガンシップへと改造している。

コロンビア空軍　軍用輸送航空軍団
1990年代　コロンビア

この機は1944年にダグラス社のオクラホマシティ工場で製造され、シリアルナンバー44-76916としてアメリカ陸軍航空隊に納入された。主力輸送機としてコロンビア空軍（FAC）で長年使用されたあと、1987年ごろにBT-67の形態に改造され、その後ガンシップとしての装備が追加され、シリアルナンバーは、新たにFAC1681となった。

C-47は1949年からコロンビア空軍で軍役についており、60機以上が代わるがわる使用されている。C-47は遠くの陸軍基地への貨物や兵員を空輸するだけでなく、国内で長期間継続しているゲリラとの戦いのために、空挺部隊やその他の特別部隊を降下させる主要な航空機ともなっている。

Douglas C-47 Skytrain

機種：双発輸送機
乗員：乗員3名と完全装備の兵員最大28名
動力装置：プラット＆ホイットニーR-1830-92
　　ツインワスプ星型エンジン　1200hp × 2
性能：最高速度370km/h　実用上昇限度7315m
　　航続距離2340km
外寸：翼幅28.96m　全長19.66m　全高5.16m
全備重量：12700kg

ユンカース Ju52 vs ダグラス C-47

2つの陣営を代表するこれら輸送機の初飛行時期はわずか5年しか違っていないが、ドイツのユンカース Ju52 とアメリカの C-47 のあいだには大きな違いがあった。

どちらの航空機も民間旅客機から開発されたが、格納式降着装置を持つなめらかな流線型の C-47 に対し、Ju52 は鈍重で古くさく見える。にもかかわらず、Ju52 は搭乗員たちに〝タンテ・ユー〟(ユーおばさん)と親しまれ、ドイツ軍の初期の勝利にきわめて大きな貢献をした——多大な犠牲は払ったが。

その一例をあげると、1940年5月のオランダ侵攻では Ju52 部隊は敵の攻撃によって合計67機を失い、98機が修理不能の損傷を受けた。ハーグに空挺部隊を降下させる責任のあった輸送部隊 KGrzbV9 は55機のうち39機を失い、同じ戦域の KGrzb12 は40機を失って、その場で解散を余儀なくされた。このようにドイツ軍は犠牲を払ってはいるが、オランダ攻撃は空挺部隊の有効性を強烈に印象づける事例となった。

オランダ侵攻時の Ju52 損失のほとんどは地上砲火によるものだが、1年後にドイツの空挺部隊がクレタ島を侵攻したときにも同じことが起こっている。当初は空挺部隊攻撃は順調で、Ju52 全493機のうち敵の攻撃で失われたのは7機にとどまっていた。しかし、Ju52 がクレタ島のマレメ飛行場に第100山岳連隊を輸送しようと試みたその日の午後には、そうはいかなかった。着陸した輸送機が兵員を降ろしているとき、連合軍の火器が輸送機の3分の1を破壊し、飛行場には80機もの Ju52 の残骸が散乱することになった。「マレメは地獄の門のようだ」と、ドイツ軍師団司令官のリンゲル中将が報告している。

『連合軍の C-47 が常に有利だったのは、不運なドイツ軍 Ju52 部隊より多くの援護戦闘機と対地攻撃機の支援を受けていたからだ』

Ju52 輸送部隊は、1942年から43年にかけての冬に試みたスターリングラードの不運なドイツ第6軍への補給作戦で、266機を失うというさらなる犠牲に苦しんだ。また数か月後には、北アフリカでさらに悲惨な損失をこうむった。1回の遭遇戦だけ

ロシアの雪原にいる写真のような Ju52/3m は連合軍戦闘機のカモだった。ドイツ地上軍に補給を試みた何百機もが犠牲になっている。

Junkers ju52 vs Douglas C-47

きわめて数多く生産され、現在でも世界の多くの場所で現役で飛んでいるダグラスC-47は、ほかの軍用機とは異なる歴史を持っている。

で、アメリカのP-40トマホークとイギリス空軍のスピットファイアが、アフリカ沿岸で77機のJu52を撃墜したのだ。

連合軍のC-47が常に有利だったのは、不運なドイツ軍Ju52部隊より多くの戦闘機の援護と対地攻撃機の支援を受けていたからだ。しかし、このような支援を受けられない敵地へ侵入しなければならないときもあった。1944年9月のアルンヘムでのイギリス空挺作戦では、連合軍戦闘機の掩護がドイツ空軍を寄せ付けなかったとはいえ、戦闘爆撃機の支援はなく、輸送機は猛烈な砲火にさらされた。この任務では、ダコタのパイロットだったデイヴィッド・ロード英空軍大尉に死後ヴィクトリア十字勲章が与えられている。この先にあげるのは、その戦いの模様だ。

「デイヴィッド・ロード大尉は、1944年9月19日の午後にアルンヘムに補給品を投下させるダコタのパイロット兼機長だった。我が軍の空挺部隊は包囲されており、多数の対空砲で防備されている小さな区域へと押し込まれていた。搭乗員たちは激しい反撃があると警告されていた……。そして、正確さを確保するために、積載物投下のときには高度275mで飛行するように命令されていた」

集中砲火

「アルンヘム近くを高度450mで飛行中、デイヴィッド・ロード大尉の機は右翼に2度対空砲火を受け、右エンジンに火災が発生した。このときに輸送機編隊の流れの中から離脱して高度450mを維持しても、あるいは機を放棄しても、彼の行動は正当化されるはずだった。しかし彼は、搭乗員が無傷であり、投下地帯に3分で到達することを知ると、地上の兵隊たちは補給品が絶対必要なのだからと任務続行を言明した。

そのころには、右側エンジンは激しく燃えていた。ロード空軍大尉が275mまで下降すると、機は全対空砲の集中砲火の標的となった。投下地帯に接近して補給品を投下するとき、彼は機を水平で直線のコースに保った。投下飛行の終わりに、ロードはコンテナが2個残っていると報告を受けた。

右翼の破壊は時間の問題だと報告を受けていたに違いないが、ロード大尉は旋回して編隊に再び加わり、残りの補給品投下のために2度目の飛行に入った。この行動にかかった8分のあいだ、機はずっと激しい対空砲火を受けていた。

任務が完了したとき、ロード大尉は乗員にダコタから脱出するように命じたが、彼自身は退避しようとしなかった。このときの機は150mまで降下していた。数秒後、右翼が破壊され、機は炎に包まれた。生存者は1名だけだった。他の乗員のパラシュート装着を手伝っていたときに機から放り出された1人だけだ……」

デイヴィッド・ロードの命をかけた行動は、すべての輸送機乗員たちの勇敢さを物語っている。国籍はどうあれ、第2次世界大戦のときの彼らは〝物資を届ける〟ためにすべてをかけていたのだ。

三菱 A6M 零式艦上戦闘機

　史上最も優秀な航空機の1つ、三菱A6M零式戦闘機（零戦）は1939年4月1日に、780hpの瑞星13型星型エンジンを搭載して初飛行を行った。15機が中国での戦闘で性能評価されたあと、この型式が1940年7月に日本海軍での使用が認められ、その年の11月に11型 A6M2としてフル生産に入った。完成した11型64機には強力な栄12エンジンが搭載され、その後の折り畳み翼端の21型（A6M2）へとつづく。この型式は、1941年12月の真珠湾攻撃に参加した主要な生産型だった。

　A6M2は、太平洋戦争初期に連合軍が使用できるどの戦闘機よりも、明らかに優れていることを瞬く間に証明した。アメリカ軍は1942年にA6Mに〝ジーク〟というコード名をつけたが、やがて〝ゼロ〟という名前が一般的に使われるようになった。戦いの最初の数ヵ月間、零戦は輝かしい戦績をあげている。1942年3月8日に終わったジャワ島の戦いでは、連合軍機を550機破壊した。このような非凡な戦績で日本海軍のパイロットは大きな名声を得たが、これによって陸軍の戦績が見劣りすることにもなった。

大日本帝国海軍　空母「飛龍」飛行隊　第1航空艦隊　第2戦隊
1942年5月

イラストの零戦の機体塗装色は1942年6月の決定的なミッドウェーの戦いに参加した機のものである。この戦いで「飛龍」などの日本海軍空母4隻が沈没し、太平洋戦争の流れが変わったのである。

Mitsubishi A6M Reisen

機種：艦上戦闘機
乗員：1名
動力装置：中島 NKIC 栄12型14気筒星型エンジン　950hp×1
性能：最高速度534km/h　実用上昇限度10000m　航続距離3100km
外寸：翼幅12.00m　全長9.06m　全高3.05m
全備重量：2796kg
兵装：20mm機関砲×2、7.7mm機関銃×2、120kg爆弾外部積載

グラマン F6F ヘルキャット 🇺🇸

ワイルドキャットの原型機 XF4F-2 は、1938 年に 2000hp R-2600 星型エンジン搭載への変更が検討されたが、やがてこれは必要とされる大型プロペラが地面に当たることなどのため、実際的ではないことが分かった。こうして完全な再設計がはじまったが、F4F ワイルドキャットの開発が進行していたために保留となった。そしてこの計画は、アメリカ海軍と海兵隊のワイルドキャットと交替する新たな戦闘機の開発計画が始まるまで、結局は棚上げとされたのである。

1942 年 10 月に初飛行した XF6F-1 は F4F と似ていたが、かなり大型で（アメリカの単座戦闘機では最大の翼面積を持っていた）、降着装置は後方引き込み式、主翼も 90 度ひねって後方に折り畳む方式となっていた。兵装は 12.7mm 機関銃 6 挺だった。生産型 F6F-3 の海軍への引き渡しは 1943 年初頭に始められ、ヘルキャットは 1943 年 8 月に実施された日本海軍基地のあるマーカス島への攻撃で、最初の実戦参加を果たした。

1944 年から登場した F6F-5 は、F6F-3 とあまり変わっていない。変更点は、風防のガラス張りが改良されたことと、爆弾とロケット搭載のための装置が追加されたことだ。これが主となる生産型で、12275 機量産されたヘルキャットのうち半分以上が F6F-5 だった。派生型としては、戦術偵察のためにカメラを搭載した F6F-5P、レーダーを搭載した夜間戦闘機型 F6F-5N があった。

アメリカ海軍　CVG-84（第 84 空母航空群）VF-84（第 84 飛行隊）
1945 年　アメリカ海軍空母　バンカー・ヒル CV-17

この F6F-5P は、海兵隊のコルセア 2 個飛行隊とともに行った 1945 年 2 月の東京空襲に際しては、空母バンカー・ヒルを母艦として活動していた。VF-84 "ウルフギャング" は F4U コルセア飛行隊だったが、F6F-5P の他に夜間戦闘機型の F6F-5N も使用していた。この飛行隊は、東京空襲のほかに沖縄戦などでも活躍したが、1945 年 5 月 11 日にバンカー・ヒルを襲った神風特攻隊の攻撃により、多くの航空機とパイロットを失っていた。VF-84 は 1945 年 10 月 8 日にいったん閉隊されたが、部隊ナンバーの VF-84 は 1955 年に復活し（ニックネームは "ヴァガボンズ"）、1960 年になって、解散した VF-61 からインシグニア（隊章）とニックネーム、"ジョリーロジャーズ"（海賊旗）を受け継ぐことになった。

Grumman F6F-5P Hellcat

機種：艦上戦闘機
乗員：1 名
動力装置：プラット＆ホイットニー R-2800-10W 18 気筒星型ピストンエンジン　2000hp × 2
性能：最高速度 612km/h　実用上昇限度 11370m　航続距離 1670km
外寸：翼幅 13.05m　全長 10.23m　全高 3.99m
全備重量：6990kg
兵装：主翼に 12.7mm ブローニング機関銃 × 6、最大 454kg の爆弾 2 発あるいは 127mm ロケット弾 × 6

A6M 零戦 vs F6F ヘルキャット

ヘルキャットは 1944 年の夏までに太平洋の空を支配し、日本軍の最精鋭パイロットは次々に失われていった。日本の空軍エース坂井三郎による最後の空中戦の1つは、太平洋戦争中に日本の戦闘機パイロットが直面していた状況を、はっきりと示してくれる。

「日本海軍航空機の編隊は、波のない太平洋の上を何事もなく飛行していた。編隊は 17 機で、A6M 零式戦闘機 9 機で双発の三菱 G4M 爆撃機（一式陸上攻撃機）8 機を護衛していた。1 時間前に機が火山灰の雲の中へと離陸したのは、爆弾で損傷を受けた硫黄島の滑走路だった。2 日間にわたって、アメリカ空母艦載機は圧倒的な戦力で島を攻撃し、軍事施設を破壊して、そこを基地にしていた日本の航空部隊を事実上全滅させていた。2 日間の終わりには、配備されていた大日本帝国海軍の零戦 80 機は 9 機に減少し、また、G4M 爆撃機は航空団に本来所属する 50 機のうち 8 機のみしか残っていなかった」

『戦闘機の乗員も爆撃機の乗員も、間もなく自分たちが死ぬであろうことを知っていた』

「硫黄島の日本海軍航空部隊にできることは、あるとは言えない可能性にかけて強大な力に立ち向かうことだけだった。編隊の先のどこかに、前日に哨戒機が探知していたアメリカ機動部隊の大群がいた。日本軍の諜報機関は、目的地は硫黄島だろうと推測した。推測は一部しか当たっていなかった。機動部隊の一部は硫黄島への爆弾投下を命じられていたが、基幹となる部隊はフィリピンへ向かっていたのだ」

自殺任務

「日本海軍航空司令部は硫黄島のすべての機に、ただちに敵に攻撃をかけるように命令していた。命令が最初に下されたときには任務につけるかなりの機数があったが、その後アメリカ空母艦載機が島に大規模な攻撃を 3 回かけてきた。最後の攻撃だけでも 40 機の零戦が地上や空で破壊され、こ

太平洋戦争開始当時にほかの型の航空機（前方は九六式艦上戦闘機）と並んでいる零式戦闘機。

Mitsubishi A6M Reisen 'Zero' vs Grumman F6F Hellcat

グラマン・ヘルキャットは太平洋戦争の形勢を逆転させた戦闘機だ。本機の配備によりやっとアメリカ海軍は零戦を凌ぐ戦闘機を持つことができた。

の絶望的な任務を行える機はほとんど残っていなかった。

　戦闘機の乗員も爆撃機の乗員も、間もなく自分たちが死ぬであろうことを知っていた。もしも目標地域に到達した暁には、それぞれが一隻の敵艦を選んで突進していくことになっていた。編隊が通過したむき出しの黒い岩はパガン島で、硫黄島を離れてからはじめて目にする陸地だった。40分後、巨大な雷雲が水平線上に立ちのぼっているのが視界に入った。その下のどこかにアメリカ軍艦がいるはずだった。日本軍機は、5000mから4000mへと次第に高度を下げた。パイロットは、レーダーで警告された戦闘機を回避できるのではというかすかな望みにかけて、敵艦が見えたらただちに最後の急降下を行おうと、速度をあげていった」

『1機のヘルキャットが坂井の視界をかすめ、彼は発射した……』

「1分後、前方上空で翼に反射する日の光が坂井の目をとらえた。さらに多くの光が目をとらえ、アメリカ戦闘機の大群が日本軍機に向かって押し寄せてきた。それらはヘルキャットで、少なくとも20機はいた。彼らは一直線になって機銃を発射しながら次々に日本機に襲いかかってきた。先頭の一式陸攻2機は、積んでいた魚雷が爆発して煙と炎に包まれてばらばらになった。

　さらに2つのヘルキャット編隊、優に50機を超そうかという戦闘機が、日本機へと集結してきた。1機のヘルキャットが坂井の視界をかすめ、彼は発射した……アメリカ戦闘機は何度か急横転し、煙を出しながら急激に落下していった。一式陸攻が離脱していくなか、零戦のパイロットたちは命をかけて孤独な戦いをつづけた。1分もしないうちに爆撃機7機が破壊され、ばらばらになった破片が下に広がる海原に向けて舞い落ち、黒い煙の雲が広がった。零戦2機が、輝く火の玉になって落下していった」

死からの脱出

「坂井は、戦いをつづけても無意味だと悟った。勝つ確率は万に1つもない。ヘルキャットの渦巻く大群のなかで、編隊僚機2機とぴったり並行したまま、彼は徐々に大きな雷雲へと向かっていった。零戦3機は好機を見計らってヘルキャットの2つの集団のあいだに飛び込み、姿を隠してくれる雲へと突っ込んだ。渦を巻く暗黒のなかを永遠とも思われるほど飛びつづけ、ついに雲の底から出ると、海から数百メートルの高度を激しい雨に打たれながら飛んでいた。

　坂井は任務を断念しようと決意した。3機の零戦は向きを変え、硫黄島へと進路を取った。3時間後、彼らは闇に沈む島の滑走路に着陸した。零戦パイロットがもう1人、生き残った1機だけの一式陸攻とともに戻ってきていた。一式陸攻のパイロットは軍艦を発見し、魚雷を投下してから急いで撤退してきていた……。

　翌日、16隻のアメリカ軍艦が硫黄島沖に姿をあらわした。彼らが日本軍の反撃を受けることはなかった。最初の一斉砲撃は滑走路を破壊し、つい数時間前にやっと戻ってきた4機の零戦を消し去った」

🔴 ハインケル He111

多芸なハインケル He111H 爆撃機が実行したさまざまな作戦のなかで、ドイツ軍にとって最も魅力的と思われたのは、第3爆撃航空団 (KG3) の He111H-22 が行った作戦だ。ペーネミュンデにあるドイツ軍秘密武器研究施設での実験のあと、数機の He111H-6、H-16 と H-21 が右翼下にフィーゼラー Fi103 (V-1) 飛行爆弾を搭載するように改造され、新たに He111H-22 となった。ドイツ軍が必殺の特別夜間攻撃技術として開発したにもかかわらず、He111 と V-1 という鈍重な組み合わせはイギリス空軍のモスキート夜間戦闘機の絶好のカモになった。モスキートは絶えず海上の爆撃機侵入ルートをパトロールし、時にレーダー哨戒艦の誘導を受けて目標に向かっていたのだ。

ドイツ空軍　第3爆撃航空団　第Ⅲ飛行隊 1944年　オランダ　フェンロー

この型式は新たに編制された Ⅲ/KG 3 に配備され、1944年7月にオランダのフェンローとギルゼリエンで実戦配備についた。

1944年8月の終わりまでに、この部隊は V-1 をロンドンに300発、サウサンプトンに90発、グロスターに20発を発射している。1944年10月に再編制されて強化され、Ⅱ/KG 53 となった部隊は、ドイツの基地から作戦行動に出るようになった。約100機の He111H-22 の兵力を持つⅡ/KG 53 の第一目標はロンドンだったが、その年の終わりまでにイギリスの他都市へも V-1 を発射していた。おそらく最も有名なのは、1944年12月24日にマンチェスターへ50発の V-1 を発射したことだろう。KG 53 は1945年1月14日に作戦が終了するまでに 77 機の航空機を失っているが、そのうち 41 機は作戦行動中だった。

Heinkel He111H-22 and Fieseler Fi103

機種：爆撃機とミサイルの組み合わせ
乗員：5名
動力装置：ユンカース・ユモ 211F 倒立 V 型エンジン　1350hp×2
性能：最高速度 436km/h　実用上昇限度 6700m　航続距離 1950km
外寸：翼幅 22.60m　全長 16.40m　全高 3.40m
全備重量：14000kg
兵装：機首に 20mmMG FF 機関砲×1、背部に 13mmMG131 機関銃×1、下部ゴンドラに 7.92mmMG15 機関銃×2、後部両側面に 7.92mmMG15 機関銃 1 挺ずつ、フィーゼラー Fi 103 飛行爆弾×1

デハビランド・モスキート 🇬🇧

　非武装の高速昼間爆撃機として設計されたデハビランド・モスキートは、非常に成功した夜間戦闘機と戦闘爆撃機という2つの異なる開発の道をたどっていくことになる。ガラス張り機首を持つ爆撃型はまた写真偵察機シリーズをも生み、高速と高々度飛行能力により敵の迎撃を回避することができた。機体の大部分が、重量を減らし、また戦略物資を節約するために特殊加工の木材が使われていた。機体の一部を組み立てたのは、家具メーカーやピアノ工場だった。

　のちの偵察型モスキートには、高々度性能をあげるために与圧コックピットと軽量機体、延長された主翼が採用された。極東で使用するために1944年後半から製造されたPR.34は、主翼に装備された1818リットルのスリッパータンクの助けで、5630km以上の航続距離を持っていた。PR.34は、F.52垂直カメラ4台とF.24斜めカメラ1台をそなえていた。垂直カメラは、機首の窓の観測員が目標を捉えて撮影を行い、斜めカメラは主翼に付けられた目印を被写体に合わせて撮影するようになっていた。PR.34Aの主な違いは、異なるバージョンのマーリンエンジンを搭載していたことだ。

イギリス空軍　極東空軍　第81飛行隊
1955年　シンガポール　イギリス空軍セレター基地

　イギリス空軍第81飛行隊は、1950年代までシンガポールのセレターから写真偵察機型スピットファイアとモスキートを混成で運用していた。この飛行隊は1954年まで、イギリス空軍最後のスピットファイアを運用した部隊だった。第81飛行隊はマレー紛争で、テロリストのキャンプ捜索のためのジャングル調査・地図作製という重要な役割を果たした。1955年12月にはこの機と同じ飛行隊のPR.34が、英空軍のモスキートとして最後の作戦飛行を行っている。この飛行隊はモスキートに換えてミーティアを配備され、その後1958年にはキャンベラに機種改変し、1970年1月に解隊されるまで使用している。

De Havilland Mosquito PR.34A

機種：双発偵察機
乗員：2名
動力装置：ロールスロイス・マーリン113/114V12気筒ピストンエンジン1690hp×2
性能：最高速度684km/h　実用上昇限度12120m　航続距離5630km
外寸：翼幅16.5m　全長12.7m　全高4.66m
全備重量：11340kg
兵装：なし

ハインケル He111
vs
デハビランド・モスキート

デハビランド・モスキートは夜間戦闘機として特に優秀であり、空中発射V-1防衛の第一線機となった。

　実際のところ、Ⅲ/KG3のハインケルHe111が世界初の巡航ミサイル搭載機として実戦配備されはじめたころには、モスキート夜間戦闘機の搭乗員はすでに、パドカレーの発射台から打ち上げられる捕捉しにくいV-1ミサイルの迎撃では、かなりの経験をつんでいた。

　最初にV-1を撃ち落とすことになるのは、第605飛行隊のモスキート搭乗員、J・G・マスグレイブ空軍大尉とセーンウェル軍曹だ。1944年6月15日の夜12時過ぎ、ケント州マンストンで警戒態勢を取っていた彼らは、V-1侵入の警告を受けて迎撃のために離陸した。マスグレイブは、次のように報告している。

「まるで、空を飛んでいる火の玉を追いかけているようだった。我々の機の右側の数キロ先を同高度でまたたく間に通り過ぎていった。急いで左旋回し、追尾した。かなりの速度だったが追いつき、後方から射撃した。最初はなんの効果もなかったので、さらに90mほど近づき、もう一度連射した。それからさらに接近して、再び発射ボタンを押した。このときは、激しい閃光が上がって爆発し、海に向かって垂直に落ちていった。このすべてが、ほぼ3分ほどの出来事だった」

『初確認されたHe111ミサイル搭載機の撃墜は、第409飛行中隊のモスキートによるものだ』

空中発射ミサイル

　V-1の空中発射は1944年7月8日から9日にかけての夜にはじまり、ミサイルは北海の向こうのどこかから発射されていた。9月5日の早朝には、空中発射爆弾の一群がロンドンに向けて発射された。約130発のV-1が撃ち込まれた初期段階では、ハインケル搭乗員は慎重に作戦行動を行い、ポーツマスとサウサンプトンを第一目標に選んだ。数発はグロスターに向けて発射され、ロンドンを目標とした爆弾は北海上空の遠方から発射された。初確認され

1942年から1945年に7300機以上のHe111が製造され、その大半はH型だった。この写真はHe111H-16である。

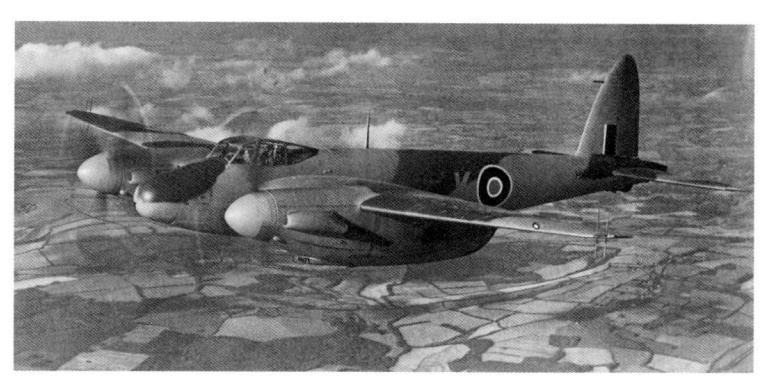

heinkel He111 vs De Havilland Mosquito

モスキート夜間戦闘機はハインケルHe111、V-1搭載機に深刻な打撃を与えた。この写真は夜間軽攻撃部隊である第571飛行隊のB.XVIである。

た He111 ミサイル搭載機の撃墜は、1944年9月25日第409飛行隊のモスキートによるものだ。空中発射V-1作戦の主要段階は1944年9月16日から45年1月14日までつづき、攻撃への第1の防衛手段はキャッスル・キャンプとコルティシャル、マンストンを本拠とするモスキート夜間戦闘機隊だった。この時期に、モスキート搭乗員は14機のハインケルを撃墜しているが、そのうち6機は1944年10月末までに達成している。

危険な低空飛行

ハインケルは低空低速で飛行するため、捕捉するのはむずかしかった。パトロールは通常イギリスとオランダのあいだの海域を4000フィート（1219m）の高度で飛行して行われたが、He111はさらに低空で作戦行動をとるため、レーダーで捕捉するのは困難だった。そこでモスキートの搭乗員たちは、V-1発射時に点火されるパルスジェットエンジンから出る排気炎を見つければ良いことを学んだ。

V-1を発射するとすぐ、ハインケルは180度急旋回して、きわめて低高度で基地へと向かう。迎撃率を向上させるために、レーダー装備のフリゲート艦カイコス、のちにはレーダー装備のウェリントン爆撃機が利用された。

『ハインケルは闇夜だけ活動していた。攻撃するためには、モスキートのパイロットは海の上32mの高さを失速しそうな速度で飛行しなければならなかった。搭乗員の何人かを失った危険な機動だった』

最も優れた戦績をあげたモスキート飛行隊の1つ、第25飛行隊は1944年9月24日にコルティシャルから対V-1哨戒に出た。パイロットたちは最初の飛行で4機のハインケルに損傷を与え、5日後には飛行隊司令のL・J・ミッチェル空軍中佐が2機を撃墜した。第25飛行隊が10月にコルティシャルからキャッスル・キャンプに移動するまでに、搭乗員たちは少なくとも3機のハインケルと22発のV-1を撃墜している。第68飛行隊のモスキートも貢献した。最も忙しかった10月25日の夜には9発のV-1を攻撃し、ニール軍曹は11月5日にミサイル発射直後のハインケルを撃墜している。

10月のある夜、第125飛行隊はコルティシャルから3機のモスキートを緊急発進させた。1人の搭乗員が敵爆撃機に7kmの距離で遭遇し、610mまで接近したところでV-1が発射された。さらに270mまで接近したモスキートのパイロット、ビール軍曹は速度を193km/hまで落として射撃を行い、ハインケルの胴体に命中させた。さらに彼はその爆撃機を、わずか25mの距離からたった2秒の連射で仕留めたのだ。

メッサーシュミット Me163 コメート

　Me163 コメートは、DFS（ドイツ滑空機研究所）のアレキサンダー・リピッシュ博士とその設計スタッフがメッサーシュミット社に派遣されて作りあげた無尾翼ロケット実験機 DFS194 をベースとして開発された。最初のプロトタイプ Me163V-1 の2機は、動力なしのグライダーとして 1941 年春に初飛行した後、ペーネミュンデの施設に送られ、その年のうちに推力 750kg のヴァルター HWK R.II ロケットモーターを搭載されることになる。使用された燃料は高揮発性の T シュトッフ（過酸化水素 80％、水 20％）と C シュトッフ（水酸化ヒドラジン、メチルアルコール、水）だった。

　最初のロケット動力飛行は 1942 年 8 月に行われ、後に続く飛行試験で、Me163 は従来の世界速度記録をすべて塗り替え、最高 1000km/h の速度を出した。

　1944 年 5 月には実戦コメート部隊、第 400 戦闘航空団（JG400）がライプツィッヒ近郊のブランディス基地で編制された。多くの Me163 が訓練と作戦中の着陸事故で失われている。約 300 機のコメートが製造されたが、実戦部隊は JG400 だけにとまった。ロケット戦闘機が短い経歴であげたのは 9 回の撃墜のみだった一方で、戦闘で 14 機を失っている。コメートであげた勝利はすべて I/JG400 によるものだった。

ドイツ空軍　第 400 戦闘航空団　第 I 飛行隊　1944 年秋　ライプツィッヒ近郊ブランディス基地

　イラストの Me163 がつけている第 400 戦闘航空団・第 I 飛行隊（I/JG400）の部隊章は、悪名高いミュンヒハウゼン男爵（ほらふき男爵）が大砲の弾に乗る様子を描いている。I/JG400 は、1944 年 2 月にペーネミュンデに近いカールスハーゲン基地で編制され（後にバッド・ツヴィッシェナーンに移動）、Me163 のテスト飛行を実施した第 16 実験隊を改編して編制された。

Messerschmitt Me163

機種：ロケット動力迎撃機
乗員：1 名
動力装置：ヴァルター 109-509A-2 ロケットモーター　推力 1700kg × 1
性能：最高速度 955km/h　実用上昇限度 12000m　航続距離 35.5km
外寸：翼幅 9.33m　全長 5.85m　全高 2.76m
全備重量：4310kg
兵装：主翼付け根に 30mm Mk108 機関砲 × 2

ボーイング B-17 フライングフォートレス

アメリカ第8空軍　第91爆撃群　第322爆撃飛行隊
1944年　イングランド　イギリス空軍バッシングボーン基地

シリアルナンバー42-31367のB-17Gはワシントン州のボーイング・シアトル工場で造られ、イギリスに運ばれてジェリー・ニュークイスト中尉とそのクルーに割り当てられた。彼らはこの機を〝大食らい犬〟(Chow Hound)と呼んで大事にした。この機は爆撃任務で30回以上の出撃を記録し、最初の乗員は与えられた任務を果たし、1944年なかばにアメリカへと戻っていった。ジャック・トンプソン中尉とその乗員が〝チャウ・ハウンド〟を引き継ぎ、この機でさらに12回の任務をこなした。13回目の任務は、8月8日に実行されたノルマンディ上陸作戦支援のためのカーン爆撃で、高射砲に直撃されてフランス上空で墜落した。トンプソン中尉が唯一の生存者で、捕虜となった。

フライングフォートレスは第2次世界大戦で最も有名なアメリカ爆撃機であり、1930年代後半から10年間のアメリカ空軍力を象徴している。原型ボーイング・モデル299は1935年7月に初飛行し、そのあとに増加試作機のY1B-17が13機、続いてB-17B、C、Dが生産された。これらはすべて限定的な防御兵装であり、細い後部胴体と〝サメ〟のような小型の尾翼を持っていた。どの型も戦闘ではそれほど成功せず、エンジン過給機と高々度での酸素供給システムに多くの問題を抱えていた。

B-17Eは大型の尾翼を備えたお馴染みのフライングフォートレスの外観が最初に採用されたモデルで、512機生産された。B-17FとB-17Gは、1942年から1945年まで第8空軍が主にヨーロッパで使った型式だ。B-17F後期型に導入された機首下部銃座は、すべてのG型生産型に装備された。胴体中央部両側の銃座は閉鎖式となり、オープンタイプと比べて銃手の環境は大きく改善された。またE型以降のモデルは、後部胴体が太くなり、尾部銃座が設けられたことにより、防御能力が大幅に強化された。B-17は3社により全型式合わせ、12700機生産された。

Boeing B-17 Flying Fortress

機種：4発重爆撃機
乗員：10名
動力装置：ライトR-1820-97サイクロン9気筒星型ピストンエンジン　1200hp×4
性能：最高速度475km/h　実用上昇限度10850m　航続距離5085km
外寸：翼幅31.62m　全長22.80m　全高5.85m
全備重量：29710kg
兵装：12.7mm機関銃×13、爆弾積載6170kgまで

Me163 コメート
vs
B-17 フライングフォートレス

1944年7月28日、アメリカの第8空軍エイヴァリン・P・テイコン Jr. 大佐率いる第359戦闘航空群が、メルセブルク上空7620mでB-17を護衛していたとき、大佐は6時方向(真後ろにあたる)に飛行機雲を発見した

マスタング指揮官による戦闘報告が、その後の行動を語ってくれる。
「私はすぐに、それが新しいジェット推進機だと確認した。その飛行機雲は見間違いようがなく、非常に濃密で白く、1200mにも伸びた積雲のようだった」

『その速度は、私の概算では800から950km/hだった』

「私の部隊は敵に向かって180度反転した。敵のうち2機はジェットを使い、3機はそのときはジェットなしで飛行していた。私が目をつけた2機はタイトな編隊のままで降下旋回を行い、友軍の爆撃機の6時方向から牽制攻撃をかけた。旋回するときにはジェットを切っていた。私たちの部隊は旋回し、爆撃機編隊のうしろと敵機のあいだに向かってまっすぐ飛行した。爆撃機からまだ2750mの距離にあった敵機は私たちに向かってきて、爆撃機に手を出さなかった。彼らはこのときの旋回では80度傾いていたが、コースは20度ほどしか変わらなかった。彼らの回転半径は非常に大きいが、ロール(横転)率はすぐれていた。その速度は、私の概算では800から950km/hだった。どちらの敵機も、タイトな編隊を保ったままこちらの下300mを滑空のまま通過した。追尾するうちに、彼らは別れた。1機はそのまま45度の急降下をつづけ、もう1機は素早く太陽へと向かっていって、私はその機を見失った。それから下を見ると、降下している機は3000mの高さで8km離れた位置にいた」

実際のところこれらの機はジェット推進機ではなく、初期作戦段階のロケット動力機 Me163 だったのだ。

ロケット飛行

非凡なこの機で飛ぶのはどういうもの

Me163が飛行に使っていたきわめて危険な混合燃料は、しばしば死の罠となった。

Messerschmitt Me163 Komet vs Boeing B-17 Flying Fortress

ボーイング B-17G フライングフォートレス。のちに以前の B-17F にも取り付けられた機首下銃座は敵戦闘機の正面攻撃への対抗策だった。

か、ドイツ空軍パイロットのマノ・ジーグラー中尉が生き生きと語っている。

「離陸滑走の最初の180mでは、圧力表示計に気をつけていた。ロケット燃焼室の圧力は2350kPaでなければならず、1765kPa以下に下がってはならなかった。もしそうなったら、ただちにエンジンを切って、うまく停止してくれるように祈るしかない。また同時に、離陸滑走は完全に直線で行わなければならなかったが、コメートが必要速度に達すればそれほどむずかしいことではなかった。

大気速度計の針が300km/hまで回り、車輪が滑走路を離れるのを感じた。離陸用ドリーを離脱させるスイッチを押すとコメートが前によろめき、身体が座席に押しつけられた。急いで大気速度計を見ると、700km/hだった。ゆっくりと操縦桿を引き上げると、機はほぼ垂直に上昇し、地面が驚くほどの速さで遠ざかっていった」

『永遠につづくのではと感じる上昇に興奮して、完全に我を忘れていた』

急速上昇

「最初の上昇の高揚感は筆舌につくし難いものだった。私ははじめて、この卓越した航空機と一体だと感じた。ヴァルター・ロケットがうしろでとどろいていたが、耳をつんざくような轟音も耳に入らなかった。それに、あっという間に私を火の玉にしてしまいかねない、危険なTシュトッフ燃料が座席の両側のタンクに入っていることも忘れてしまっていた。

永遠につづくのではと感じる上昇に興奮して、完全に我を忘れていた。私の上には大空の紫色がキャノピーいっぱいに広がり、下にある地球から完全に切り離されていると感じた……。

コメートがわずかに身震いし、ロケットモーターが切れた。燃料は空になり、抗力が私をシートベルトに押しつけた。スロットルをゼロに戻して水平飛行に移り、それから管制塔に報告した。機首をわずかに下げたあとの10分の滑空飛行は、この戦闘機の性質を評価できる時間だった。

私は慎重に機を調整し、それから失速状態ではどうなるかを見るために、ゆっくりと操縦桿を引いた。事実上、なにも起こらなかった。気流は乱れるが機は水平を保ち、エレベーターのように穏やかに降下していった。操縦桿を前に倒すと、機はただちに速度を増した。右翼を下げると、急降下に入った……そのときの高度計は7600mを示しており、到達した速度は900km/hで、マッハ数はコメートの制限マッハ数より少しだけ下の0.82だった。そして操縦桿を引くと……すぐに機は急降下で失った高度をほとんど取り戻した」

メッサーシュミット Me262

満足できるエンジン開発の遅れと、連合軍の空襲による甚大な被害、さらに航空機を戦闘機ではなく爆撃機として使うようなヒトラーの強迫観念という複合要因によって、Me262がメッサーシュミット社の設計図に描かれ、供給されるまでに6年が過ぎ去った。このジェット戦闘機は1944年が終わろうとするころに、連合軍の航空優勢への深刻な脅威として姿をあらわした。

Me262A-2a シュトゥルムフォーゲル爆撃機型と、Me262A-1a 戦闘機型の2つのモデルがほぼ並行して開発された。シュトゥルムフォーゲルは、1944年9月に第51爆撃航空団（KG51）〝エーデルヴァイス〟へ配備された。その後この機が配備された部隊としては、KG6、KG27、KG54がある。実戦訓練で起こった問題のおかげで戦闘への初登場は遅れたが、1944年の秋には262が続々と登場しはじめ、主として縦列で進軍している連合軍地上標的へ低空攻撃を実行しはじめた。Me262A-1a/U3 と Me262A-5a という2種の偵察機型も造られた。

1944年の終わりごろ、新たなMe262戦闘機部隊である第7戦闘航空団（JG7）〝ヒンデンブルグ〟が、エース、ヨハネス・スタインホフ大佐の指揮のもとで編制された。その後、第44戦闘機隊（JV 44）として知られている2番目のMe262ジェット戦闘機部隊の編制も認められ、やはりエースのアドルフ・ガーランド中将が指揮をとった。この隊は歴戦のパイロット45名で構成されたが、その多くはドイツ軍で最も多い撃墜数を上げているエースだった。この隊の主な実戦基地は、ミュンヘン・リーム基地だった。

16名のドイツ空軍パイロットが、史上初のジェット戦闘機のエースとなった。彼らのなかで最も有名なのは、全220機撃墜のうちメッサーシュミット Me262 に搭乗しているときに、16機撃墜のスコアを記録したハインツ・ベア中佐だ。

ドイツ空軍　第7戦闘航空団　第Ⅲ飛行隊　第9中隊　1945年　北東ドイツ　パルヒム

ここに描かれたⅢ/JG 7 の Me262A-1a（No. 500491）は、パルヒム基地でドイツ第三帝国の最後の防衛に任じた機体のうちの1機だ。機首にはハウンドドッグを描いたJG 7のインシグニア、そして胴体後部に本土防空部隊を示すブルー/レッドのバンドが見られる。この機は敗戦と同時にアメリカ軍に接収され、本国に送られてテストされた。その後復元作業を受けて現在はワシントンDCのNASM（アメリカ航空宇宙博物館）に展示されている。

Messerschmitt Me 262

機種：ジェット戦闘機
乗員：1名
動力装置：ユンカース・ユモ 109-004B ターボジェット　推力900kg×2
性能：最高速度870km/h　実用上昇限度11450m　航続距離1050km
外寸：翼幅12.51m　全長10.60m　全高73.83m
全備重量：7130kg
兵装：機首に 30mm MK108 機関砲×4、主翼下面に R4M ロケット弾×24

> # ノースアメリカン P-51 マスタング 🇺🇸

ノースアメリカン P-51 マスタングは、当初は高度 6100m 以上で効果的に作戦可能な、高速で重武装の戦闘機というイギリス空軍の要求にこたえるものとして開発され、1940 年 10 月 26 日にプロトタイプが初飛行した。1941 年 5 月 1 日に初飛行したイギリス空軍向けの最初の 320 機の生産型マスタング I は、1100hp のアリソン V-1710-39 液冷エンジンが動力だった。イギリス空軍のテストパイロットはすぐに、このエンジンでは高々度での性能は充分ではないことに気づいたが、低空での性能は優秀だった。そのためもあり、この型は高速地上攻撃機と戦術偵察機として利用されることに決定した。

イギリス空軍は、もしこの航空機にロールスロイス・マーリン・エンジンが搭載されれば高高度での性能が向上するだろうと提案した。助言を採用して生産された P-51B マスタングは、性能がめざましく向上した。P-51B/C マスタングのあとには、視界の良い一体型のスライディング風防を特徴とする P-51D が生まれている。この外観の機が、制式に P-51D として大量生産されることになった。

1944 年晩春にイギリスに到着しはじめた生産型 P-51D は、またたく間にアメリカ陸軍航空隊第 8 戦闘機軍団の標準装備となった。爆撃目標までの往路も復路も爆撃機を護衛できる能力のあるマスタングが、ドイツとの昼間戦闘に勝利できることは間違いなかった。

アメリカ陸軍航空隊　アメリカ第 7 空軍　第 15 戦闘航空群　第 47 戦闘飛行隊
1945 年　硫黄島

イラストの〝リトル・ブッチ〟のニックネームを持つ第 47 戦闘飛行隊所属 P-51D マスタングは、1945 年初頭に太平洋戦域に到着した。硫黄島から作戦を行ったマスタングは日本南部にまで飛行でき、連合軍に日本上空における完璧な制空権をもたらした。

North American P-51 Mustang

機種：長距離戦闘機
乗員：1 名
動力装置：パッカード（ロールスロイス）マーリン V-1650-7-V 型エンジン　1490hp × 1
性能：最高速度 704km/h　実用上昇限度 12770m　航続距離 3350km
外寸：翼幅 11.28m　全長 9.85m　全高 3.71m
全備重量：5490kg
兵装：12.7mm 機関銃 × 6、454kg までの爆弾 2 発もしくは 127mm ロケット弾 × 6

メッサーシュミット Me262
vs
P-51 マスタング

メッサーシュミットを操縦して敵機を16機撃墜し、最高の戦績をあげたMe262のエース、ハインツ・ベアは、ドイツの革命的なジェット航空機について次のように語っている。

「アメリカとイギリスの戦闘機との戦いはきわめて多様だし、パイロットの資質は実際に交戦してみるまで見極められない。一般的に言って、P-38ライトニングはまったくむずかしい相手ではない。この機は機動により簡単に後方につくことができるし、たいていは勝利が確実だ。P-47サンダーボルトには、こちらがはるかに優位でもひっくり返されることがある。この機との交戦はきわめて慎重に行わなければならない。相当の攻撃を受けても、その性能や動きにはほとんど衰えが見られない。P-51マスタングはおそらく、連合軍戦闘機のなかで最もむずかしい交戦相手だろう。マスタングは高速できびきびと動き、Bf109とよく似ているから空中で区別するのがむずかしい。以上が、連合軍航空機についての私の総合的な印象だが、もちろんスピットファイアの優秀さはいまさら言うまでもない。私はこの機に以前撃ち落とされたことがあるし、少なくとも6回は不時着しなければならなかった」

「優秀なパイロットがこれらの機に乗っていると相手として手強いし、もし向こうが戦術的に有利なら、こちらが負ける可能性がかなりある。私の18回の経験（ベア中佐は18回撃墜され、生還している）でもわかるように、勝つこともあれば負けることもある。でもMe262が手に入ってからは、まったく違う話になって、とてつもなく相手が不利になった。プロペラで飛ぶ飛行機は、ジェット機には太刀打ちできない。

連合軍航空機との交戦は、受けて立っても、拒否して飛び去ってもよかった。選択権はこっちにあったのだ。Me262は、戦闘機の交戦で決め手となる性能の優位性と兵装を与えてくれた。もちろんそれは、Me262の両エンジンが正しく機能している場合だ。ジェット機では、もし1基のエンジンを失えば窮地に陥るし、燃料が少なくなって着陸しようとしたときに追尾してきた連合軍航空機を発見すると、心底背筋が寒くなった」

『Me262は、戦闘機の交戦で決め手となる性能の優位性と兵装を与えてくれた』

戦闘経験

同じ経験をしている戦闘機エースがい

メッサーシュミットMe262はすぐれた空力設計の航空機だったが、エンジン寿命わずか25時間という未発達なターボジェット技術に悩まされた。

Messerschmitt Me262 vs North American P-51 Mustang

パッカードがライセンス生産したロールスロイス・マーリン・エンジンが搭載されていたノースアメリカン P-51D マスタングのおかげで、連合軍は 1944 年の北西ヨーロッパで、さらに 1945 年には日本に対する制空権を確保した。

る。戦争末期に第 44 戦闘機隊の Me262 精鋭部隊を指揮していたアドルフ・ガーランドだ。空中戦で損傷を受けた彼の機がミュンヒ飛行場に緊急着陸をしようとしたとき、サンダーボルトから機銃掃射を受けた。

「ブレーキ、ブレーキだ！ 機はなかなか止まろうとしなかったが、私はやっと機から跳び出て、一番近くの爆弾の穴に飛び込んだ。滑走路には爆弾で空けられた穴が山ほどあったからな。爆弾とロケットがそこらじゅうで爆発し、サンダーボルトが放った弾が破裂してうなりをあげ、激しくぶつかり合う。新たな低空攻撃だった。世界最速の戦闘機から降りたとたんに爆弾の穴に飛び込むなんて、これ以上惨めなことはない」

アメリカの勝利

1945 年 2 月には、大々的な Me262 の作戦活動が見られた。最大だったのは 25 日で、この日第 55 戦闘航空群の P-51D がギーベルシュタット飛行場付近の戦闘機掃討作戦を行い、このジェット戦闘機 7 機を撃墜した。そのうちの 2 機を撃墜したドナルド・カミングス空軍大尉は次のように報告している。

『262 は右に横転し、240m の高さからまっすぐに地面に突っ込み爆発した』

「ギーベルシュタット飛行場付近の戦闘機掃討でヘルキャット・イエロー編隊の先頭を飛んでいたとき、飛行場から発進した Me262 数機が 9 時方向に接近してきた。飛行隊司令のペン空軍大尉は、タンクを落として敵と交戦するよう命令した。

左回りに 180 度旋回して編隊から離れ、3350m から降下姿勢に移り、70 度の急降下でジェット機のあとを追った。飛行場へ向かっていたその機に対し、急降下中の約 910m から射撃を開始すると、3 秒後に多くの弾が命中したのが観察できた。私は急速に飛行場に接近していたから、正確で激しい対空射撃にさらされはじめていた。回避のために左旋回して上昇したのは、飛行場の上空へ 3 分の 1 程度入り込んだ地点だった。私の機のうしろにいた編隊僚機は、地面に接触した敵機が横向きに回転して燃え上がるのを目撃した。この交戦で、飛行隊の 3 番機と 4 番機は編隊から離れてしまっていたから、僚機と私は地上目標を探索するために 1500m の高度で 180 度反転した。ライプハイム飛行場近くで、飛行場の南西の角を 1200m の高度、150 度で横切っている未確認航空機を発見した。速度をあげて接近すると、暗色のカモフラージュをほどこし、主翼に大きな十字を描いた Me262 だと確認できた。私が射程圏内に入ると、ジェット機は左に急旋回して高度を下げた。ゆっくり距離をつめながら追尾しているうち、敵機は着陸するつもりらしく前輪を出した。私はさらに 365m まで接近して、撃ちはじめた。最初の連射ははずれたが、ジェット機が右に旋回しようとしたとき、再び約 10 度の偏差射撃をすると、多くの弾が命中したのが確認できた。敵機の大きな破片が飛び散り、コックピット下の胴体が爆発した。それから 262 は右にロールし、240m の高さからまっすぐ地面に突っ込み爆発した」

THE EARLY YEARS OF THE COLD WAR 1945-60

　第2次世界大戦が完全に終息を迎える前に、別のかたちの戦争として冷戦がはじまった。やがてNATOとなる西側同盟諸国は、ソ連とその衛星国との何十年にもおよぶ対立の時代へと入っていく。それぞれの陣営が莫大な量の核兵器を備蓄し、正確な情報収集が至上命題となった。1945年からの20年間に軍用航空を席巻したのは航空偵察で、ソ連や中国に向けて何百回もの隠密の偵察飛行が行われた。さらに多くの偵察飛行がソ連周辺で行われ、NATOの〝レーダー探索機〟がソ連防空システムの秘密を探った。

ノースアメリカンF-86セイバーはアメリカ初の後退翼ジェット戦闘機として空中戦を経験した機で、1950年から53年にかけて朝鮮半島上空でソ連製や中国製の航空機と戦い、792機のMiG-15を撃墜した。

第3章
冷戦初期の時代
1945年－60年

収集した電子情報は、ソ連の主要目標を核で壊滅させる任務をになう、アメリカ空軍とイギリス空軍の爆撃機搭乗員にとって生死をわけるものになるはずだった。これら偵察機の何機かは戦闘機やミサイルの犠牲となったが、そうした真実は何年ものあいだ隠蔽されていた。アメリカ空軍が必要な情報を確保するために多大な危険をおかしたそこには、真のドラマが存在する。

この章では、最も冷戦が激しかった時代に使用された偵察機も取り上げている。50年ものあいだ実戦配備されていたイギリス空軍のキャンベラPR.9偵察機や、最も初期のジェット爆撃機からコンバートされたボーイングRB-47ストラトジェットなどだ。また、イギリス空軍のホーカー・テンペストIIやソ連のヤコブレフYak-9など、もし1948年のベルリン封鎖のときに冷戦が実際の戦闘へと発展していたら、必ずや互いに戦っただろう航空機も見ていく。さらに、ロッキードF-80シューティングスターやデハビランド・ヴァンパイアなどのNATOの初期ジェット戦闘機の相対的優位性を考え、ソ連初のジェット爆撃機イリューシンIl-28に対して、ミーティアNF.12のような夜間戦闘機の有効性があったか否かといった点も検証する。

この章には、冷戦時代急速に活動範囲を拡大していったソ連海軍の潜水艦艦隊を追跡し、撃破するために開発されたアブロ・シャクルトンやロッキードP-3オライオンなどの対潜哨戒機、そして冷戦時の地上部隊にとってきわめて貴重な存在だと考えられたロッキードC-130やアントノフAn-12のような戦術輸送機も入っている。また共通の敵に対して戦う味方として設計された戦闘機どうしが、最終的にはインドとパキスタンとの激しい紛争で互いに戦うことになった、ノースアメリカンF-86セイバーとホーカー・ハンターという珍しい例もある。この時代のイスラエルとアラブ隣国は恒常的に対立状態にあり、フランスのミステールとミラージュがソ連のMiGと中東の空で戦うなど、中東は東側と西側の戦闘機にとって危険な試験場となっていた。

フランスが設計したダッソー・ミラージュIIIは、1960年代にイスラエルが実戦に使用し、高い評価を受けた戦闘機で、アラブ側のミグ戦闘機に大きな損害を与えた。

🇬🇧 ホーカー・テンペスト II

　テンペスト Mk II の起源は、ホーカー社が提案した星型エンジン搭載のタイフーン Mk II だが、セントーラス・エンジンのタイフーン Mk II のプロトタイプは飛行することなく放棄された。その理由は、セントーラス・エンジン搭載のホーカー・トーネードの飛行試験によって、充分なテスト結果が収集されていたからだ。

　1943年9月に初飛行した星型エンジンのテンペスト II は、極東戦域へ投入されるはずだったが、この機が実戦に登場する前に戦争が終結した。1945年11月にハンプシャー州チルボルトンの第54飛行隊に配備されたテンペスト II は、ひきつづき8個の飛行隊に配備され、インドやマレーシア、ドイツの第2戦術空軍で任務についた。

　テンペスト II の開発は動力装置の問題で遅れ、結果的に最初に生産に入り、第2次世界大戦最後の年に戦線に参加した最初のテンペストは、液冷のネイピア・セイバー装備の Mk V だった。しかし高速で強力な Mk II は、冷戦初期の危険な時期にドイツで有効な地上攻撃能力を維持し、第33飛行隊はこの型を1949年から51年にマラヤで共産主義者の反乱対策に有効に使っている。インドとパキスタンは1947年から51年に、それぞれ89機と24機のテンペスト II を受け取っている。

　テンペスト II はイギリス空軍最後の単発ピストンエンジン戦闘機で、この機を使っていた飛行隊のほとんどは、1948年にデハビランド・ヴァンパイア FB.5 ジェット戦闘爆撃機に転換した。テンペスト II の生産型1号機は1944年10月に完成し、46年4月までに総生産数は472機に達した。

イギリス空軍　第2戦術航空軍　第16飛行隊　1947年　ドイツ　ファスベルク

Hawker Tempest F.Mk II

機種：戦闘爆撃機
乗員：1名
動力装置：ブリストル・セントーラス V 18気筒2重星型エンジン　2590hp×2
性能：最高速度708km/h　実用上昇限度10975m　航続距離2740km
外寸：翼幅12.49m　全長10.49m　全高4.42m
全備重量：6305kg
兵装：20mm機関砲×4、900kgまでの外部搭載爆弾もしくはロケット弾

ヤコブレフ Yak-1/9

真の意味で近代的なデザインに分類できるソ連戦闘機が登場したのは、1939年から40年にかけてだった。そのうちの1機がYak-1クラーセビット（美女）で、はじめて公になったのは1940年11月7日の展示飛行に登場した時であった。これは、アレクサンドル・S・ヤコブレフの最初の設計機である。数地域への工場移転にともなうYak-1の低い生産率によって、Yak-1の訓練型Yak-7Vを単座戦闘機へと改造する決定がなされた。この新しい外観の機は、Yak-7Aという記号名が与えられた。重武装でより長い航続距離を持つ改良型の開発はつづき、その発展の過程で生まれたYak-9は、東部戦線での制空権を勝ち取るために活躍した優れた戦闘機であった。

ヤコブレフYak-9は、第2次世界大戦後の数年間にソ連と衛星国の空軍で利用され、朝鮮戦争にも参加している。Yak-1をベースとしてさらに発展したのがYak-3であり、1943年の初夏に前線に到着した。この機はおそらく、第2次世界大戦で最も運動性の高い戦闘機だっただろう。

ソ連第1空軍　第303戦闘航空師団
1944年　第3ウクライナ戦線

イラストのYak-3を操縦していたゲオルギー・ネフェドビッチ少将は、合計23機の撃墜数をあげて終戦を迎えた。ネフェドビッチが指揮していた第303戦闘航空師団には、1942年に中東からロシアに到着した自由フランス軍のパイロットと地上要員から構成された、ノルマンディ連隊も含まれていた。この航空連隊は、ニーメン（ネマン）河の戦いにおける功績をたたえられて〝ノルマンディ・ニーメン〟という名称が与えられた。

Yakovlev Yak-1/9

機種：単座戦闘機
乗員：1名
動力装置：クリモフ VK-1-07A V型エンジン
　　　　　1650hp × 1
性能：最高速度700km/h　実用上昇限度11900m　航続距離870km
外寸：翼幅9.77m　全長8.55m　全高2.44m
全備重量：3068kg
兵装：23mm機関砲×1、12.7mm機関銃×2

ホーカー・テンペストⅡ
vs
ヤコブレフ Yak-9

西側同盟国とソ連のあいだで1940年代後半に戦争が勃発していたら、イギリス空軍のホーカー・テンペストⅡ戦闘機とソ連空軍のヤコブレフ Yak-9 は、必ずや互いに戦っていただろう。

　ドイツに進駐したイギリス占領空軍で最初にテンペストⅡを使った部隊は第33飛行隊で、1946年10月に、ファスベルクでスピットファイア F.Mk XVIE からテンペストⅡへの転換を開始した。この飛行隊はファスベルク・テンペスト MkⅡ 第135航空団の中核となり、同航空団は最終的に3個飛行隊で編制されることになった。2番目となったのは第26飛行隊で、12月にシベノアでスピットファイア F. XIV を手放し、1947年1月に新しいテンペスト MkⅡを装備してファスベルクに戻ってきた。3番目は第16飛行隊で、1947年4月にテンペスト MkⅡを受領している。

『テンペストⅡは、ヨーロッパの英米軍が入手できる最も強力な戦闘爆撃機でありつづけた』

　1947年11月、第26飛行隊はギュテルスローへ配置され、そこで第135航空団のほかの2個飛行隊と12月に合流した。ギュテルスローは、この後のテンペストの時代この航空団の基地となった。この時期の航空団司令官は、尊敬され、また非常に愛されたフランク・ケアリー空軍中佐で、極東での日本軍相手の功績で伝説的人物となっていた。

テンペストの役割

　長いあいだ――実際には、最初のロッキード・シューティングスターがドイツに配備される1948年のベルリン危機まで――テンペストⅡはヨーロッパの英米軍が入手できる最も強力な戦闘爆撃機でありつづけ、ギュテルスローの航空団は陸軍との協力作戦という主要な役割を高い能力をもって果たしていた。その第一の任務は戦術偵察であり、要求された場合には近接航空支援の役割も果たした。この航空団はしばしば、227kg爆弾や454kg爆弾、ロケット弾、ナパーム弾、発煙筒、またテンペスト

テンペストⅡは第2次世界大戦に参加するには登場が遅すぎたが、1940年代後半には貴重な戦力であることが認められた。

ヤコブレフ Yak-9 は見事な設計の戦闘機だった。写真の航空機に書かれているロシア語〝リトルシアターを前線へ〟は、モスクワの〝リトルシアター〟からの寄付による献納機であることを示している。

固定装備の 20mm 機関砲などを使って実弾演習を行っていた。

第2次世界大戦直後、ソ連は第16空軍の戦闘部隊が使用するために、ベルリンとその周辺の飛行場の修復にかなりの力をそそいでいた。ドイツのソ連占領地域に進駐したソ連空軍の中核となるのは第16空軍であり、大量配備が維持されていた。例えば、ベルリンの民間空港であるテンペルホフ空港は第515戦闘航空連隊の Yak-9 で埋め尽くされ、のちには第193戦闘航空師団の部隊が占拠することになった。また、やはり Yak-9 が配備されている第347と第518戦闘航空連隊はシェーネフェルト空港へと移動し、第265戦闘航空師団はダルゴー空港にラボーチキン La-5 を駐屯させていた。

ベルリン封鎖

1948年6月、ソ連は自国占領地を通って西ベルリンへと到る鉄道と道路を封鎖し、米英による1年におよぶ空輸による補給作戦を引き起こした。これが、有名なベルリン大空輸である。間もなく、同盟国の輸送機搭乗員は輸送ルートで多数のソ連航空機と遭遇することになるが、その多くが Yak-9 だった。

『ソ連戦闘機が輸送機のすぐ近くに機関砲や機関銃を発射した』

ソ連が好んだ戦術の1つは、輸送ルート（コリドー）ぞいに単独機あるいは編隊で高速飛行することで、通常は輸送機とは逆方向へと向かう。戦闘機は輸送機の正面に高速で接近し、ぎりぎりの瞬間に離脱する。アメリカの輸送機搭乗員に限っても、ソ連機による輸送ルートでの〝いやがらせ〟を77回報告しており、ほかにも〝接近飛行〟と説明される96回の事件が起きている。

アメリカ機はまた、ソ連戦闘機が輸送機のすぐ近くに機関砲や機関銃を発射したことが別々の飛行で合計14回あったと述べているが、故意の攻撃の例は報告されていない。

幸いなことに、テンペストⅡと Yak-9（あるいはのちの軽量型の Yak-3）が実戦で性能を競いあわねばならない機会はめぐってこなかった。この時期について、イギリス空軍のイアン・マクファディン空軍中将は次のように語っている。

「1945年のテンペストとスピットファイアは短命で、2年以内にヴァンパイア FB5 に交換された。FB5 は飛ばすには楽しい航空機で、イギリス空軍にジェット時代に向けての防空力を与えてくれた機だった。テンペストもヴァンパイアも、昼間防空能力に加えて対地攻撃能力があった。このような戦闘能力は、有名な海岸リゾート、ジルトにある基地など、ドイツにあった数ヵ所の射爆撃演習場で何度となく訓練した」

ベルリン空輸が終わる前に、ギュテルスロー飛行隊のうち2個にヴァンパイア FB.5 が配備された。第16飛行隊がその最初の部隊で1948年12月、そして第26中隊にはそのあとの1949年4月だった。やはりそのころ、Yak-9 などのソ連のピストンエンジン搭載戦闘機も、ソ連初の実用ジェット機である Yak-15 と MiG-9 に道をゆずっていた。

ツポレフ Tu-2

1941年1月29日に初飛行したTu-2軽爆撃機のプロトタイプは、その後の飛行試験で傑出した性能を持つことが示された。しかしエンジン供給の遅れにより、限定的な生産でさえ1942年初頭まで開始できず、急速にロシアに進撃してくるドイツ軍より先にソ連の航空機工場を移転しなければならなかったことから、さらに納入が遅れることになった。本機を操縦したパイロットたちはこの爆撃機に夢中になり、かなりの爆弾積載量と優れた戦闘行動半径、良好な防御兵装、エンジン1基で飛行できる能力、搭乗員が容易に他の機体から転換できることが、報告書で強調されていた。

Tu-2の継続的な生産は初期の問題のために1943年まで開始できず、戦闘部隊に初期の主要な生産機であるTu-2Sが配備されはじめるのは、1944年春のことになる。Tu-2のはじめての大規模軍事行動は、1944年6月のカレリア戦線(フィンランド)だった。第1の役割である爆撃任務では、Tu-2は戦争末期に数度、特に敵の厳重に防御された都市に対してきわめて効果的な作戦を遂行している。

1944年10月、改良型の長距離Tu-2D(ANT-62)が登場した。雷撃機型であるTu-2T(ANT-62T)は1945年1月から3月に試験され、ソ連海軍航空隊の部隊に引き渡された。Tu-2R(Tu-6)は、爆弾倉に偵察カメラ一式を搭載していた。

ソ連空軍　1945年8月

イラストのツポレフTu-2Sは、大戦勝利後の1945年8月18日にモスクワで行われたソ連航空の日のパレードに参加した機と同様のカラーリングがほどこされている。

Tupolev Tu-2

機種:軽爆撃機
乗員:4名
動力装置:シュベツォフ Ash-82FN 星型エンジン 1850hp × 2
性能:最高速度547km/h　実用上昇限9500m　航続距離2000km
外寸:翼幅18.86m　全長13.80m　全高4.56m
全備重量:12800kg
兵装:20mm機関砲×2、12.7mm機関銃×3

ノースロップ P-61 ブラック・ウィドウ

XP-61夜間戦闘機プロトタイプは1942年5月21日に初飛行しているが、最初の生産機であるP-61Aブラック・ウィドウが登場するまでには、さらに1年半がかかった。最初にこの機を配備されたのは第18戦闘航空群の第421夜間戦闘飛行隊（NFS）で、ニューギニアのモクメルから作戦を行った。第418と第547夜間戦闘飛行隊が後日この戦域に参加したため、第421夜間戦闘飛行隊は1944年10月25日にレイテ島タクロバンに移動した。

ヨーロッパ戦域では、P-61Aは1944年5月にヨークシャー州スコートンで第422夜間戦闘飛行隊に配備され、続いてチャーミー・ダウンの第425夜間戦闘飛行隊が受領した。

彼らの任務は、1944年6月6日に実施されたノルマンディ上陸作戦で、アメリカ軍の夜間防衛をすることだった。ヨーロッパ大陸へと進出する前、この2つの夜間戦闘飛行隊はV-1飛行爆弾に対する出撃を数回行っており、無人の飛行爆弾を9機撃墜している。中国・ビルマ・インド戦域（CBI）にも、第426と第427夜間戦闘飛行隊の2つのブラック・ウィドウ飛行隊が展開していた。

中央太平洋では、アメリカ第7空軍が第6、第548、第549という3個のブラック・ウィドウ飛行隊を保有していた。548と549はそれぞれ1945年3月7日と24日にこの戦域に到着し、硫黄島を基地としている。第548夜間戦闘機中隊は、やがて前線の伊江島へと移動していった。

アメリカ第7空軍　第548夜間戦闘飛行隊 1945年　伊江島

〝ミッドナイト・マッドネスⅡ〟というノーズアートが描かれたイラストのP-61Bの搭乗員は、ジェームス・W・ブラッドフォード空軍大尉（パイロット）、ローレンス・K・ラント中尉（レーダー操作手）、リノ・H・スコウ曹長（射撃手）だった。彼らは1945年6月24日夜に三菱G4M爆撃機（一式陸攻）を撃墜している。

Northrop P-61 Black Widow

機種：夜間戦闘機
乗員：3名
動力装置：プラット＆ホイットニーR-2800-65 18気筒星型エンジン　2000hp×2
性能：最高速度589km/h　実用上昇限度10090m　航続距離4510km
外寸：翼幅20.12m　全長15.11m　全高4.46m
全備重量：13470kg
兵装：20mm機関砲×4、12.7mm機関銃×4（一部の機に装備）

ツポレフ Tu-2
vs
ノースロップ P-61 ブラック・ウィドウ

共産軍が蒋介石の国民党軍に勝利したあとの数年間には、中国に大量の武器が送り込まれ、そのほとんどはソ連からだった。

中国人民解放軍へ納入された航空機のなかで、ツポレフ Tu-2 軽爆撃機は日本に駐留するアメリカ軍に脅威を与えるに充分な航続距離を持っていた。この時期、日本の板付基地の第68夜間戦闘飛行隊と横田基地の第399夜間戦闘飛行隊という、ブラック・ウィドウ飛行隊は常に警戒態勢にあり、必要とあれば攻撃を迎え撃つ準備があった。

試験済みの戦闘

ブラック・ウィドウは手強いファイティングマシーンで、次にあげる2つの戦闘報告に描かれているように、第2次世界大戦の終わりに太平洋戦域で夜間作戦に参加している。最初の報告書は1944年12月25日から26日にかけてのもので、デール・ハバーマン中尉（パイロット）とレイモンド・ムーニー中尉（レーダー操作手）による。

「コンドル基地からコーラル基地へと緊急発進し、それから高度4500mでミンダナオ島北へと進路を取る。レーダーでは付近に敵機はないが、ぼんやりした影が映っているので、8の字コースでパトロール飛行するようにコーラル基地から命じられた。8kmで機上搭載レーダーに反応。管制に通知……付近に敵機と報告したが、くわしい情報は入ってこなかった。右側コースに進むが、機上搭載レーダーにずっと敵機の反応があり、コース内にいるようだった。敵機を北へと追尾し、2750mまで降下した時点で目視確認することができた。450mの距離で射撃を開始し、210mまで接近する。急激に方向を変えた敵機を見て、翼と胴体に命中していることを確認。敵機は480km/hの緩降下をしていた。最後に見たときには、敵機は一瞬で左に回転して機首がまっすぐ下を向き、右翼とエンジンから火が出ていた。1800mで目視できなくなった敵機はまだまっすぐ落下しており、制御不能のようだった」

『45mまで接近し、短く1回連射をした。敵機は爆発した……』

「同時に、2機目の敵機を約3.2kmに発見したレーダー操作手が、左旋回と大声を出した。急速に2機目に接近して1300mに降下すると、距離約750mで目視できた。

ツポレフTu-2は、第2次世界大戦直後にはソ連の衛星国で標準的な戦術爆撃機として配備されていた。

Tupolev Tu-2 vs Northrop P-61 Black Widow

P-61ブラック・ウィドウが実戦可能になるまでには長い時間がかかったが、ひとたび配備されると、そのレーダーと重武装のために敵機はほとんど手が出せないほど、強力な兵器であることが判明した。

210mに接近して発射し、敵機全体に命中したのを確認した。敵機は爆発し、その破片でP-61の左カウリングに損傷を受けた。敵機は炎を上げて落下し、水面にぶつかるのが見えた」

次の報告書では、ミンドロ島をベースとしていた第418迎撃戦闘飛行隊のバートラム・C・トンプキンス中尉が、1945年1月27日の交戦について説明している。

「飛び立ってから約1時間半後、要撃地上管制（GCI）から、北西から接近している敵機へ向かうように指示があった。0010時に、レーダー操作手のウェルティン准尉が10kmの距離、高度3000mで280度方向に飛行する敵機をレーダーで確認した。

ウェルティン准尉は敵機の後方600mへと導き、敵機の姿を目視した私はトニー（川崎Ki-61）と確認した。45mまで接近し、短く1回連射した。トニーは爆発し、基地から約32kmの水面へと燃えながら落下した。敵機の回避行動はなかった。

その後すぐに、GCIが当機の南東32kmにある2機目の敵に向かうよう指示してきた。ウェルティン准尉が10km地点でレーダーで機影を確認し、敵機の後方やや下900mを指示し、私は敵機を目視確認した。90mまで接近して連射を1回行うと、敵機は爆発して燃えながら海へ落下した。撃墜地点は、ミンダナオ島沿岸西の約8kmだった。敵機はトニーだと確認した。激しい回避行動があった」

『我々の戦闘機が続々飛んできて、空全体が煙と炎でいっぱいになった……彼らの戦闘機はなにもできなかった』

朝鮮半島上空でのジェット機との遭遇

Tu-2が第2次世界大戦後にブラック・ウィドウと戦闘で相まみえたことはなく、また大型のノースロップ戦闘機は1950年代なかばまでに、より能力の高いノースアメリカンF-82ツイン・マスタングと交替していたが、ソ連製爆撃機は実際に朝鮮戦争でアメリカ戦闘機と遭遇しており、悲惨な結果を招いている。1951年11月30日、ベンジャミン・S・プレストン大佐率いる31機の第4迎撃戦闘群F-86セイバーは、16機のピストンエンジン動力のラボーチキンLa-9と、16機のMiG15に護衛された12機のTu-2a編隊を発見した。大編隊は、満州側から鴨緑江を渡り、南に向けて飛行中だった。

セイバーのパイロットの1人、ウィント・W〝ボーンズ〟マーシャル少佐は、それからの出来事を次のように語っている。「大佐が2個飛行隊のセイバーに真正面から接近するようにと命じた。私は当たりそうなぎりぎりのところで爆撃機上空を通過した。我々の戦闘機が続々飛んできて、空全体が煙と炎でいっぱいになった。まさに見ものだった……我々の機はまわりの爆撃機すべてに弾を浴びせ、素早く飛び回るセイバーに対し、彼らの護衛戦闘機はなにもできなかった」

この短く一方的な戦闘で、中国は8機のTu-2と3機のLa-9、さらに1機のMiG15を失った。1人で3機のTu-2とMiGを仕留めたのはジョージ・A・デイヴィス少佐というパイロットで、彼は名誉勲章を受けることになる——そして、後に（1952年2月10日）空中戦で命を落とした。

アームストロング・ウィットワース・ミーティア NF.12

　グロスター社が開発し1942年3月に初飛行したミーティアは、連合国側最初の実用ジェット戦闘機で、同社にとってはグラディエーター複葉機以降初の戦闘機でもあった。当初の昼間戦闘機型は、第2次世界大戦の最終段階にごく限られた実戦活動を経験したのみであった。その後は改良されたモデルが数多く造られ、ミーティアはイギリス空軍戦闘機軍団の主力機となり、イスラエルやアルゼンチン、オーストラリアなど数ヵ国の空軍へと売却された。

　アームストロング・ウィットワース社はライセンスで多くのミーティアを生産し、NF.11やNF.12、NF.13、NF.14などのレーダー装備夜間戦闘型を開発した。武器は20mm機関砲のままだったが、AI Mk21レーダーを機首に装備したため、主翼に移されていた。またどの機にも緊急脱出シートは装備されていなかった。これらのモデルで外観からわかる違いは、主として機体の長さと風防の細部である。内部の違いは、主にエンジンとレーダーの型が異なることだ。

　エジプトやシリア、イスラエルは、アームストロング・ウィットワースNF.13を数機受け取っている。NFミーティアは実際に交戦したことがあり、1956年にイスラエルの航空機がエジプトのIl-14輸送機を撃墜している。

　イギリス空軍第153飛行隊は、デファイアントとブレニム、ボーファイター夜間戦闘機を1941年から44年まで使用し、1944年10月から飛行隊が解散される1945年9月まで、彼らはランカスター爆撃機を飛ばしていた。ほぼ10年後の1955年2月、この飛行隊はケント州のウェスト・メイリングで夜間戦闘飛行隊として再編制されたが、ミーティア夜間戦闘機が配備されたのは9月になってからであった。

イギリス空軍　第11戦闘機群　第153飛行隊 1957年　ウェスト・メイリング空軍基地

イラストのNF.12は1953年7月に工場からイギリス空軍に納入され、第125と第25飛行隊が使用した。その後、第153飛行隊に移動し、1958年に部隊が解散するまで使用されている。その後はラフォースの第60整備隊に保管され、1959年4月にスクラップとして売却された。

Armstrong Whitworth Meteor NF.Mk12

機種：双発複座夜間戦闘機
乗員：2名
動力装置：R.R. ダーウェント9ターボジェット・エンジン　推力1725kg×2
性能：最高速度940km/h　実用上昇限度12200m　航続距離2590km
外寸：翼幅13.11m　全長14.80m　全高4.24m
全備重量：9456kg
兵装：イスパノ20mm機関砲×4（各195発）

イリューシン Il-28 〝ビーグル〟

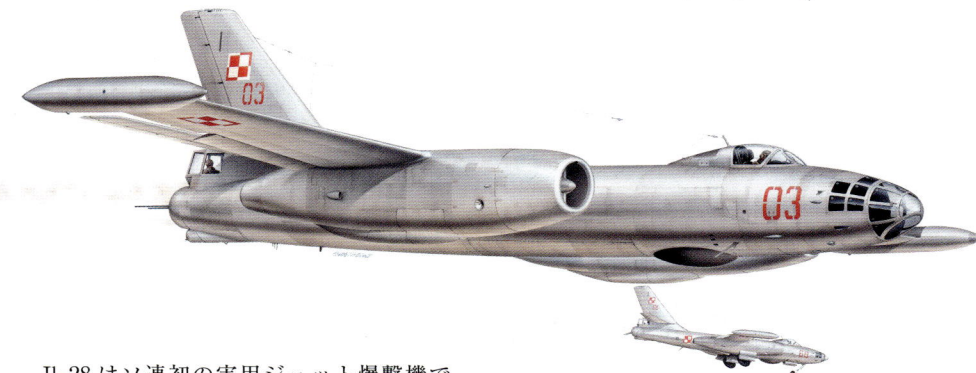

Il-28はソ連初の実用ジェット爆撃機であり、1年ほど前に飛び立ったイギリスのエレクトリック・キャンベラの東側諸国版と言える。イギリスのロールスロイス・ニーン・エンジンを搭載したIl-28は1948年7月に初飛行し、1950年にソ連の爆撃飛行隊に配備されたあと何年も製造がつづいた。NATOはこの機に、コードネームとして〝ビーグル〟という名前をつけた。6000機以上がソ連と中国で（ライセンスなしで）製造され、中国ではハルピンH-5と名づけられた。爆撃機を基本として、偵察や雷撃、対潜水艦、訓練、輸送、標的曳航、さらには無人標的航空機など、さまざまな役割のモデルにコンバートされた。〝ビーグル〟は20ヵ国以上に輸出された。

Il-28は1953年にポーランド軍に導入され、Il-28爆撃機とIl-28R偵察機、後部コックピットが高くなったIl-28U〝マスコット〟練習機型が、空軍と海軍航空隊で使用された。Il-28Rは、4台もしくは5台のカメラをそなえた3人乗り戦術偵察機だった。〝ビーグル〟の尾部には後部銃手兼通信士が乗っており、23mmNR-23機関砲が2門備えられていた。パイロットが搭乗する戦闘機式のコックピットは、射出座席になっていた。Il-28Rha翼端燃料タンクを採用したが、このタンクは電子偵察型にも装備された。なお電子偵察型はIl-28RとIl-28T標的曳航型をベースに作られていた。

ポーランド空軍　爆撃航空団　第7爆撃航空旅団
1960年代　ポーランド空軍ポヴィッツ基地

ポーランド空軍のIl-28Rは、1953年からポヴィッツ空軍基地の第7爆撃航空旅団に所属した。また海軍も、Il-28Rを第15海軍航空隊独立偵察中隊で使用した。

Ilyushion Il-28 Beagle

機種：双発ジェット偵察機
乗員：3名
動力装置：クリモフ VK-1A ターボジェットエンジン　推力2700kg×2
性能：最高速度902km/h　実用上昇限度12300m　航続距離2400km
外寸：翼幅21.45m　全長17.65m　全高6.7m
全備重量：18400kg
兵装：尾部に23mm NR-23機関砲×2、機首に23mm NR-23機関砲×2、爆撃機型は最大3000kgの爆弾を積載可能

ミーティア NF.12 vs IL-28

1950 年代初頭、東欧圏に多数の Il-28 ジェット爆撃機が存在することは、イギリス空軍司令部にとってイギリスへの現実的な脅威と考えられていた。

実際に共産側爆撃機の脅威は絶えず現実問題として想定されており、ヨーロッパ終戦から1年半後の1946年12月には早くも空軍参謀本部がジェット推進の双発複座夜間戦闘機を求める運用要求 OR227 を出している。OR227 は 1947 年 1 月には具体化して仕様 F44/66 となり、さらに 1 年ほどで F24/48 へと修正された。初期に出された提案に要求を満足させるものはなく、開発ギャップを埋めるために、グロスター・エアクラフト社がミーティアの夜間／全天候型開発の可能性を調査するように依頼された。グロスター社はすでに、通信研究所（TRE）と協力してミーティア F.3 と F.4 に試験的にレーダーを搭載しており、これ以降は夜間戦闘機に改造するのに好適な機体として、複座練習型ミーティア T7 をベースとすることになった。

仕様 F24/48 はグロスター社の機体を前提として作られたもので、ミーティア T7 プロトタイプの 4 号機が空力試験機に改造されて、1949 年 10 月に初飛行した。夜間戦闘機型としてのミーティア NF.11 と命名された最初のプロトタイプは、1950 年 5 月 31 日に飛行している。

『イギリスの防空能力は、1950 年代の大半の時期で深刻な懸念でありつづけた』

この航空機は、T7 のタンデム複座コックピットと F.8 の尾翼、PR10 高高度写真偵察型と同じロングスパン主翼を採用し、延長された機首レドームに AI Mk X レーダーのためのアンテナが格納されていた。アメリカ製のこの機器は（ノースロップ P-61 ブラック・ウィドウに搭載されている SCR720）、モスキート NF.36 に装備されたものと同一だった。第 2 次世界大戦の終盤では非常に効果的だったが、1950 年になると急速に旧式化が進んでいた。アメリカ製機器の使用が命じられたのは、モールバーンにある通信研究所が開発したイギリス製の Mk IXc が失敗したからだった。さらに進歩した機上要撃用レーダーがアメリカのウェスチングハウス社によって製造されていたが、発注されたのはその後のミーティア発達型に使用するためで、この時点で購入する意図はなかった。

この WS697 は垂直安定板の面積が大きいことから、ミーティア NF.12 と識別できる。所属部隊はウェスト・メイリングを基地とする第 25 飛行隊で、胴体のマーキングは銀色のバーの上下に黒い横棒を描いたものだ。

Armstrong Whitworth Meteor NF.12 vs Ilyushion Il-28 Beagle

インドネシア空軍のイリューシンIl-28ビーグル。Il-28は、ソ連の影響下にある国に広く輸出された。

アームストロング・ウィットワースが引き継ぐ

グロスター社がミーティアF8昼間戦闘機の生産で手一杯であるうえ、最終的にF4/48仕様を満たすことになる航空機——のちにジャヴェリンと呼ばれるGA5——の開発にかかっていたため、NF.11製造をアームストロング・ウィットワースへと移すという決定がなされた。最初のミーティアNF.11生産機は、1951年8月にタングメア基地の第29飛行隊に引き渡された。

不足していたイギリス空軍の夜間戦闘機兵力は、やがてその無力さを証明することになった。演習で、ソ連のIl-28とほぼ同等と見られていたジェット爆撃機キャンベラが高々度で侵入してくるのを迎撃したときであった。イギリス空軍のもう一つの主要夜間戦闘機であるデハビランド・ベノムNF.3が高度1万3106mでキャンベラを迎撃できたのに対し、ミーティアNF.11はほとんど迎撃のチャンスが作れなかったのだ。実際、NF.11の搭乗員たちは何度も、キャンベラに高々度で形勢を逆転され、敗者として扱われるという屈辱を味わっていた。

『ドイツでは、ミーティア夜間戦闘飛行隊は夜間襲撃部隊として訓練され、その主な目標はドイツ東部のIl-28爆撃機基地だった』

改良されたAI Mk21レーダー搭載のミーティアNF.12の導入で迎撃率はいくぶん向上したが、イギリスの防空能力は1950年代の大半の時期で深刻な懸念でありつづけた。

ミーティアの夜間任務

ドイツでは、ミーティア夜間戦闘飛行隊は夜間襲撃部隊として訓練され、その主な目標はドイツ東部のIl-28爆撃機基地だった。ミーティアNF.12の元パイロットが、次のように回想している。
「ある夜間襲撃任務では、暗闇で離陸してライトをつけず、お互いのレーダーが干渉しないように、機と機の間隔を大きく取る散開編隊で飛行した。通常は6機で、目標の飛行場のまわりを軌道飛行し、そのサークルの中にいる敵機を捕捉するが、それがだめだった場合、日の出を待って攻撃をかけることになっていた」。

イギリス空軍ミーティア夜間戦闘飛行隊・第39飛行隊は、NF.13（基本的にNF.11の熱帯地仕様）を装備し、1955年から58年までマルタ島に駐留していた。この部隊は1956年のスエズ危機のさいに、エジプト軍に大量供給されたIl-28と交戦する可能性が大いにあった。スエズ運河地帯への英仏侵攻がはじまると、エジプトがこのジェット爆撃機でマルタ島とキプロスのイギリス軍飛行場を攻撃することが予測されたのだ。しかし、エジプトはIl-28をルクソールへと避難させ、そこでフランス空軍のF-84Fサンダーストリークによる攻撃で破壊されることになった。

ロッキード F-80 シューティングスター

　ロッキード F-80 シューティングスターのプロトタイプ XP-80 は 1944 年 1 月 9 日に初飛行し、生産型の P-80A が 1945 年後半にアメリカ陸軍航空隊の第 412 戦闘航空群に配備された。同隊は P-59A、P-80A を順次装備し、アメリカ空軍初期ジェット戦闘機の実用化と乗員訓練に活躍した部隊だったが、1946 年 7 月に第 1 戦闘航空群に人員、機材を譲って閉隊された。第 1 戦闘航空群は第 27、第 71、第 94 戦闘飛行隊で構成されており、常に空軍最新の戦闘機を装備する部隊として知られ、現在は F-22A ラプター、ステルス戦闘機を運用する第 1 戦闘航空団となっている。

　P-80A のあとに P-80B がつづき、主な生産型は F-80C となる（P は追撃＝Pursuit を意味する記号だが、1948 年により整合性のある Fighter の F に変更されている）。F-80C は朝鮮戦争の戦闘爆撃機のワークホース的存在であり、最初の 4 か月だけで 1 万 5000 回出撃している。

　朝鮮戦争の 3 日目となる 1950 年 6 月 28 日、〝パンサーズ〟というニックネームを持ち、日本の板付基地から出撃していた第 35 戦闘飛行隊が、アメリカ空軍ジェット戦闘飛行隊としてはじめて敵機を撃墜した。交戦が発生したのは、F-80C がノースアメリカン・ツイン・マスタングの編隊の上空カバーを行っていたときだった。レイモンド・E・シラレフ大尉が 4 機を率いてソウル地域に入ったとき、金浦空港で民間人を搭乗させているアメリカ空軍輸送機を攻撃しようとしているイリューシン Il-10、4 機を発見したのだ。数分後 Il-10 の全 4 機が撃墜された。

　1950 年 11 月 8 日、第 51 戦闘迎撃航空団のラッセル・J・ブラウン中尉は F-80C を操縦して史上初のジェット機対ジェット機の空中戦を繰り広げ、MiG-15 ジェット戦闘機を撃墜した。これによりシューティングスターは歴史に名を残すことになった。F-80 は、1950 年 12 月にノースアメリカン F-86 セイバーとリパブリック F-84 サンダージェットが極東に展開するまで、米空軍唯一のジェット戦闘機として朝鮮半島の戦線を維持しつづけたのであった。

第 8 戦闘爆撃航空団　第 36 戦闘爆撃飛行隊 1950 年 6 月　日本　板付基地

朝鮮戦争が勃発して間もない頃、米韓軍は北朝鮮軍の猛攻の前にプサン周辺の狭い地域（プサン・ペリメーター）に追い込まれ、苦しい戦いを続けていた。この困難な状況をなんとか支え、国連軍反撃への道を切り開いていったのが、F-80 を初めとする航空部隊による対地攻撃作戦であった。このイラストは 1000 ポンド爆弾を主翼下に搭載し、JATO（離陸補助用ロケット）を使って板付基地を離陸し、朝鮮半島に向かうシューティングスターを表している。

Lockheed F-80 Shooting Star

機種：戦闘爆撃機
乗員：1 名
動力装置：アリソン J33-A-35 ターボジェットエンジン　推力 2450kg×1
性能：最高速度 966km/h　実用上昇限度 14265m　航続距離 1330km
外寸：翼幅 11.81m　全長 10.49m　全高 3.43m
全備重量：7650kg
兵装：12.7mm 機関銃×6、454kg 爆弾 2 発と 12.7cm ロケット弾 8 発

デハビランド DH.100 ヴァンパイア

デハビランド DH.100 ヴァンパイアは、グロスター・ミーティアに次ぐイギリスで2番目のジェット戦闘機だ。ミーティアは優先的にエンジンを供給され、1943年9月に初飛行していたにもかかわらず、終戦直前まで就役できなかった。ヴァンパイアはモスキートと多くの共通部品を持ち、センターの胴体部分は合板とバルサ材の構造で、隔壁が金属の装甲板となっていた。なお主翼と操縦翼面、尾翼、テールブームは金属製だった。生産型には、モスキートと同様に前方胴体の下に20mmイスパノ機関砲4門が搭載されていた。

最も重要な型はFB.5で、1948年から888機が製造されている。地上攻撃用に強化されたFB.5と輸出型のFB.50のシリーズは、ニュージーランドや南アフリカ、フランス、イタリア、インド、フィンランド、イラクなどの国々に輸出された。また、多くの国がヴァンパイアのライセンス生産を行った。オーストラリアではシドニーのバンクスタウンにあるデハビランド・オーストラリアが生産し、スイス機はエメンのF+Wで生産された。フランス空軍向けヴァンパイアはミストラルと呼ばれ、SNCASEで製造された。またインドでは、バンガロールのヒンダスタン航空機（HAL）で約300機のヴァンパイアを製造している。

イギリス予備空軍は戦時中イギリス空軍に統合されたが、1946年に改編された。この年の5月、第607飛行隊がMk 14とMK 22スピットファイアを使用する昼間戦闘飛行隊として、ヨークシャー州ウーストンで編制されている。1951年6月には、ヴァンパイアFB.5が配備され、さらに1956年4月からはFB.9が追加された。イギリス予備空軍は1957年2月に、ほかの飛行部隊とともに解隊された。

イギリス予備空軍　第607飛行隊
1950年代　ヨークシャー州　イギリス空軍ウーストン基地

ヴァンパイア FB.9 WR266 は、まず第203高等飛行訓練学校に配備された。その次に配備された第607飛行隊では、1956年から57年まで使用された。その後この機は、1960年に抹消されるまで訓練部隊で使われていた。

De Havilland Vampire FB.9

機種：単座昼間戦闘機
乗員：1名
動力装置：ロールスロイス・ゴブリン2/2ターボジェット　推力1997kg×1
性能：最高速度853km/h　実用上昇限度12500m　航続距離1840km
外寸：翼幅11.58m　全長11.58m　全高1.91m
重量：積載時5610kg
兵装：20mmイスパノ機関砲×4、27kgロケット弾8発と227kg爆弾2発、もしくは454kg爆弾2発

F-80 シューティングスター
vs
DH.100 ヴァンパイア

1950年代初頭、1機はアメリカの、もう1機はイギリスの2機の航空機が、それぞれの空軍できわめてすぐれた働きをした。

アメリカ機のロッキード F-80 シューティングスターは、朝鮮戦争初期に第5空軍にとってまさに主力機だった。

第5空軍のシューティングスターは、アメリカ軍と韓国軍が北朝鮮の侵入を食い止めようと奮戦していた1950年7月の最初の2週間に、朝鮮半島での戦闘任務の7割までも担っている。F-80のパイロットたちは地上攻撃の経験はほとんどなかったが、不慣れな戦闘爆撃機の役割で素早く高い習熟度に達し、なかでも敵装甲に対する5インチ（12.7cm）航空機搭載高速ロケット弾（HVAR）使用に熟達した。どのシューティングスターも、12.7mm機関銃6挺という本来の武器に加えて、このロケット弾8発を搭載することができた。

『対処すべきプロペラの回転力がないため、ガンプラットフォーム（機銃発射台）としては従来のプロペラ機よりずっとすぐれていた』

第5空軍のパイロットは、口をそろえて地上攻撃部隊としてのF-80を称賛した。高速は奇襲のきわめて重要な要素であり、対処すべきプロペラトルクがないため、ガンプラットフォームとしては従来のプロペラ機よりずっとすぐれていた。

滞留時間

F-80は2発の1000ポンド（454kg）爆弾を625リットル（165ガロン）の翼端タンクに換えて搭載することができたが、これは行動半径を160kmまで減少させることになった。通常は燃料満載のロケット弾8発搭載で行動半径は360kmほどあったが、このような搭載形態にすると朝鮮半島の目標上空のロイタータイム（滞留時間）は15分程度になる。これでは充分とは言えず、もう数分目標地域にとどまることができれば、F-80の攻撃成功率が高まる。このため、第5空軍司令官のアール・E・パートリッジ大将は、主要なF-80地上攻撃部隊である第49戦闘爆撃航空団に、解決策をさぐるよう命令した。

ほどなく、同航空団の技術士官が解決策を考え出した。フレッチャー製の燃料タンクの中央部分2個を、シューティングスターが搭載しているロッキード社の標準型翼端タンクの中央に挟みこむことにより、1個あたり1003リットル（265ガロン）の燃料を入れることができる改良タンクができ上

ロッキード F-80 シューティングスター（P-80）は、朝鮮戦争でアメリカ極東空軍の〝馬車馬〟だった。この機が行った地上攻撃は、北朝鮮の侵攻を遅らせる要となった。

Lockheed F-80 Shooting Star vs De Havilland DH.100 Vampire

コックピットの視界が良好できびきび動き、飛ばすのが楽しいヴァンパイアFB.5は、冷戦後の危険な時代に、ドイツ駐留のイギリス空軍地上攻撃飛行隊に配備されていた。

がった。F-80はこの改良されたタンクを問題なく搭載できることが、テストで確認された。より大きな重量がF-80の翼端に過大なストレスをかける恐れはあったものの、極東空軍は、シューティングスター1機あたり2個の改良型タンクを作る決定を下した。このタンクは発明の地にちなんでミサワ・タンクと呼ばれ、日本に基地を持つF-80部隊の約25％が7月末までにこのタンクを受け取った。これによりパイロットたちは戦闘地域に45分までとどまれることになった。

対反乱空中戦

F-80が朝鮮半島で戦っているとき、イギリスの同等機であるデハビランド・ヴァンパイアは、マラヤで共産主義者の反乱に対してあまり成功したとはいえない戦いをしていた。1951年ヴァンパイアFB.5(のちにはFB.9も)が配備された第60飛行隊は、薬莢投下ドアの不調を経験しており、爆弾搭載機構の欠陥は設計変更が必要なほど悪化していた。

『部族たちはこの小さな戦闘機を慣れっこになるほどには見たことがなかったが、ただ、この機があらわれたら大変なことになるとわかっていた……』

このような状況ではあったが、この飛行隊のヴァンパイアは1951年8月14日にほかのイギリス機とともに、南西ペラクのシティアワン近くのテロリストキャンプ攻撃に成功し、ゲリラの強力な一団を撃退した。第45飛行隊も1955年にヴァンパイアを受け取ったが、10月にはより強力なデハビランド・ヴェノムFB.1を受領し、バターワース基地で16機を保有する飛行隊として再編制された。1955年4月には第60飛行隊もヴァンパイアをヴェノムFB.1

と交換し、その月にはニュージーランド空軍の第14飛行隊のヴェノムが、キプロスからテンガやシンガポールに配置転換され、その年の終わりには、マラヤの攻撃支援のための戦闘爆撃機飛行隊のすべてに、ヴェノムが配備されていた。

イギリス空軍のヴァンパイア軍事作戦で最も効果的な作戦のいくつかが実行されたのは中東で、そこでは反撃を受ける前に反乱を鎮圧することもあった。その一例に、サウジアラビアとトルーシャルオマーン（訳注・現在はアラブ首長国連邦の一部）のあいだで紛争となった、ブライミ・オアシスで行った1951年の作戦がある。空軍大将のサー・デイヴィッド・リーは次のように語る。

「そのころトルーシャル沿岸地域では、ヴァンパイアは知られた存在になっていた。高速とゴブリン・エンジンの特徴のある音は、味方に自信を与え、潜在的な敵の不安をかきたてた。シャルジャ（訳注・現在はアラブ首長国連邦の一部）に、不意に、しかも不規則にあらわれるヴァンパイアは、第6飛行隊が常駐していた場合より強い印象を与えたことだろう。

部族たちはこの小さな戦闘機を慣れっこになるほどには見たことがなかったが、ただこの機があらわれたら大変なことになるとわかっていた……」

シューティングスターが朝鮮半島で任務を見事に果たしたように、ヴァンパイアも中東で成功をおさめた――かなり異なる方法ではあったが。

アブロ・シャクルトン

　しばしばアブロ・ランカスターから派生したといわれるシャクルトン哨戒機だが、実際にはリンカーンをベースに作られた機体で、主翼とエンジン、尾翼、降着装置が同じだった。シャクルトン Mk1 の胴体は、リンカーンと比較すると短いが、広々としており、より楕円に近い断面を持っていた。最初の Mk1 は 1949 年 3 月に初飛行し、1951 年 4 月に引き渡しがはじまった。MR（海上哨戒）Mk2 は再設計されて胴体が長くなり、レーダーは機首から後下部の〝ダストビン〟（ゴミ箱）の位置へ移動し、尾部銃座が廃止され、20mm 機関砲ターレットが機首に据え付けられていた。爆弾倉には最大 3 発の魚雷、もしくはさまざまな爆弾や爆雷が搭載できた。また尾部には記録用の固定式カメラが 2 台そなえられていた。

イギリス空軍　極東空軍　第 205 飛行隊
1960 年代後半　シンガポール　チャンギ基地

1952 年 6 月に 1 機の MR Mk1 が Mk2 に改造されたあと、最初に生産された MR Mk2 が、イラストの WG530 である。この機は 1952 年 9 月に航空機・武器実験所（A&AEE）に納入され、のちに第 120、第 224、第 42 飛行隊で使用された。第 205 飛行隊は、本機を運用した最後の部隊で、WG530 は 1968 年 9 月に退役し、スクラップとして売却された。No.205Sqn は極東に本拠を置いた最初のイギリス空軍部隊で、1928 年にシンガポールで編制されている。同隊はこの地域でずっと洋上哨戒飛行隊として任務につき、サウサンプトンやシンガポール、カタリナ、サンダーランドといった飛行艇を使用していた。サンダーランド飛行艇は朝鮮戦争でも輸送任務に使われたもので、この飛行隊が 1958 年から 59 年にシャクルトンへ機種改変したときには、イギリス空軍が保有する最後のサンダーランドとなっていた。第 208 飛行隊は当初シャクルトン Mk1A を使用したあとで Mk2 に変更し、イギリス空軍が極東での駐留をやめ、隊が解散した 1971 年 10 月まで同機を使用していた。

Avro Shackleton Mr.Mk2

機種：長距離洋上哨戒機
乗員：8〜10 名
動力装置：ロールスロイス・グリフォン 57AV-12 ピストンエンジン　2455hp × 4
性能：最高速度 500km/h　実用上昇限度 6400m　航続距離 5440km
外寸：翼幅 36.58m　全長 26.59m　全高 5.1m
全備重量：39010kg
兵装：機首銃座に 20mm イスパノ No.1 Mk5 機関砲、最大 4540kg までの魚雷、爆弾、爆雷

ロッキード P-3 オライオン 🇺🇸

ロッキード・エレクトラ旅客機をもとに開発された P-3（以前は P3V-1）オライオンは、1958 年の米国海軍による新しい対潜水艦哨戒機コンテストで勝利した機である。求められていたのは、既製の機体を改造することにより、迅速に就役できることだった。2 機作られたプロトタイプ YP3V-1 の最初の 1 機（エレクトラ改造の空力試験機）は 1958 年 8 月 19 日に初飛行し、最初の生産型である P-3A の引き渡しは 1962 年 8 月に始まった。

WP-3A は気象偵察転用型で、次の哨戒機型は P-3B となる。P-3A/B の総生産数は、アメリカ海軍に 286 機、ニュージーランド空軍に 5 機、オーストラリア空軍に 10 機、ノルウェーに 5 機だった。決定版となる P-3C が 1969 年に登場すると、アメリカ海軍に 132 機が納入され、オーストラリア空軍からは 10 機の発注を受けた。

この後のオライオンの発展型には EP-3A/E 電子偵察機や、1975 年に 6 機イラン帝国空軍に納入された P-3F、さらにカナダ国防軍におさめられた CP-140 オーロラなどがある。オライオンは日本でも海上自衛隊向けにライセンス生産され、オーストラリア空軍やニュージーランド空軍、大韓民国、オランダ、パキスタン、ポルトガル、スペインに納入された。米海軍、外国軍が使用しているオライオンはすべて、長年のあいだに種々のアップグレードが行われている。

アメリカ海軍　第 19 哨戒飛行隊（VP-19）1973 年　カリフォルニア州　モフェットフィールド海軍航空基地

イラストのロッキード・オライオン 159511 は、P-3C の初期生産機である。VP-19 〝ビッグ・レッド〟は、1963 年に P-2H（P2V-7）ネプチューンから P-3A に機体改変し、その後 P-3C 飛行隊となった。VP-19 のネプチューンは、朝鮮戦争休戦から間もない 1954 年 9 月にシベリア沿岸を哨戒飛行中にソ連の MiG-17 に襲われ、撃墜されている。

Lockheed P-3 Orion

機種：洋上哨戒機
乗員：10 名
動力装置：アリソン T56-A-14 ターボプロップエンジン　4910shp × 4
性能：最高速度 760km/h　実用上昇限度 8625m　航続距離 3835km
外寸：翼幅 30.37m　全長 35.61m　全高 10.29m
全備重量：61235kg
兵装：最大 8735kg までの各種対潜水艦及び対水上艦兵器

アブロ・シャクルトン vs ロッキード P-3 オライオン

P-3 オライオンと比べると外観がいくぶん古風なシャクルトンは、その任務が BAe ニムロッドに引き継がれて引退するまで、信頼できる洋上哨戒機であり潜水艦の狩人でありつづけた。

シャクルトンが現役だったほとんどの時期、ソ連海軍が依然として頼りにしていたのはディーゼル電気潜水艦で、搭載システムに充電するために2、3時間に20分はシュノーケル装置を水面上で作動させる必要があった。洋上哨戒任務は捜索地域をレーダーで探索し、比較的短い作動時間のシュノーケルを探知することだった。海面が良好な状況下では、シャクルトンの ASV（対艦船）21 レーダーは 28km までシュノーケル装置を探知できたが、一般的な北大西洋の水面の状況では探知距離はずっと短くなった。

『ホーミングの最後には、演習爆弾を使って目視攻撃する』

猫と鼠

もう1つの問題は、潜水艦搭載のレーダー傍受（逆探知）装置は、航空機搭載 ASV レーダーがシュノーケルを見つけるより早く ASV レーダーを探知できることだった。シャクルトンの元搭乗員は次のように説明している。

「藁山で針1本見つけるような難しい状況下で、猫と鼠のゲームになる。こちらはレーダーを間歇的に使用したり、機体のうしろからレーダーで走査（敵からはこちらが遠ざかっているように見える）したりして、探知距離の面で有利な潜水艦側になんとか対抗しようとした。

こちらの望みは、潜水艦が機上搭載レーダーを傍受して潜航する前に探知することだった。そうできたら、直接攻撃のためにレーダー反応のあったところへ向かうか、もし相手が潜航したら、位置を探査して攻撃するために、データに基づいてソノブイを設置する。主要な海軍基地近くに設置されたレーダーブイや、潜水艦が出す波と似た効果が出せるイギリス空軍水上艇に牽引されたそりをホーミングしたりといった訓練を繰り返し行った。ホーミング（潜水艦

スコットランドのキンロス空軍基地に所在した第206飛行隊のアブロ・シャクルトン MRMk3。

Avro Shackleton vs Lockheed P-3 Orion

ハープーン対艦ミサイルを発射するロッキードP-3Cオライオン。ロッキードの民間旅客機、エレクトラを元にしたP-3は素晴らしい対潜哨戒機となった。

捕捉）の最後には、昼間なら30mの高さからパイロットが狙いをつけ、夜間なら90mから爆撃手が演習爆雷を使って目視攻撃する」

はじめのころは、攻撃に使われる武器は爆雷だけだったが、1960年代になると、武器はMk30パッシブホーミング魚雷や、Mk44アクティブホーミング魚雷になっていった。

冷戦時の遭遇

アメリカの海上哨戒機が偵察と対潜水艦哨戒を行っていたのは、大西洋だけではなかった。日本海上空や津軽海峡、宗谷海峡でも哨戒作戦をしていた。このあたりはソ連と近い微妙な地域で、ソ連戦闘機が頻繁にロッキードP2VネプチューンとP-3オライオンを迎撃していたことが、次に抜粋したいくつかのP-3飛行記録でわかる。

「1965年5月3日。 時間0458Z（GMT）。位置43.24N 136.40E。ソ連のフレスコ（MiG-17）2機が、333.4km/hで045に向かっているQA-3（VP-22のP-3A・3番機）を迎撃。フレスコはまず左真横を通過して235度へ向かい、P-3の後方で旋回して再び右真横を通過。それからフレスコは機首の先を横切り、450mから750mへ上昇した。通過時も真横でも、前方でも後方でも、距離はほぼ900m。迎撃のあいだ、QA-3は高度450mとコース045、速度333.4km/hを維持。遭遇から離脱までの時間は11分」

「1965年5月6日。 時間0258Z。位置42.32N 135.40E。ソ連のフレスコ2機が、QA-8がソ連の貨物船ウマンをリグ（確認し、撮影）しているときに迎撃。P-3は高度60mで、コースと速度は051と296km/h……迎撃のあいだにQA-8は3800mに上昇し、071度へ方向を変えた。総時間は10分」

「1965年5月8日。 時間0225Z。位置44.27N 138.10E。ソ連のフレスコ2機が（側面番号31と51）QA-2を迎撃。QA-2はソ連貨物機を追跡中。フレスコは約13km離れた散開編隊で後方を追尾。31番機がP-3上空60mを距離90mで右へと通過し、その後2300mほど離れた地点で旋回し、当機の左から右へ。51番が左真横を約1600mの距離で通過。迎撃のあいだにQA-3はリグを完了し、追跡を続行。総時間は8分」

このような迎撃は毎日のように行われ、朝鮮戦争以降の数年間に偵察機が数機撃墜されたり、損傷を受けたりしていたアメリカ軍は、当然ながら神経質になっていた。例えば1965年4月27日には、北朝鮮のMiG-17の激しい追撃を受けたRB-47Hストラトジェットが、エンジン2基を破壊されて横田基地へ戻ってきている。RB-47の20mm尾部機関砲を巧みに使用していなければ、この機は撃墜をまぬがれなかっただろう。

ロッキード C-130

　今まで製造されたなかで、間違いなく最も多目的に使われている戦術輸送機、ロッキードC-130ハーキュリーズは、プロトタイプが1954年8月23日に初飛行し、その後の50年間に多くの派生型が製造された。当初の生産型はC-130AとC130Bで、461機が製造されている。その後には最も多く生産されたC-130Eがつづき、510機が生産されている。

　C-130Eの1号機は1961年8月15日に初飛行し、1962年4月から戦術航空軍団の第4442戦闘乗員訓練群（CCTG）への配備が開始された。最初の輸出は1964年12月のカナダ空軍（RCAF）向けだった。C-130Eは最大92名の兵員、64名のパラシュート降下兵、あるいは6名の看護員付きで70床の担架を積むことができる。ほかの型には、AC-130Eガンシップ、WC-130E気象偵察機、EC-130E電子戦機、アメリカ海兵隊用のKC-130F空中給油輸送機、HC-130H/N/P捜索救難・回収機、イギリス空軍用のC-130K、車輪とスキーの降着装置を持つ極地用輸送機LC-130Rなどがある。

　ハーキュリーズとすべての改良型の総生産数は、2000機以上にもなり、現在も発展型が生産されている。ハーキュリーズはアメリカ軍とイギリス空軍だけでなく、世界中の61ヵ国の空軍に採用された。80機を導入したイギリス空軍は、米軍に次いで2番目に多くのハーキュリーズを使用した軍だった。

**アメリカ空軍　戦術航空軍団
1966年　ベトナム**

LAPES（低高度パラシュート抽出システム）を使って、着陸することなくパレットに載せた貨物を、南ベトナムの前線基地にデリバリーするC-130Eが描かれている。この機に見られるグリーン濃淡2色、タン、下面グレーというカモフラージュ塗装は、ベトナム戦争中アメリカ空軍機に導入されたものだ。

Lockheed C-130E Hercules

機種：輸送機
乗員：4名
動力装置：アリソンT56-A-7ターボプロップエンジン　4050hp×4
性能：最高速度547km/h　実用上昇限度10060m　航続距離6145km
外寸：翼幅40.41m　全長29.79m　全高11.68m
全備重量：70310kg
最大積載量：19050kg

アントノフ An-12 〝カブ〟

アントノフ An-12 は、C-130 ハーキュリーズのソ連版と言えるが、基本的なロッキード機よりやや小型で軽量だった。初飛行は1957年12月にウクライナで行われ、約1300機の An-12 がソ連で生産され、さらに100機ほどのライセンスなしのコピー機が中国でシャンジーY-8 として生産された。Y-8 は、輸送機型だけでなく海上哨戒機、無人機発射航空機、電子偵察機などの派生型も作られている。

ソ連製の An-12（NATO のコードネームはカブ）は、アルジェリアやブルガリア、中国、キューバ、チェコスロバキア、エジプト、ガーナ、ギニア、インド、インドネシア、イラク、ポーランド、イエメン、ユーゴスラビアに輸出されている。

ソ連軍には多くの特殊改造型が就役しており、機上指揮機や放射能／化学物質サンプリング機、射出シート試験機、気象研究機、珍しいところでは（中国で）動物の季節移動調査機などがあった。ソ連の解体以降、多くの An-12 が民間市場へと流れた。

表面上、捜索救難（SAR）機とされていた An-12PS は、実際にはほぼ電子情報収集（エリント）に使われていた。無線探知装置は、救援ビーコンだけでなく、NATO の通信機の電波も拾うことができる。この改良型は、投下できる救援ボートを貨物室に搭載していたといわれている。胴体に大きくアエロフロート航空の文字と民間機登録番号が記してある An-12 でも、詳細に観察してみると、どう見ても軍用だということも多々あった。このような航空機は、バルト海上空やその他の場所で頻繁に西側戦闘機に迎撃されており、その機会が増えるのは特に NATO の海軍演習のときだった。

1980年代　ソ連海軍航空隊

An-12 は、たとえそれがソ連空軍／海軍の使用機であっても、民間航空会社アエロフロートのマーキングと民間登録記号（この機の場合 CCCP-11875）を記入しているのが普通である。

Antonov An-12PS Cub-B

機種：4発電子情報収集（ELINT）機
乗員：コックピットに4名、キャビンの乗員数は不明
動力装置：イフチェンコ（プログレス）AI-20k ターボプロップエンジン　4000hp × 2
性能：最高速度 670km/h　実用上昇限 10200m　航続距離 5700km
外寸：翼幅 38.10m　全長 33.10m　全高 10.53m
全備重量：61000kg
最大積載量：貨物 20000kg

ns
ロッキード C-130 ハーキュリーズ vs アントノフ An-12 カブ

アメリカ空軍のハーキュリーズによる、ベトナム戦争で最も激しい戦闘活動が行われたのは、ケサン攻防戦のときだった。この場所は北ベトナムと南ベトナム、ラオスの国境地帯となっている非武装地帯に近く、アメリカ海兵隊の前線基地があった。

この前線基地は、1968年のテト攻勢で激しい攻撃を受け、包囲されてしまった。アメリカ空軍は、C-130と小型のC-123を使って海兵隊基地への補給を行った。補給物資を降ろすのに用いられた手法は4つで、1つ目は通常着陸した後、貨物を巨大な連結式フォークリフトトラックで降ろす、2つ目は低高度のパラシュート投下、そして新たに開発された低空投下システムの1つであるLAPES（低高度パラシュート抽出システム）とGPSE（地上接近抽出システム）だ。このどちらのシステムも、投下地帯の数メートル上を飛行する航空機から、パレット積みした荷物を落とすことができた。

包囲突破

ケサン基地への補給はすべて、輸送機搭乗員にとって危険に満ちたミッションであった。C-130の1人のパイロットは次のように語っている。

「ケサンでの問題は、なによりもまず航空管制だった。空輸作戦は、レーダーで管理され、短い間隔を空けて次々とやってくる多数の航空機で行われていた。アプローチ（進入）許可が出ても、待機経路で旋回するように指示が出ることもあった。最悪なのはアプローチに失敗することで、そうなると待機している列の最後尾につかなければならない。10機ほど先に進入していくのを待てる燃料があればいいが、ないかもしれない。結局、秘訣は最初のアプローチを成功させることだ」

『地上ではよたよた歩くアヒルのように見えるが、空ではバレリーナのように優雅で機動性が抜群』

「木の葉落としでも、不規則で急角度のアプローチでも（敵の対空射撃を防ぐための進入法）、目標はできるだけ滑走路近くに降下して、正しい方向に進むことだ。それからタッチダウンの速度ぎりぎりに落とし、機首が滑走路の端を越えて、滑走路端が見えなくなるのを確認してから、機体を降下、接地させるのだ。

もし少し距離が足りない時には、右翼を

セントヘレンズ山の陥没した火口を背景に飛ぶロッキードC-130E。

イラク空軍のマークをつけたアントノフAn-12カブ。カブは、イラクの輸送機要件にぴったりだった。

落として左方向舵ペダルを踏み、クロスコントロールで調整するが、この飛行状態は非常に危ないもので、あっという間に失速しかねない。揚力が不足しているから、きわめて慎重にしなければならないのだ。右翼を落としながら方向舵を逆に効かせるということだから、方向舵が失速しかねないことになり、急速に落下するかもしれない。

こういうことを1500mくらいからずっとやって、毎分600mほど降下していく。ハーキュリーズは、とてもよくやってくれた。同じ大きさのほかの航空機だったら、これほどうまくいったかどうかわからない。これこそ、この機のたぐいまれな特長だ。非常に多芸で強力なんだ。地上ではよたよた歩くアヒルのように見えるが、空ではバレリーナのように優雅で機動性が抜群なんだ」

アントノフの作戦行動

1968年のチェコスロバキア侵攻でわかるように、ソ連空軍もまた、アントノフAn-12輸送機を使って空からの迅速な兵力展開と補給を巧みに行っていた。8月20日の夜、チェコスロバキアのプラハ・ルズィニエ空港の航空管制官は、通達のあるまで全航空機の移動を禁じるという緊急信号を内務省から受け取った。それからの出来事の証言を次にあげた。

『その夜、エンジンのうなり声が鳴り響き、次々と押し寄せてくる、ほとんどがAn-12とAn-24のソ連輸送機の轟音が闇をつんざいた』

「あっという間に事がはじまった。巨大な黒い影が東の空から滑り降りてきて、着陸灯を光らせながら主滑走路を進んだ。ショックを受けていた管制官が、アントノフAn-12輸送機の膨らんだような輪郭だと確認した。強力な4基のイフチェンコ・ターボプロップが逆ピッチに入れられ、巨人のうなり声が夜を切り裂くなか、機体が素早く停止した。上向きにそった大きな尾部下に設置してある積み降ろし用ランプがゆっくりと下がってきて、輸送機の巨大な腹部から黒いシルエットが走り出てきた。40人か50人はいた。迷彩服を着て戦闘隊形を取っている、ソ連の空挺部隊員だった。An-12が滑走路を轟音をたてて走り去り、夜の闇へと上昇していくと、彼らは直線上に散開し、素早く空港ビルへと前進した。

2機目が轟音を立てて闇からあらわれ、すぐに3機目がつづいた。信じられないほどの速さで人員と機材を降ろし、またやってくる航空機に場所をゆずるために離陸していった。ほんの数分で、ソ連の空挺部隊はルズィニエ空港の管制塔や電話交換台、その他の戦略地点を確保した。その夜、エンジンのうなり声が鳴り響き、次々と押し寄せてくる、ほとんどがAn-12とAn-24のソ連輸送機が50秒ごとにタッチダウンしていく轟音が闇をつんざいた」

そのほぼ10年後、アフガニスタンで活動していたソ連空軍のAn-12輸送機乗員は、アメリカが屈辱的な敗北を喫したベトナム戦争でC-130の乗員が使った手法に不思議なほど似通った戦術を用いたのである。

ns
ホーカー・ハンター

ホーカー社の古典的傑作機であるハンターの原型は1951年7月に初飛行した。ハンターは、1947年に初飛行したホーカー最初のジェット機プロトタイプP.1040という、シー・ホーク艦上戦闘機と共通の祖先を持っている。このとき、イギリスの航空産業はジェットエンジンで世界のトップにあったが、後退翼を取り入れたのはアメリカやソ連より遅かった。ハンターは最初のイギリス製後退翼戦闘機となり、1954年からイギリス空軍昼間戦闘機部隊の主力となった。

イギリス空軍のハンターの決定版は、推力4540kgのエイヴォン203エンジンをパワープラントとしたF.Mk6だ。18個の飛行隊に配備された、いわゆる〝ビッグボア〟ハンターは、1963年以降にイギリスが使用した唯一の純粋な戦闘機となった。F.6の派生型は、ベルギーやデンマーク、インド、オマーン、ペルー、サウジアラビア、スウェーデン、スイスなどの多くの国に輸出された。

インド空軍 第122飛行隊 1971年 ジャイサルメール

インド空軍が200機以上購入して7個飛行隊に配備したハンターは、1965年と1971年のパキスタンとの戦争で多くの戦闘に加わった。インドのハンターの大半は、F.Mk56として納入されたF.6だった。1965年の戦争以降に納入されたのは大半がFGA.9と同等のF.Mk56Aで、地上攻撃能力が高められ、〝高温と高地〟の運用に最適化されたモデルだった。ハンターは空中戦ではF-86Fセイバーより劣っていたが、大口径30mm砲を搭載していたため装甲車輌の破壊には非常に効果的で、実際に攻撃部隊を撃退して重要な要塞の占領を防ぐために役立っている。インドのハンターは非常に長い運用実績を誇り、インド空軍が採用した西欧製戦闘機の転換訓練機や、標的曳航、その他の一般任務で実に1999年まで使われていた。

Hawker Hunter F.Mk56

機種：単座昼間戦闘機
乗員：1名
動力装置：ロールスロイス・エイヴォン203ターボジェットエンジン　推力4540kg×1
性能：最高速度1150km/h　実用上昇限15710m　戦闘行動半径710km
外寸：翼幅10.2m　全長14.0m　全高4.01m
全備重量：5795kg
兵装：30mmアデン機関砲×4

ノースアメリカン F-86 セイバー

ジェット戦闘機の初期世代最高の傑作機とされるノースアメリカン F-86 セイバーのプロトタイプ XP-86 は、1947 年 10 月 1 日にゼネラルエレクトリック（GE）J35 ターボジェットエンジン（シボレー製、推力 1700kg）を搭載して初飛行に成功した。同じ GE の新エンジン J47 を搭載した最初の量産型 F-86A は、1949 年初頭に第 1 戦闘航空群への配備が開始された。セイバーは朝鮮戦争で 810 機の敵機を撃墜し、そのうち 792 機が MiG-15 だった。

セイバー発展型としては、F-86C 侵攻戦闘機（記号名は YF-93A に変更され、プロトタイプのみが飛んだ）と、複雑な火器管制システムと胴体下部に引き込み式ロケット弾パックを備えた F-86D 全天候戦闘機（2201 機製造）がある。F-86L は D 型のアップデート型、F-86K は輸出用の電子装備簡易型であった。F-86E は、基本的に F-86A と同じ機体に動力操舵システムと全遊動式尾翼を加えたものだった。これに続いたのが主要生産型となった F-86F で、2247 機が製造されている。F-86H は戦術核兵器を搭載できる戦闘爆撃機で、RF-86A/F はそれぞれ A 型と F 型を写真偵察機に改造したモデルだった。カナデアが製造したセイバーは、一部が朝鮮戦争時に米空軍に供給された以外、大半は NATO 諸国向けで、例えばイギリス空軍は 427 機を受け取っている。またセイバーは、オーストラリアのコモンウェルス社で CA-27 セイバー Mk30/32 としてライセンス生産されており、この機には J47 より強力なロールスロイス・エイヴォン 2・ターボジェットエンジンが搭載されていた。

アメリカ空軍　第 84 戦闘航空群　第 498 迎撃戦闘飛行隊
1955 年　ワシントン州　ゲイガー飛行場

〝ゲイガー・タイガー〟として知られている第 498 迎撃戦闘飛行隊は、1955 年 8 月 18 日に編制され、第 520 迎撃戦闘飛行隊から受け継いだ F-86D が配備された。この部隊のセイバーは 1956 年に F-102 デルタダガーに交替した。

North American F-86D Sabre

機種：全天候迎撃機
乗員：1 名
動力装置：ゼネラルエレクトリック J47-GE-17B ターボジェット　アフターバーナー（A/B）推力 3400kg × 1
性能：最高速度 1138km/h　実用上昇限度 16640m　航続距離 1344km
外寸：翼幅 11.30m　全長 12.29m　全高 4.57m
全備重量：7756kg
兵装：70mm（2.75 インチ）〝マイティマウス〟空対空無誘導ロケット弾 × 24

ホーカー・ハンター vs ノースアメリカン F-86 セイバー

1965年、インド空軍のホーカー・ハンターが、パキスタン空軍のF-86Fセイバーと激しく衝突した。

9月6日の夕刻、パキスタン空軍第5飛行隊の3機のF-86が、日没が迫りつつあるなかインドのハルワラ空軍基地へ向かっていた。この3機を操縦していたのは、S・A・ラフィク少佐とC・チョードリー空軍大尉、Y・フセイン空軍大尉だ。視界不良のため目標位置を把握することができず、目的地を捜しながら高度60mという低空飛行をしているときに100mほど上空にハンター2機を発見し、ラフィクは攻撃することを決めた。ラフィクが攻撃した先頭のハンターは爆発した。ここで、この交戦についてのインド空軍の公式報告を見てみるとおもしろい。数々の点でパキスタン空軍の報告と一致しないが、双方が同意している点もあるので、実際になにが起こったかを正確に把握することは可能だ。

『実際には、パキスタンのセイバーは交戦で生き残ったハンターを追走しており、急激に右へと方向転換していた……』

相反する報告

「9月6日の夕方にハンターF.56でハルワラのインド空軍基地上空を哨戒飛行していたのは、D・N・ラトーレ大尉と2番機のV・K・ネブ中尉だった。太陽が沈み、水平線が黄昏に照らされていた18時40分ごろ、飛行場から約5kmにいたラトーレが飛行場近くの空で閃光を見た。再度見ると、基地はパキスタンのセイバーの攻撃下にあり、やはり哨戒任務で飛行していたガンジー中尉率いるハンター2機との空中戦が行われていた。ラトーレはネブに警告し、ただちに飛行場へと方向転換した。最初の衝突で1機のセイバーが地上からの砲火で撃墜され、2機目がガンジーの機関砲で墜落した」

これは正確ではない。撃墜された唯一の機はガンジー機で、パキスタンのパイロットであるラフィクに撃たれている。ガンジーは緊急脱出し、安全に降下した。報告書はさらにつづく。

「残った2機のセイバーは飛行場に機銃掃射を行い、きわめて低空から爆撃していた。パキスタン機の2人のパイロットは地上攻撃に集中していたから、すきを見て好位置につくのはむずかしくなかった」

インド空軍のホーカー・ハンターF.Mk56。このハンターはパキスタンとの紛争でパキスタン機と激しいドッグファイトを繰り広げた。

Hawker Hunter vs North American F-86 Sabre

ノースアメリカンF-86セイバーが戦闘にはじめて参加したのは朝鮮半島上空だった。素晴らしい飛行姿を見せるこの戦闘機は、パキスタンなどの多くの空軍で防衛の第一戦を形成することになる。

これもまた、正確ではない。実際には、パキスタンのセイバーは交戦で生き残ったハンターを追走していた。新たな2機のハンターが右から急上昇してくるのを見て、急激に右へと方向転換していたのだ。ラフィク少佐は、なんとか敵機の1機の背後についたものの、機関銃が故障していた。にもかかわらず、彼は僚機セイバー2機と空域に残ることを決めた。この時点でさらに4機のハンターが左から接近してきた、とパキスタン空軍の報告書では述べているが、インド空軍の報告書にそのような記載はない。

空中戦の混乱

パキスタンの報告では、セイバーとハンターによる低空での空中戦で、チョードリー大尉とフセイン大尉がそれぞれ1機ずつ撃墜したとも書いてある。しかし、インド空軍はそのような損失を認めていない。砲撃による閃光を見たこと、そして地上で爆発した航空機があったことにより、ラトーレとネブが、飛行場が攻撃下にあったと誤認した可能性は高い。なぜなら、夕刻のあの時間では、低空飛行の航空機は遠くからではほとんど目視できないだろうからだ。

『パキスタンのセイバー4機の最後の1機が空中でばらばらになると、煙の一吹きがすぐに一面の炎に変わった……』

インド空軍の報告書は次のようにつづく。
「セイバーの右よりの背後についたラトーレ大尉が900mに接近しながら、ネブに左側を飛ぶセイバーを追撃するように指示した。ラトーレは速度を上げて敵に追いつき、600mまで接近したところで発砲した。パキスタンのセイバーに命中したことを確認したラトーレはさらに距離を縮め、450mから再び発砲した。今度は、セイバーに致命的な一撃を加えた。セイバーは左に傾きはじめ、それから地面に向かっていき、飛行場から8～10kmで激しい炎をあげて爆発した」

これは、ほぼ確実にラフィクの機だ。インド空軍報告書の次の部分は、セイバーによる飛行場攻撃について繰り返していることは別として、パキスタンの報告書ときれいに符合する。

「その間に、ネブ中尉が接近していたパキスタンの2機目のセイバーは、1機目と同じように下の飛行場を銃撃しようとしていた……彼はパキスタンのセイバーに365mまで接近し、連射を行った。パキスタンのパイロットは、ただちに攻撃を中止し、セイバーを鋭く上昇させた。ネブは速度をあげて90m以内に接近し、前より狙いやすくなっている、急上昇しているセイバーに再び発砲した。機関砲がセイバーの左翼に穴をあけると、破片が飛び散るのが見えた。パキスタンのセイバー4機の最後の1機が空中でばらばらになり、地面へ落下すると、煙の一吹きがすぐに一面の炎に変わった」

ネブの犠牲になったのは、フセイン大尉だった。

ミコヤングレビッチ MiG-17

西側の観測では最初は MiG-15 の改良型だと思われていた MiG-17 は、実際には新しい設計で、長くなった胴体に新しい尾翼を組み合わせ、異なる翼断面形と平面形を持つ薄い翼、高速での操縦を向上させる片側 3 つの境界層板などの、多くの空力的改善がほどこされていた。プロトタイプは 1950 年 1 月に飛行し、NATO ではフレスコ A として知られている基本型の MiG-17 は 1952 年に就役した。次は MiG-17P 全天候迎撃機（フレスコ B）、その後に構造強化がなされ、アフターバーナーが装備された主要生産型の MiG-17F（フレスコ C）が造られた。最後の改良型である MiG-17PFU には、空対空ミサイルが搭載されている。

ソ連での MiG-17 の本格生産は、超音速のミグ 19 と MiG-21 に取って代わられるまでの 5 年間だけだったが、約 8800 機が製造されたと推計されており、その多くが輸出されている。MiG-17 が戦闘に参加したコンゴやナイジェリア内戦、中東や北ベトナムでは、F-4 ファントムのような近代的航空機が相手であっても、手強くて敏捷だと証明された。また MiG-17 は、中国では J-5 として生産されている。

1980 年　モザンビーク空軍

イラストの〝レッド 21〟は、1970 年代後半から 80 年代初期にかけてモザンビークに引き渡され 48 機のうちの 1 機である。数機が反政府レナモ・ゲリラに撃墜され、1 機は逃亡パイロットによって南アフリカへと持ち出された。

Mikoyan–Gurevich MiG–17 Fresco –A

機種：戦闘機
乗員：1 名
動力装置：クリモフ VK–IF ターボジェットエンジン　A/B 推力 3380kg × 1
性能：最高速度 1145km/h　実用上昇限度 16600m　航続距離 1470km
外寸：翼幅 9.45m　全長 11.05m　全高 3.35m
全備重量：6000kg
兵装：37mm N-37 機関砲 × 1、23mmNS-23 機関砲 × 2、最大 500kg の翼下爆弾

【P.117 続き】
兵装：30mm DEFA 機関砲 × 2、オプションで 35 発入りの SNEB ロケット弾ポッド、もしくは最大 1000kg の爆弾

ダッソー・ミステールⅣ 🇫🇷

ミステールはフランス国産初の後退翼戦闘機であり、のちの発展型シュペルミステールは水平飛行で超音速が可能な最初のヨーロッパ製実用戦闘機として大量に生産されることになる。ミステールⅡを150機製造したあと、ミステールⅣに生産が移行したが、このⅣ型はいくぶん後退角を増した薄めの翼と新しい楕円形の胴体を持ち、イスパノスイザがライセンス生産したロールスロイス・テイ・エンジン、またはその改良型ヴェルドンが搭載されていた。

ミステールⅣのプロトタイプが初飛行したのは、1952年9月で、最初の生産型ミステールⅣAは1954年5月に初飛行を行った。ミステールⅣAは1955年にフランス空軍に就役し、翌1956年には早くもスエズで戦闘に参加した。NATOの援助プログラムのもとで、アメリカがミステールの最初の225機を支払い、その後はフランスの資金で100機が購入された。モロッコに本拠を置いていた1/8戦闘飛行隊〝マグレブ〟は、1960年にミストラル(ライセンス生産のヴァンパイア)からミステールⅣAに機種改変した。この飛行隊のミステールはアルジェリア紛争が1961年に休戦するまでに、いくつかの戦闘に参加している。この隊はフランスに戻ったあとで〝サントンジュ〟と名前を変え、ミステールが引退する1981年までこの機を飛ばしていた(後期には実戦訓練任務)。

イスラエルのミステールⅣA戦闘機も1956年に戦闘に参加し、エジプトのMiG-15やMiG-17、ヴァンパイアを数多く撃墜している。また1967年には、主として地上軍支援の役割をになった。インドの110機のミステールは、1965年にパキスタンとの戦いに参加した。

ミステールⅣは、迎撃機としてはミラージュⅢに1960年代初期に交替したが、地上攻撃機としては、ジャガーが導入される1975年までその役割をになっていた。アフターバーナーと誘導ミサイルを搭載したシュペルミステールB2は、最初の超音速型だった。フランス空軍の180機の運用歴は1957年から77年と長く、アメリカのエンジン(J52)に換装したイスラエル機は数多くの対地攻撃作戦に参加している。

フランス空軍　1／8戦闘航空団　第25飛行隊
1960年代　フランス空軍オランジュ基地

ダッソー社は、1949年にフランス初となるジェット戦闘機ウーラガン(直線翼)を完成させ、続いてその30度後退翼化モデル・ミステールⅠを1952年に開発した。ミステールⅣはさらに後退角を38度に増大させたモデルで(シュペルミステールは45度)、後退翼の持つ問題点を少しずつ解決しながら、高性能化を進めてきたということができる。

Dassault Mystere IVA

機種：単座戦闘爆撃機
乗員：1名
動力装置：イスパノスイザ・ヴェルドン350ターボジェットエンジン　推力3500kg×1
性能：最高速度1120km/h　実用上昇限度15000m　航続距離920km
外寸：翼幅11.09m　全長12.8m　全高4.6m
全備重量：9500kg

MiG-17 vs ダッソー・ミステールⅣ

1960年5月25日の朝、イスラエル空軍のミステールⅣAジェット戦闘機2機が、2機のエジプトのMiG-17を迎撃するために緊急発進した。あるイスラエルの資料になにが起こったかが述べてあるが、イスラエルのパイロットはアーロン大尉とヤディン中尉としか記されていない。

「イスラエルのパイロットは5000mで水平飛行に移り、獲物を探しながら南西に向かった。3分後、アーロンがやや下方2時方向に2つの光る点を発見した。ミステールはただちにそちらへ向かい、急速に距離を縮めていくと、〝国籍不明機〟はMiG-17 2機だと判明した。エジプトのパイロットは危険を察知していないようで、平常に飛行をつづけていた。アーロンは旋風のように最後尾のMiGを追い越し、その機は僚機にまかせて先頭のエジプト機へと接近した。エジプト機のパイロットも彼に気づき、ぎりぎりの瞬間に必死で右にブレークしようとしたが、すでに遅すぎた。ミステールの30mm機関砲の弾が、左翼の付け根に激しく撃ち込まれた。破片が後流で渦を巻き、炎の帯がうしろになびいた。MiGは裏返しになり、急激なきりもみ状態で油っぽい煙の渦をあとに残して落ちていった。

アーロンは機を急旋回させ、2機目のMiGを探した。その機は高速で南西方向へ向かっており、ヤディンがぴったりと追尾していた。アーロンが見ているなかでヤディンが発砲すると、エジプト機は激しい回避行動を取った。弾は大きくはずれていた。そのときにはエジプト領土に入っており、アーロンは気が進まないながらも司令部の指示に従って、ヤディンに追跡を中止するように命じた。2人のパイロットは、アーロンの勝利に大喜びしながらハツェリム基地に戻ってきた」

『ガリラヤ湖上空での空中戦に発展した』

高まる緊張

エジプトとイスラエルの航空機による2度目の深刻な衝突が起こったのは、ほぼ1年後のネゲブ砂漠上空だった。ハツェリム基地のミステールが、再び勝者となった。それは2機のMiG-17がイスラエル上空に侵入し、イスラエル空軍戦闘機と交戦した1961年4月28日のことだ。MiGのうち1機は逃亡したが、もう1機はミステール2機によって包囲され、イスラエル機から着陸を要求する信号を受けた。しかし彼は従わず、エジプト領土へと戻ろうとしたた

エジプト空軍のMiG-17。列の端に前任機のMiG-15が見える。

Mikoyan-Gurevich MiG-17 vs Dassault Mystere IV

フランス空軍のダッソー・ミラージュIVA戦闘機。これらの機はソ連からエジプトに供給されたMiG-17による脅威に対抗するのための絶好の時期に、イスラエルに納入された。

め、ただちに撃墜された。パイロットはパラシュートで脱出し、安全に着地した。

1966年、イスラエルとシリアのすでに不安定な関係は、さらに悪化していた。7月14日、国境を越えたシリア側破壊工作員の攻撃によってイスラエル人2名が殺されたことへの報復の意味もあり、イスラエルの参謀総長は、イスラエル空軍機によるガリラヤ湖近くのシリアの建設プロジェクトへの攻撃を認めた。

「11：00時、4機のシュペルミステールに護衛されたミステールIVA 4機が、シリアのプラントをロケット弾と機関砲で攻撃し、大きな被害を与えた。彼らが目標地域から飛び去ろうとしたとき、太陽方向から急降下してきた4機のシリアのMiG-17に攻撃され、1機のミステールが射撃を受け、軽い損傷をこうむった」

『……シリア機の1機が、哨戒艇の持つたった1門の20mm機関砲弾の流れにつかまり、湖上に墜落した』

「MiGはただちにシュペルミステール護衛機から反撃を受け、ガリラヤ湖上空での空中戦に発展した。継続時間は3分足らずで、撃たれたMiG1機のパイロットは脱出し、その他の機は戦いを止めて自分の基地へと戻っていった」

機関砲の戦い

1ヵ月後の1966年8月15日、ガリラヤ湖は再びイスラエルとシリアの衝突の舞台となった。夜明け少し前、1隻のイスラエル哨戒艇が東部湖岸近くの砂州に乗り上げた。夜明けとともにシリアが船に向かって小火器攻撃を開始し、2名の船員を負傷させた。その後まもなく湖上空にあらわれた2機のMiG-17が、船に向かって数度の機銃掃射を行い、さらなる損害を与えたが、シリア機の1機が、哨戒艇の持つたった1門の20mm機関砲弾の流れにつかまり、湖上に墜落した。2機目のMiGが、再度の攻撃をするために方向転換をした。パイロットは船を狙っていたために、背後から降下してくるミステールに気づきもしなかった。MiGは30mm砲の弾でずたずたにされ、爆発した。

その年の終わりごろ、エジプト機はネゲブ砂漠上空でますます盛んに活動をするようになっていた。

イスラエルの報告書にはこう書いてある。「11月29日の朝、ミカエル大尉率いる2機のミステールIVA迎撃機がネゲブ砂漠の南端上空を高度7620mで哨戒飛行していたとき、イスラエル領空に向かっているエジプトのMiG-17を2機発見した。ミステールのパイロットは攻撃に好ましい位置に移動し、それから背後から距離をつめた。MiGは2機とも、機関砲の射撃で撃墜された」

そのころイスラエルのミステールは、性能の上回る超音速MiG-21に遭遇する機会がますます増加していた。しかしイスラエルは、すでに強力な超音速戦闘機を所有していた——ダッソー・ミラージュIIIだ。この機は1967年6月の6日間戦争として知られる大きな攻撃で、イスラエル国境周辺への脅威を排除するさいに主役をつとめたのだ。

アブロ・バルカン

アブロ・バルカンは、イギリス空軍の3V爆撃機（バルカン、ビクター、バリアント）のなかで最も独特であり、爆撃任務に最も長期間就いていた機でもあった。1947年の仕様に基づいて開発され、プロトタイプが1952年8月に初飛行したが、最初の訓練部隊に生産型のバルカンB.Mk1が配備されたのは1957年になってからであった。翌年には改良型主翼のB.Mk2が飛び、1956年以降は多くの機がブルースチール・スタンドオフ・ミサイルを搭載できるようになった。ミサイルでない場合は、バルカンは爆弾倉に自由落下核兵器、もしくは1000ポンド（454kg）爆弾を最大21発搭載することができた。三角翼は低空でのなめらかな飛行を可能にし、疲労のために早期退役を余儀なくされた従来型主翼のヴィッカース・バリアントよりストレスに強い傾向があった。

バルカンに引退が近づいてきていた1982年、フォークランド紛争が起き、同機にとっては唯一の実戦ミッションを経験することになった。南大西洋のアセンション島から離陸したバルカンは、フォークランド諸島のアルゼンチン軍に対して5回の爆撃（ブラック・バック作戦）を行った。この作戦は当時、史上最も長距離の爆撃作戦だった。

イギリス空軍　第101飛行隊
1982年　アセンション島　ワイドアウェイク飛行場

バルカンB.2 XM597は1963年に第12飛行隊に最初に配備され、その後第35、第50、第9、第101飛行隊にも順次所属することになった。フォークランド紛争中は、AGM–45Aシュライク対レーダーミサイル4発を翼下パイロンに搭載できるように改造され、ポートスタンリー飛行場周辺のアルゼンチンのレーダー攻撃任務を2回行った。1982年6月2日から3日の夜、バルカンは2発のシュライクでスカイガード・レーダーを1基破壊したが、ビクター給油機に連結する給油用プローブを破損してしまった。アセンション島に戻る充分な燃料のないXM597は、リオデジャネイロへと方向転換した。ほんのわずかの燃料を残し、ミサイル1発を搭載したまま第三国に着陸したことは、外交問題を引き起こした。パイロットのニール・マクドゥーガル少佐は、この作戦の功績により空軍殊勲十字賞を贈られた。

Avro Vulcan B.mk2A

機種：戦略爆撃機
乗員：5名
動力装置：ブリストル・オリンパス201ターボジェットエンジン　推力7710kg × 4
性能：最高速度1038km/h　実用上昇限度19810m　航続距離7400km
外寸：翼幅38.83m　全長32.15m　全高7.94m
全備重量：92534kg
兵装：核兵器ブルーダニューブもしくはイエローサン、454kg爆弾 × 21（最大）

ツポレフ Tu-16 〝バジャー〟

　NATO コードネーム〝バジャー〟を与えられたツポレフ Tu-16 爆撃機は 1952 年に初飛行し、生産は 1953 年に開始された。最初の生産型となったバジャーAは、ソ連名 Tu-16A で、航空機投下型核兵器を搭載できるモデルだった。

　次の大きな改良型は Tu-16KS-1 バジャーB で、この機はバジャーAと似ているが、当初は KS1 コメット III（NATO コード名：AS1 ケンネル）対艦船ミサイルを搭載でき、爆弾倉後方に格納式レーダードームがあった。Tu-16K-10 バジャーCは、胴体下に K-10（同：AS-2 キッパー）空対地ミサイルを搭載する対艦船攻撃型だった。Tu-16K-26 バジャーC Mod は Tu-16K-10 の転換型で、胴体中心線上に搭載された K-10 の代わり、もしくは追加として、主翼下に小型の K-26（同：AS-6 キングフィッシュ）空対地ミサイルを装備していた。

　Tu-16R バジャーD は洋上哨戒のためにバジャーCを改造したモデル。またバジャーEは基本的にバジャーAの偵察機改造型で、爆弾倉内に偵察カメラ一式を搭載していた。バジャーGは AS-5 ケルトもしくは AS-6 キングフィッシュ空対地ミサイルで武装した対艦船攻撃型となる。バジャーJはAからIの周波数帯でのレーダージャミング装置を備えた電子妨害機、バジャーLは、バジャー電子情報収集機の長い歴史の最後となる派生型の1つだった。

　バジャー数機は空中給油機に改造され、1990 年代までその任務についていた。Tu-16 は 2000 機以上が製造されたと考えられており、中国でもシーアン H-6 としてライセンス生産が行われている。

**北方艦隊　第 967 長距離空中哨戒連隊
1960 年代　ムルマンスク海軍基地**

イラストのツポレフ Tu-16 バジャーC Mod は、ソ連の第 967 長距離空中哨戒連隊の所属機で、左翼に AS-6 キングフィッシュ空対地（艦）ミサイルを搭載している。

Tupolev Tu-16 'Badger'

機種：戦略爆撃機／洋上哨戒・攻撃機
乗員：7名
動力装置：ミクリン RD-3M ターボジェットエンジン　推力 9500kg × 2
性能：最高速度 960km/h　実用上昇限度 15000m　航続距離 4800km
外寸：翼幅 32.99m　全長 34.80m　全高 10.36m
全備重量：75800kg
兵装：胴体後部下面と尾部のターレットにレーダー照準式 23mm 機関砲 × 4

アブロ・バルカン
vs
ツポレフ Tu–16 〝バジャー〟

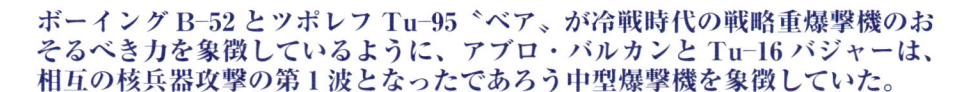

ボーイング B–52 とツポレフ Tu–95 〝ベア〟が冷戦時代の戦略重爆撃機のおそるべき力を象徴しているように、アブロ・バルカンと Tu–16 バジャーは、相互の核兵器攻撃の第 1 波となったであろう中型爆撃機を象徴していた。

Tu–16 のプロトタイプとバルカンは、初飛行では数ヵ月しか離れていない。Tu–16 は 1952 年 4 月で、アブロの三角翼爆撃機は同年の 8 月だった。Tu–16 は 1955 年なかばまではソ連の核攻撃部隊の 1 番手であり、この年には航空機による核攻撃を含む数々の演習に参加していた。このような背景のなか、ついに重大な 2 つの爆発実験が同じ 11 月に行われた。1 つは 11 月 6 日の、Tu–16 やその他のソ連のジェット爆撃機の爆弾倉に搭載できるように小型化され、215 キロトン（TNT 換算）の威力を持つ熱核爆弾（水爆）実験であり、もう 1 つは 11 月 22 日に高度数千メートル上空で行われたソ連初の巨大爆発力（1.6 メガトン）を持つ水爆の実験であった。

つまり 1955 年の終わりには、ソ連は効果的な核攻撃力を持ち、核兵器を実用配備しようとしていたのだ。イギリスでは、イギリスの原子爆弾〝ブルーダニューブ〟を搭載した、イギリス空軍初のいわゆる V 爆撃機であるヴィッカース・バリアントが、まさに実戦配備されようとしているところで、同じ頃バジャーは西側にとっての脅威であり続けていた。

『1955 年の終わりには、ソ連は効果的な核攻撃力を持ち、核兵器を配備しようとしていた。最初のバルカン飛行隊が実戦配備されるのは、さらに 2 年後だった』

スタンドオフ・ミサイル発射のために設計されたバルカン B.Mk2 型が完全な実戦能力を身につけるまでに、V ボマー（爆撃機）部隊はすでに何年もの経験をつんでいた。その実戦技術は、ヴィッカース・バリアントが先鞭をつけたものだ。1963 年までに V 爆撃機部隊はきわめて効率的な組織になっており、核攻撃の中核となる〝セレクトスター〟という熟練したクルーのグループが作られていた。このセレクトスターとは V 爆撃機部隊要員の最高の等級で、その他は〝コンバット〟と〝セレクト〟と呼ばれていた。

このような専門技術には QRA（Quick Reaction Alert＝即応警戒体勢）のコンセプトが反映され、V 爆撃機が 90 秒で〝緊急発進〟できる能力へと具体化していた。搭乗員たちは、週に 1 度とさらに 3 週間ごとに 1 回という割合で、QRA 任務に割り当てられていた。ほとんどの場合、QRA 当番と

グロッシー・ホワイトの対核閃光防護塗料に塗られたバルカン B.Mk2。カナダにおける演習に参加したときに撮影されたもの。

アメリカ空母キティ・ホークから発進した海軍機が1963年に撮影した、太平洋上のツポレフTu-16バジャー。冷戦時代、バジャーは頻繁に米海軍艦艇の周辺上空に飛来した。

なった搭乗員は、爆撃機軍団作戦室の爆撃管理者と直接つながっている〝ボマー・ボックス〟という特殊な通信システム（テレトーク）の横で、本を読んだりトランプで遊んだりして待機していたのである。

15分の即応体勢

即応態勢、もしくは警戒待機演習のために召集された搭乗員は、作戦航空団（一定期間基地に戻らなくても滞在できる備えがある）の指揮下に入り、警戒内容の説明を受ける。各搭乗員は通常の飛行前ブリーフィングを受け、さらに全員が専門家のブリーフィングを受けることになる。例えば航空電子士官（AEO）は、航空団AEOのブリーフィングを受ける。それから搭乗員たちは、航空機が厳しい要求基準に合格して戦闘準備が整うまで待機する。準備が完了すると、搭乗員たちは航空機へ行って決められたチェックを行う。そして、コックピットのドアが閉められると、搭乗員以外はもうだれもなかには入れない。

『1960年代初期にバルカンがシンガポールに派遣されたとき、バルカンとTu-16が極東で対峙した』

バルカンの元AEOは次のように語っている。

「それから搭乗員たちは、警戒警報を待ちかまえる。警報は、クラクション（ブザー）かスピーカーの放送のどちらかだ。最初の警報で〝レディネス・ワン・ファイブ（即応態勢15分）〟になるとドアの閉まったコックピットにとどまり、地上要員は機の横に立つ。機内の爆撃機搭乗員は〝ボマー・ボックス〟で作戦室とつながっている。テレトークを通じて、搭乗員はほかの部隊に分散指示が出されているのを聞くことができる。通常は一定のパターンがあって、即応態勢5分から即応態勢2分になり、それから緊急発進になる。エンジンはレディネス・ゼロ・ツーで始動したが、のちに同時始動技術（マス・ラピッド・スタート）が発達すると、同時に4基のエンジンを始動させることが可能になった。

緊急発進命令が出されると、パイロットはマス・ラピッド・スタート・ボタンを押すだけでよく、後はすべてが自動的に行われる。エンジンがうなり、機は滑走路に角度を合わせた作戦待機機場から離れ、滑走路へと進み、推力を上げる。バルカンのコックピットには、核の閃光への防御シールドがほどこされていた。離陸と初期上昇のあいだは、前方視界用の風防パネルだけが露出している。出撃作戦の残りの時間は、コックピットすべてが真っ暗になり、レーダーで飛行する。このとき、V部隊が低空侵攻任務を命じられていると、ボマークルーの作業は細心の注意を要する厳しいものとなる。地形追随レーダーの継続的な使用による盲目飛行は、2人のパイロットに高いレベルの集中力を要求するのだ」

1960年代初期にイギリス空軍のバルカンがシンガポールに派遣されたとき、バルカンとTu-16が極東で対峙した。バルカンはもうひとつのV爆撃機であるハンドレページ・ビクターとともに、当時マレーシアと対立関係にあったインドネシア空軍のTu-16による脅威に対抗したのである。

🇬🇧 イングリッシュ・エレクトリック・キャンベラ

最初の写真偵察型（PR）キャンベラには PR.3 と PR.7 があり、PR.7 には翼内に燃料タンクが追加され、より強力なエンジンが搭載されていた。PR.57 は Mk7 のインドへの輸出型で、12 機が供給された。PR.9 には、より幅広の翼弦を持つ内翼と拡張された外翼を持つ改良型主翼が採用されていた。新設計の機首セクションは、航法士が入れるように右側に開き、パイロットの風防は、B(I)8 の固定式とは違って開閉式となった。新しい機首の前端に F95 前方用カメラが取り付けられ、同じコンパートメントの後部には F95 斜角カメラがそなえられた。最大 1220mm の焦点距離のある 2 台の F96 カメラは、翼付け根前方に取り付けられていた。さらに最大 3 台の F96 カメラが後部胴体に搭載できた。赤外線ラインスキャンシステムが、飛行経路の下の地形を昼夜問わず調査することを可能にした。またオプションとして、電子光学式長距離斜角撮影センサー（EO-LOROP）が搭載可能で、画像をデジタルフォーマットで磁気テープに記録した。

PR.9 は 1958 年から 1962 年に、ベルファストのショーツ社で 23 機がライセンス生産された。第 39 飛行隊（写真偵察部隊 1 としても知られる）は、この型を 1962 年以来使用しており、多くの作戦任務を果たしている。そのなかには、1962 年のキューバのミサイル危機のさいのソ連の港湾監視や、1990 年代後半にコンゴでの難民移動追跡などがある。チリは、フォークランド紛争のあとでイギリス空軍が所有していた PR.9 を 2 機受け取ったが、紛争時に隣国アルゼンチンの基地を監視するために、イギリス空軍機がチリ軍のマークをつけて使用していたということも充分考えられる。

イギリス空軍　第 39 飛行隊（1PRU、写真偵察部隊 1）
1980 年代　ケンブリッジシャー州ワイトン基地

イギリス空軍は 1980 年代にキャンベラ兵力を大きく削減しており、多数廃棄された機のうちの 1 つが、イラストの XH174 だった。

English Electric (BAC) Canberra PR.9

機種：ジェット偵察機
乗員：2 名
動力装置：ロールスロイス RA24 エイヴォン Mk 26 ターボジェットエンジン　推力 5100kg × 2
性能：最高速度 900km/h　実用上昇限度 18288m　航続距離 8160km
外寸：翼幅 22.30m　全長 20.31m　全高 4.77m
全備重量：26080kg
兵装：なし

ボーイング RB-47
ストラトジェット

　1947年12月に初飛行したXB-47プロトタイプは、それまでのどの爆撃機とも違う革新的な設計であった。3名の搭乗員は戦闘機のような水滴型風防の下に縦に座り、主翼は非常に薄い後退翼のため飛行中に大きくしなった。これは高速での制御に問題を起こしかねなかった。翼端が地面に触れるのを防ぐために、小さなアウトリガーの車輪が外側エンジンの下に取り付けられていた。

　主要生産型のB-47Eは、すべての型の総生産数2032機のうち1300機以上を占めていた。B-47は爆撃機としては戦闘に参加していないが、特殊偵察型とエリント（電子情報収集）型はソ連周辺で活動し、数機がソ連戦闘機に撃墜されている。RB-47Hは、B-47Eの電子偵察と対電子戦型だ。爆弾倉の与圧区画に乗っている3名の〝カラス〟（Crow）と呼ばれた電子操作員は、レーダー信号の場所を特定して分析するスペシャリストであった。もし戦時となった場合には、レーダー送信機を妨害してあざむく装置も搭載されていた。RB-47Hには爆撃能力はなかったが、自衛のために遠隔操作の尾部砲座に20mm機関砲が2門据え付けてあった。

アメリカ空軍　戦略航空軍団　第55戦略偵察航空団　第338戦略偵察飛行隊
1962年　カンザス州フォーブス空軍基地

　35機製造されたうちの最初のRB-47Hは、1955年8月に第55戦略偵察航空団に配備された。イラストのRB-47Hが所属していた第338戦略偵察飛行隊は、特に1962年のキューバ危機のときに活発に活動した。第338戦略偵察飛行隊は、現在はネブラスカ州オファット空軍基地を本拠とする第55航空団の搭乗員訓練飛行隊（338CTS）として活動している。

Boeing RB-47H

機種：戦略偵察機
乗員：6名
動力装置：ゼネラルエレクトリック J47-GE-25 ターボジェットエンジン　推力3270kg×6
性能：最高速度975km/h　実用上昇限度12345m　航続距離6440km
外寸：翼幅35.36m　全長33.48m　全高8.50m
全備重量：36630kg
兵装：350発の20mm機関砲×2

イングリッシュ・エレクトリック・キャンベラ
vs
ボーイング RB-47

冷戦が頂点に達し、悪名高いロッキード U-2 とその功績が紙面をにぎわせていたころ、その他の偵察機は黙々とそれぞれの仕事を続けていた。

　西側諸国が主として使っていた偵察機は、イングリッシュ・エレクトリック・キャンベラとボーイング RB-47 ストラトジェットだった。最後のキャンベラ写真偵察改良型である PR.9 は RB-47 よりはるかに長命で、最後の実機が引退したのは 2006 年だった。

　キャンベラ PR.9 は U-2 と同じ高度にまで達することができなかったし、性能は予期されたほど高くはなかったものの、それでもなお優れた性能を持つ印象的な航空機だった。ロールスロイス・エイヴォン Mk 206 エンジンは 1 万 5000m までは良好な上昇率を与えたが、その高度を超えると急速に力が落ち、さらなる試験によれば、新しい翼の中央部分が引き起こした抗力が、増加したエンジン推力の余裕を事実上打ち消していることが判明した。1956 年 9 月 18 日、イングリッシュ・エレクトリックの主任テストパイロット、ローランド・ビーモントが PR.9 で 1 万 8000m まで達したが、航空機はそれ以上の高度には上昇せず、さらにはその高度に達するまでに大量の燃料を消費していた。

『偵察任務遂行中のイギリスとアメリカの写真偵察機は、常に敵戦闘機に迎撃される危険にさらされており、ときには命に関わる結果に到ることもあった』

　イギリス空軍ワイトン基地の第 58 飛行隊は、1960 年 7 月までには PR.9 を 6 機所有し、集中的な飛行ができる時期を迎えていた。搭乗員は PR.9 に、それも特に上昇性能に感銘を受けた。2 分 30 秒で 9100m まで達することができたのだ。高々度飛行任務では、部分与圧ヘルメットとフライトベストを使用しなければならず、搭乗員たちは、アップウッドのイギリス空軍航空医学センターで高々度飛行の理論と人間の肉体への影響についての授業を受け、そこで高々度での減圧のシミュレーションを受けなければならなかった。第 58 飛行隊が行った訓練飛行の大半は 1 機のみで行われ、エル・アデムやキプロス、ナイロビ、ペルシャ湾に向かう〝ローン・レンジャー〟ソーティー、あるいはノルウェーに向かう〝ポーラー・ベア〟ソーティーだった。また、ドイツで連合軍第 2 戦術航空軍が行動している地域への出撃も頻繁に行われた。

　通常では、キャンベラはドイツ沿岸北まで高々度を飛行し、その後は認められた 2 ATAF 低空ルートへと降下し、ドイツの飛行場に着陸する。ドイツからイギリスへの帰路も同様の手順で、キャンベラは高々

イングリッシュ・エレクトリック（BAC）・キャンベラ PR.9 は、イギリス空軍に非常に役立つ写真偵察システムを提供した。胴体とエンジンナセルのあいだの拡大された翼面に注目されたい。

English Electric Canberra vs Boeing RB-47 Stratjet

RB-47搭乗員は、偵察任務を遂行するときに大きな危険をおかすことがあった。スレンダーな姿のこの機は、写真偵察型のRB-47Eである。

度を飛行し、その後はイギリスの低空ルートを利用するために降下する。ノルウェーのボドやアンドーヤから作戦行動を取るキャンベラは、時には北極圏に入り込むこともあった。1960年の長い任務では、アイスランドの北北東800kmにあるヤンマイエン島上空を侵犯している。

偵察任務遂行中のイギリスとアメリカの写真偵察機は、常に敵戦闘機に迎撃される危険にさらされており、ときには命に関わる結果に到ることもあった。

バレンツ海の任務

1960年7月1日に第343偵察飛行隊のRB-47Hの1機が、バレンツ海上空での任務のためにオックスフォードシャーのブライズ・ノートン基地から離陸した。この任務で特に重要だったのは、コラ半島のソ連海軍施設とノバヤゼムリャの核実験施設だった。RB-47Hにはウィリアム（ビル）・パーム大尉（機長）、ブルース・オルムステッド中尉（パイロット）、ジョン・マッコーン中尉（航法士）と、3名の信号専門家であるユージーン・ポーザ大尉、ディーン・フィリップス中尉、オスカー・ゴフォース中尉の、乗員6名が搭乗していた。

RB-47Hが目標地域に接近しているとき、ソ連のMiG-19戦闘機の迎撃を受けた。

『機長のビル・パームが「いったいぜんたい、あれはどこから来たんだ？」と言っているのが聞こえた。その通りで、不意打ちだった。右翼の先に戦闘機がいた』

マッコーンは次のように回想する。

「反転地点まであと2分だった。私は機長に『OK、ビル。左旋回をしよう』と言った。すでに機長に取るべき方位は伝えていた。左旋回をはじめたとき、インターコムからパイロットの声が聞こえた。『チェック、チェック、チェック、右翼』。機長のビル・パームが『いったいぜんたい、あれはどこから来たんだ？』と言っているのが聞こえた。その通りで、不意打ちだった。右翼の先に戦闘機がいた」

このとき、オルムステッドが1機だけのMiG-19を再び見た。

「すでに1度見ていた。しばらく見ていると、MiGは姿を消した。それから、まったく突然に、そのMiGが右翼側にあらわれた。そして、うしろに回って撃ちはじめた！」

MiG-19の機関砲の弾でRB-47のエンジン2基が止まり、機は水平きりもみに陥った。

マッコーンは回想する。

「2度目の連射を覚えている。そして、自分の座っているまわりにいくつかの穴が開くのが見えた。場所は機首部分で、穴はほぼ機関砲の弾の大きさだった。それから、機長が『脱出、脱出、脱出』と言うのが聞こえ、警報が鳴り、脱出を指示する赤い警告ランプがついた。背後では2回の爆発音がした。風防が飛び、射出座席が作動したようだった。私は、そこから逃げるべきときだと考えた。そして脱出した」

オルムステッドとマッコーンはソ連軍によって海から引き上げられ、尋問のためにモスクワへ連行された。彼らが最終的に本国に送還されたのは、1961年1月のことだ。生存者は彼ら2人だけだった。

AIRCRAFT OF THE VIETNAM ERA 1964-74

1964年から74年までの10年間、世界の目はベトナム戦争に注がれていた。そこでは、ありったけの兵器テクノロジーを駆使したアメリカ軍が、屈服を潔しとしないしぶといゲリラ軍と戦っていた。この戦争は、B-52ストラトフォートレスの通常の爆撃任務での驚異的な破壊力を証明したが、その一方で、対空兵器が密集する地域での作

F4ファントムⅡはベトナム戦争時代の主力多用途戦闘機だった。通常の武装は空対空ミサイル4〜8発、ほぼ6000kgの爆弾などだったが、後に20mmバルカン砲が加わる。

第4章
ベトナム戦争時代の航空機
1964年－75年

戦行動では、地対空ミサイルへの脆弱性をさらけだした。

ベトナム戦争では、防衛堅固な北ベトナムを攻撃したアメリカ空軍と海軍、海兵隊航空隊が、驚くほどの損失をこうむった。そこではF-4ファントムがMiG-17やMiG-21と戦い、アメリカ軍パイロットは、きわめて有能で熟達した敵との戦いの渦中に放り込まれたのであった。

アメリカは2400機のジェット機を失い、そのうち1800機は敵の攻撃（主として対空火器）によるものだった。この総数に、4500機のヘリコプターの損失も加えなければならない。そしてその半数は事故で失われたものだ。

ベトナム戦争から、戦闘についての教訓が生まれた。西側も東側も、その教訓をすぐに認識して吸収した。大きな教訓の1つは、地上部隊には重装甲で重武装の攻撃専門機の支援が必要だということであった。アメリカとソ連は、迅速にこの種の航空機の開発を進め、そこで生まれたのがアメリカのフェアチャイルドA-10サンダーボルトⅡと、ソ連のスホーイSu-25〝フロッグフット〟だ。両機とも20世紀後半の限定戦争で多くの戦闘に参加し、どちらも立派な結果を残した。

ベトナム戦争は、グラマンA-6イントルーダーやその派生型のような、最新の兵器システムの性能試験場だった。最先端の防空システムに探知されずに侵入して目標に到達し、高精度で爆弾を投下する航空機だ。

ベトナム戦争のころは、軍用航空の世界にとって変化の時代だった。その10年で、ジェット軍用機は性能や操縦性、武器だけでなく、その運用面で劇的な変化をとげている。東南アジアで学んだ教訓から、航空戦の戦術開発や訓練を強化する緊急の必要性が認識され、ネバダ州ネリス空軍基地でのレッドフラッグ演習や、フロリダ州ミラマー基地でのアメリカ海軍の〝トップガン〟空中戦訓練校が設置された。これから先は、戦闘機パイロットが過去の戦術で交戦することはないだろうし、潜在的な敵国の防空力を過小評価することもないだろう。航空戦の革命は、まさにイラクその他の問題に直面する1990年代にちょうど間に合うように起こったのである。

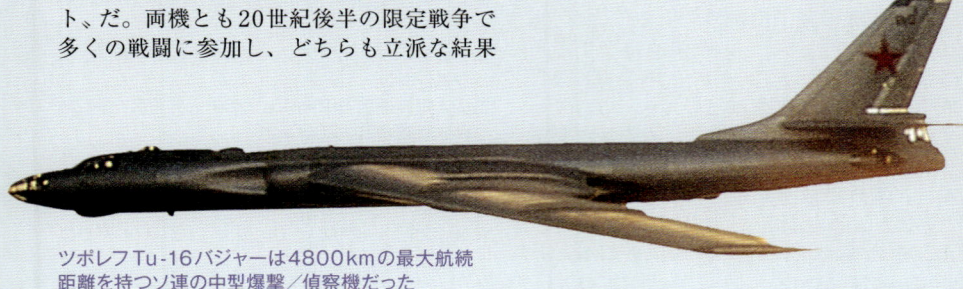

ツポレフTu-16バジャーは4800kmの最大航続距離を持つソ連の中型爆撃／偵察機だった

ツポレフ Tu-95/Tu-142 〝ベア〟

　NATOコードネーム〝ベア〟を与えられたツポレフTu-95のプロトタイプは、1952年11月12日に初飛行した。この機は1957年にソ連戦略空軍（ダールナヤ・アビアツィア）に配備され、初期の機はソ連の核兵器試験で主要な役割を果たしている。

　最初のモデルはツポレフTu-95Mベア A自由落下核兵器爆撃機であり、そのあとにつづいたのは1961年に登場したTu-95K-20で、機首下に大型レーダードームを装備し、Kh-20（AS-3カンガルー）巡航ミサイルを搭載した艦船攻撃偵察型だった。Tu-95KDもこれに似ているが、空中給油用プローブが追加されていた。Tu-95K-20/KDの近代化改修型と考えられるTu-95KMベアCは、電子装備強化型のミサイル搭載機、Tu-95MRベアDはミサイル非搭載の電子偵察型である。またTu-95MRベアEは新しい戦略偵察型で電子情報収集（ELINT）、電子妨害（ECM）能力がともに強化されていた。ベアFは、アメリカの原潜に対抗するための新たな電子機器を備えた改良型で、本型とその後の機は、機体の空力、構造が改良されたためTu-142という新たな型式名を与えられた。その後の機には、ベアFを基本とした超長波（VLF）通信中継用のTu-142MRベアJがある。ベアJの任務は、胴体下の容器におさめられている長さ8kmアンテナを使って、潜航中のソ連潜水艦との通信連絡手段を確保することだった。Tu-142はインド海軍に8機供給されている。

第206ソ連海軍航空師団　第135長距離対潜水艦（ASW）連隊
1985年　ヴォルゴスカヤ

　ムルマンスクに本拠を置く第206ソ連海軍航空師団は、長距離洋上哨戒と対潜水艦作戦を任務としていた。イラストのTu-142MベアF Mod2は、1975年に初飛行した長距離ASWモデルで、低騒音化された潜水艦に対応した電子装備とソナーシステムを搭載していた。

Tupolev Tu-95/Tu-142 'Bear'

機種：戦略爆撃機／洋上戦闘用航空機
乗員：10名
動力装置：クズネツォフNK-12MVターボプロップエンジン　15000shp×4
性能：最高速度805km/h　実用上昇限度13400m　航続距離12550km
外寸：翼幅48.50m　全長47.50m　全高11.78m
全備重量：154000kg
兵装：23mm機関砲×6、最大11340kgまでの兵装搭載

ボーイング B-52
ストラトフォートレス

寿命の長いストラトフォートレス爆撃機の中にあって、B-52G型が作られた目的は、B-58ハスラーのトラブルが解決されるまでの中継ぎとするためであった。1956年に開発がはじまり、193機生産されたB-52Gの初号機は1958年10月に完成した。先行機のB-52Fと同じエンジンだったが、機体構造はより軽量で、垂直安定板は短縮された設計となった。尾砲の銃手の位置は後部胴体から中央前方キャビンの座席へと変わり、銃手はレーダーを使用するか、または全自動で射撃を行った。より大型の内部燃料タンクが設置されて翼端増槽が小型化されたほか、エルロンが廃止され、横操縦はスポイラーだけで（F型までは両方を使った）行われる方式となった。さらに、AGM-28ハウンドドッグ・ミサイル2基を搭載できる能力が製造中に追加され、のちにはAGM-69A短距離攻撃ミサイル（SRAM）4基を搭載できるようになった。B-52Gは核爆撃機とミサイル発射機として開発されたが、戦闘に参加したのは従来型の〝まぬけな〟爆弾（非誘導型爆弾を指す）を投下する爆撃機としてだった。1972年4月に28機（最終的には98機となる）のB-52Gが、北ベトナムでの戦闘でB-52DとFを支援するためにグアムへ送られた。Gの大半にはより高度なECM（電子妨害）装置がそなえられていたが、外部に爆弾を搭載できず、全般的には従来型爆撃機として使うにはあまり効率的ではなかった。

膠着状態の和平交渉を進展させるため、アメリカは1972年12月にラインバッカー作戦IIを開始した。〝11日戦争〟と言われるこの作戦で、B-52は厳重に防衛されたハノイ周辺の目標を猛爆撃している。B-52はこの作戦のあいだに730回近く出撃し、1万5000トン以上の爆弾を投下した。そしてこの間に15機のB-52が失われたが、そのうち6機がB-52Gで、全て地対空ミサイルに撃墜され、他の1機が損傷を受けた。

アメリカ空軍　戦略航空軍団　第72戦略航空団（臨時）
1972年　グアム　アンダーセン空軍基地

B-52Gは銀色無塗装の状態で生産され、下面だけ核爆発の閃光を反射するためのホワイト塗装が施されていたが、ベトナム戦争参戦時には、SEA（東南アジア）カモフラージュと呼ばれるグリーン2色とタンをまだらに配した迷彩塗装に身を包んでいた。

Boeing B-52 Stratofortress

機種：戦略爆撃機
乗員：5名
動力装置：プラット＆ホイットニーJ57-P-43WBターボジェットエンジン　推力6240kg×8
性能：最高速度1024km/h　実用上昇限度14330m　フェリー航続距離12840km
外寸：翼幅56.4m　全長48.0m　全高12.4m
重量：137275kg
兵装：尾部に12.7mmブローニングM3機関銃（600発）×4、最大22680kgの爆弾搭載

Tu-95/Tu-142 〝ベア〟
vs
B-52 ストラトフォートレス

ベアの長期的な成功の鍵は動力装置にあった。NK-12 ターボプロップエンジンは、クイビシェフに新たに設立されたニコライ・D・クズネツォフ・エンジン設計局によって、1947 年に開発が開始された。

もともとの NK-12 設計チームの多くはドイツ人で、ソ連で働くために第 2 次世界大戦終了時に強制的に連れてこられていた。巨大な NK-12 エンジンの設計は、シングルシャフトタイプで、可変式ガイドベーンとブローオフバルブのついた 14 段圧縮機を動かす 5 段タービン、タンデム同軸プロペラへとつながる複雑な動力伝達ギアボックスなどから構成されていた。巨大な AV-60 シリーズのプロペラは、各 4 枚の羽根のある前後 2 つのユニットから成っており、直径は 5.6m だった。各プロペラはそれぞれ独立しているが、いったんエンジンが始動すると、電子制御により一定の回転速度となるよう、プロペラピッチを維持していた。

『長寿という点から言えば、ベアはボーイングの長老である B-52 といい勝負だった』

エンジンとプロペラの組み合わせで飛ぶ航空機設計における重大な要素は、プロペラピッチの扱いであった。つまりプロペラ先端の回転スピードが音速に近づくと、推進力が急速に失われるという問題があったのだ。ベアが飛行しているとき、プロペラの羽根はまるでフェザリング（気流に並行）しているように見える。これは回転速度が遅いことを意味し、このことはブレードの先端が音速を超えることなく、ジェット機並みの速度で飛ぶことができるということを意味している。

アメリカの興味

アメリカ国防省がベアの能力をはじめて評価したとき、アメリカ人分析家は非常に大きなピッチでゆっくり回転するプロペラが有効だとはまったく信じず、この航空機の最大速度は 650km/h 程度だろうと推定した。

やがてソ連から解放されたドイツ人技術者が提供した NK-12 とプロペラの性能についての情報も無視され、分析家たちは、ソ連が多大の時間と労力をかけて開発したのは、1950 年代なかばに登場しはじめていた西側戦略ジェット爆撃機には太刀打ちできない、脆弱な航空機だったという分析結果に達した。

歴史は、彼らがいかに間違っていたかを証明している。長寿という点から言えば、ベアはボーイングの長老である B-52 といい勝負だったし、800km/h というジェット機

1994 年にフェアフォード空軍基地で行われた「インターナショナル・エア・タトゥー」でのソ連 Tu-142 ベア F。ベアはソ連に比類のない海上監視能力を与えた。

Tupolev Tu-95/Tu-142'Bear' vs Boeing B-52 Stratofortress

ボーイング B-52G はストラトフォートレスの最後から2番目の型だ。この航空機は翼のパイロンにハウンドドッグ空対地ミサイルを2発搭載可能だった。最後の B-52G は1960年後半に完成した。

に近い速度と、きわめて長い航続距離を有するため、海上哨戒の任務に最適だったことが、年月が経つにつれてはっきりと示されてきたのである。冷戦時代に、ベアはムルマンスクからキューバまでの無着陸長距離飛行を、空中給油なしで平然と行っていたことがしばしば確認されていたが、これに匹敵する航空機はほとんどなかったのだ。

B-52 の海上行動

Tu-95/142 とは違って、B-52 は爆撃機以外の専門任務のために改良型が開発されることはなかったが、二次的に洋上作戦機としての役割も担っていた。1964年1月15日、アメリカ空軍は戦略航空軍団（SAC）に、アメリカ本土の対潜水艦防衛の役割を担うように指示し、その年9月の試験中には、B-52 がフロリダ州エグリン空軍基地の航空実験場センターで8種類の爆雷を投下した。1965年3月と4月には、KC-135 給油機に支援された SAC の B-52 が、目視と写真による大々的な洋上捜索演習の一翼を担った。B-52 がこのような方法で使われたのは、この時がはじめてのことだった。

『ボーイングの大型爆撃機で常に思い起こされるのは、核抑止力としての役割であろう――そして近年では、アフガニスタンなどにおけるテロリストの拠点に対する、激しい高々度爆撃が知られることになった』

洋上演習はやがて、冷戦の最も危険な時期から1980年代まで、SAC の通常活動となった。たとえば1980年の3月12日から14日には、ミシガン州 K・I・ソーヤー空軍基地から飛び立った第410爆撃航空団の B-52H 2機が、カナダ、北大西洋、ヨーロッパ数ヵ国、地中海、インド洋、マラッカ海峡、南シナ海、北太平洋をめぐり、ソーヤー空軍基地に戻って来るという、42時間3万5816km の世界一周飛行を行っている。

SAC の飛行概要報告にはこう書かれている。「以前の世界一周任務とは違って、この飛行には、哨戒／監視活動が含まれており、インド洋に展開するアメリカ海軍艦隊との密接な協力関係をとることは SAC にとってますます重要になっている」

それまでで最大規模となる1983年3月の B-52 による機雷投下演習では、第43戦略航空団と、第2・第19爆撃航空団の B-52D と G が韓国沿岸に機雷を投下している。そしてこの3月に、B-52G 数機が AGM-84 ハープーン対艦ミサイルを搭載できるように改造されると、SAC の従来の海上哨戒と監視という任務に加えて、対艦船攻撃も二次的任務に含まれることになった。B-52 からの最初の発射試験は、1983年3月15日から28日に太平洋ミサイル試験センター（PMTC）で行われ、10月6日には第42爆撃航空団の B-52 が、制限付きながらハープーン運用の作戦能力を獲得した。

その後の冷戦時代のかなり長い期間、B-52 が海洋作戦能力を保持していたことは、あまり知られていない事実である。ともあれ、ボーイングの大型爆撃機で常に思い起こされるのは、核抑止力としての役割だろう――そして近年では、アフガニスタンなどにおけるテロリストの拠点に対する、激しい高々度爆撃が知られることになった。

グラマン A-6 イントルーダー

1960年4月にYA2F-1（1962年YA-6Aとなる）として初飛行したグラマンA-6イントルーダーは、1957年のアメリカ海軍の全天候攻撃機要求仕様に対して選定されたものだった。それまでの海軍ジェット攻撃機とは違って、比較的小型のこの機には2名しか搭乗せず、並列式のシート配置となっていた。すべての兵装が、内部の爆弾倉ではなく翼と胴体のパイロンに搭載され、球形の機首には、地形追随能力のある強力なノーデン多機能レーダーがおさめられていた。高度な航法／攻撃装置のおかげもあって、イントルーダーはレーダー探知を避けて低空を長く飛行したあと、夜や悪天候でも目標を攻撃することができた。

初期にはいくつかの問題があり、はじめは損失率が高かったものの、A-6はベトナムで最も効果的な夜間攻撃機となった。戦闘任務での損失を合計すると、アメリカ海軍は69機、アメリカ海兵隊は25機となるが、出撃回数から考えると比較的少ない数にとどまっているといえよう。

1969年、アメリカ海兵隊のA-4スカイホーク飛行隊だったVMA-121は、装備機をA-6Aイントルーダーへと変更し、第121海兵全天候攻撃飛行隊VMA（AW）-121として再編された。付け加えられた文字は、新たな全天候任務をあらわしている。〝グリーンナイツ〟はそれから20年間A-6を飛ばしていたが、1993年にホーネットの複座攻撃機型F/A-18Dへと使用機種を変更した。

イラストの機は、A-6Aとして造られたあとにA-6Eの仕様にアップグレードされた機の1つである。VMA（AW）-121は、TRAM（Target Recognition Attack Multi-sensor、目標識別攻撃マルチセンサー）システムがはじめて装備されたイントルーダー飛行隊だった。

Grumman A-6E Intruder

機種：全天候艦上攻撃機
乗員：2名
動力装置：プラット＆ホイットニーJ52-P-88ターボジェットエンジン　推力4220kg×2
性能：最高速度1297km/h　実用上昇限度12925m　航続距離1630km
外寸：翼幅16.15m　全長16.69m　全高4.93m
全備重量：27400kg
兵装：AGM-62ウォールアイ、AGM-84ハープーン、AGM-88 HARM、AGM-123スキッパーなどの精密誘導兵器や通常型爆弾など、外部搭載量8165kg

アメリカ海兵隊　第121海兵全天候攻撃飛行隊　〝グリーンナイツ〟
1980年代後半　サウスカロライナ州　海兵隊航空基地チェリー・ポイント

ブラックバーン（BAe）バッカニア

　ブラックバーン・バッカニアは、レーダー探知範囲より低空で核爆弾を積載し、侵攻飛行できる艦上攻撃機として、1950年代初期に設計された。プロトタイプはNA.39として1958年4月に初飛行し、その後イギリス海軍がバッカニアS.Mk1を50機発注した。1962年から78年まで、S.1と改装されたS.Mk 2はイギリス海軍の通常型空母から作戦を行っていた。イギリス空軍は1969年に海軍のバッカニア数機を引き取り、さらに数機を発注している。その大半は、ふくらんだ爆弾倉を持ち、マーテル誘導ミサイルを使用できるS.Mk 2Bだ。バッカニアはなめらかな低空飛行で名高く、1960年代と70年代最良の攻撃機の1つだった。イギリス海軍は、1978年に残りのバッカニアをすべて空軍に譲り渡した。唯一の輸出先となった南アフリカは、バッカニアS.Mk 50を15機購入し、アンゴラ上空での戦闘に投入した

**イギリス空軍　攻撃軍団　第12飛行隊
1980年代後半　ロッシーマス空軍基地**

　このXW530のバッカニアはイギリス空軍の発注で造られ、1991年の湾岸戦争に参加した12機のバッカニアのうちの1機である。現地では、ギネス・ガールとポーリーンとして知られていた。当初バッカニアはトーネードのレーザー誘導爆弾（LGB）の誘導を目的として湾岸に派遣されたが、後には自らLGB投下任務を実施した。イラストでTV誘導マーテル対艦ミサイルを発射している機は第12飛行隊所属で、この隊は1969年にバッカニア装備の洋上攻撃専任部隊として再編制されている。キツネの絵は、同隊が1930年代にフェアリー・フォックス爆撃機を使用していたころからのものだ。

　第12飛行隊はトーネードの海上攻撃型が登場する寸前の1993年10月に解隊され、これでイギリス空軍でのバッカニアの歴史も終わった。XW530はロッシーマス基地近くのエルギンにある、バッカニア・ペトロール・ステーションに保存されている。

Blackburn（BAe）Buccaneer

機種：洋上攻撃機
乗員：2名
動力装置：ロールスロイス RB.168-1A スペイ・ターボファンエンジン　推力 4990kg×2
性能：最高速度 1112km/h　実用上昇限度 12192m　航続距離 3701km
外寸：翼幅 13.41m　全長 19.33m　全高 4.95m
全備重量：25400kg
兵装：最大 7260kg までの爆弾、もしくはロケットポッド、あるいはマーテル、シーイーグル空対艦ミサイル、あるいは WE.177 核兵器2発

A-6 イントルーダー
vs
バッカニア

A-6 イントルーダーとバッカニアの初飛行には 2 年の差しかないが、装備については アメリカとイギリスの航空機には大きな相違があり、A-6 は高度なアビオニクス（航空電子装備）による、はるかに多くの恩恵を受けていた。

どちらの航空機も冷戦の最も危険な時代に重要な低空攻撃任務を担っていた攻撃機であり、さらにどちらも 20 世紀終わりの紛争の 1 つ、1991 年の湾岸戦争にも参加している。

A-6A イントルーダーはベトナム上空で大規模に活動し、アメリカの第 7 艦隊に強力な攻撃力を与えた。アメリカ軍はベトナム戦争ではじめて、高度なアビオニクス・ウェポンズシステムをそなえた航空機を持つことになったのだ。この機は内蔵式の全天候爆撃能力を持つ当時唯一の現用機であり、南ベトナムやラオス、堅固に防御された北ベトナムなどで、モンスーンの季節でも行動することができたのである。

A-6A イントルーダーは、アメリカ海兵隊の地上軍とともに共同作戦を行ったとき、夜間と全天候下での近接航空支援戦術に革命を起こしたことを実感させた。海兵隊の前線航空管制官（FAC）は、RABFAC として知られる小型のレーダー・ビーコンを配置していたが、このビーコンがあれば、FAC の正確な位置が A-6 のレーダースコープに映し出されるのだ。FAC は、ビーコンから目標までの方位と距離、さらにその 2 つ地点の高度差を A-6A に伝えることで、航法爆撃手がウェポンシステム・コンピューターにデータを入力し、悪天候でも夜間でも目標を正確に爆撃することができる。このような高い爆撃精度は、イントルーダー以外の機では（たとえばバッカニアがそうだが）広く晴れ渡った時に爆撃を行う以外に得ることができないものだった。

『ある時点では地対空ミサイルが 5 発向かってきていたが、どれも頭上で爆発した』

北ベトナムの敵地で、イントルーダーは高い価値のある目標を単独で攻撃し、また高度な攻撃アビオニクスを利用してほかの攻撃機を誘導した。特に困難だった任務のひとつとして、1967 年 10 月 30 日夜、VA-196 のイントルーダーがハノイの重要な鉄道のターゲットに攻撃をかけたときのことを記そう。搭乗員（チャールズ・B・ハンター少佐とライル・F・ブル大尉）は 16 発以上の地対空ミサイルだけでなく、恐るべき高射砲の集中砲火も回避しなければならなかった。ハンター少佐は主翼の下に 4000kg の爆弾を搭載したイントルーダーをバレルロール（円周に沿った横転）させ

1991 年の湾岸戦争で撮影されたグラマンの A-6E イントルーダー。イントルーダーの驚くべきウェポンシステムは、アメリカ海軍に夜間でも悪天候でも目標を低空攻撃できる能力を与えた。

Grumman A-6 Intruder vs Blackburn (BAe) Buccaneer

イギリス空軍第12飛行隊のブラックバーン(BAe)バッカニアS.2B。バッカニアは優秀な低空攻撃機で、低高度高速飛行できわめて高い安定性を誇っていた。

て、地対空ミサイルの最初の一斉発射を回避した。これはきわめて危険な操作で、機体の強度試験をやっているようなものだった。

少佐はバレルロールしながらも目標へのコースを保ちつづけたため、ブル中尉は攻撃パターンの計算をつづけることができた。そのころになると高射砲の砲火は田園地帯を照らすほどに激しくなっていたが、ハンター少佐はコースを維持して飛びつづけた。ある時は地対空ミサイルが、いち時に5発向かってきていたが、どれもはるか頭上で爆発した。コックピットはオレンジ色の光で満たされ、機体は震えた。このような激しい反撃にもかかわらず、ハンターとブルは正確に目標を爆撃し、母艦であるアメリカ空母コンステレーションに無事に帰還した。

対艦船バッカニア

ブラックバーン(後にBAe)バッカニアはイントルーダーのような高度なアビオニクスを備えていなかったが、ほぼ同じ任務を果たすように意図されており、その真価を対艦船攻撃の役目で発揮した。バッカニアの元航法士が、攻撃計画をどのように立てるかを説明している。

「敵活動のない広範囲の海なら、バッカニア洋上攻撃編隊はハイ・ロー・ハイ(高々度接近・低高度攻撃・高々度帰還)のプロファイルを使う。通常6機から8機のバッカニア編隊は、レーダーに探知されるのを防ぐため目標から390km地点で超低空飛行へと移行する。50kmまで接近すると、リーダー機だけが高度を上げ、航法士はバッカニアのブルーパロット・レーダーを2、3回スイープ(走査)させて目標の識別と位置確認を素早く行い、すぐにまた高度30mまで下降する。そしてリーダー機航法士は僚機に目標情報を伝達しなければならない。

我々が敵艦隊の対空火器の射程内に侵入した後は、バッカニアの持つ抜群の低空飛行性能を利用し、敵側レーダーの追尾と対空火器の照準を困難にさせるため、海面すれすれの超低空高速飛行とハイG(高荷重)機動をつづける。最初の攻撃は全機の機首方位を集中させ、4.8kmの距離からトス(投げ上げ)爆撃を行う。1000ポンド(454kg)爆弾の信管は高度18mで起爆するようセットされており、その目的は敵艦の射撃管制レーダーを破壊することと、ミサイルと対空火器操作員を無力化することだ」

『我々は、バッカニアの持つ抜群の低空飛行性能を利用し、敵側レーダーの追尾と対空火器の照準を困難にさせるため、海面すれすれの超低空高速飛行とハイG機動を続ける』

「そのあいだに攻撃隊は90度右側に旋回して目標にロールインし、それから低空ダイブか、超低空爆撃により、必殺の威力を秘めた4～6発の454kg爆弾を各機がそれぞれ投下する。僚機が直前に行った攻撃による破片を避けられるかどうかは、なによりもタイミングが肝心であった」

アエルマッキ MB-326

 いまだに多くの国で現役で使われているMB-326ジェット練習機は、ほぼ半世紀前の1957年12月にプロトタイプが初飛行している。最初の生産型は1962年はじめにイタリア空軍に納入されたが、〝マッキ〟が最も成功をおさめたのは輸出市場で、アルゼンチンやオーストラリア、ブラジル、ドバイ、ガーナ、パラグアイ、南アフリカ、チュニジア、ザイール、ザンビアに輸出されている。全ての型を合わせて約800機のMB-326が製造されたが、同機の基本設計は、やはり広く輸出された優秀機MB-339のベースとされている。MB-326の単座攻撃型はMB-326Kとして製造され、南アフリカのアトラス社がライセンス生産を行い、南ア空軍ではインパラという名前で採用した。

 ブラジルのエンブラエルがMB-326の製造ライセンスを取得し、T-26サバンテ(ブラジルのインディオ族の名前)の名で生産しており、自国空軍に166機、パラグアイに10機、トーゴに6機それぞれデリバリーしている。ブラジル製造の機体は、通常二次的な任務として軽攻撃にも使われるためAT-26としても知られている。また偵察カメラと給油プローブを持つ数機はRT-26と呼ばれている。

ブラジル空軍　航空訓練軍団　第5航空群　第2飛行隊
1980年代後半　ブラジル　ナタール空軍基地
このサバンテは、ブラジルの最東端のナタールにある、第5航空群第2飛行隊(2/5 Gav)に所属している。この飛行隊は〝ジョーカー〟というコールサインを使っており、ナタール本拠の2隊のうち1隊で、AT-26とその他の戦闘機パイロット養成のための訓練を行っている。兵器訓練課程では、サバンテはしばしばここに描かれているようにアブラス SBAT-70ロケットランチャーを搭載している。ほかの兵装オプションとしては最大6発の118kg爆弾、もしくは12.7mm機銃のガンポッドを搭載することもある。2/5 GAvは現在では、AT-26の代替機としてAT-29スーパー・ツカノを使用している。

Aermacchi (Embraer) EMB-326GB/AT-26 Xavante

機種：複座ジェット練習機／軽攻撃機
乗員：2名
動力装置：ロールスロイス・バイパー20 Mk 540ターボジェットエンジン　推力1550kg × 1
性能：最高速度867km/h　実用上昇限度11890m　航続距離2450km(増槽使用)
外寸：翼幅10.85m　全長10.67m　全高3.72m
全備重量：4210kg
兵装：最大1960kgの爆弾あるいはロケット弾、12.7mmガンポッド

BAC ストライクマスター

ニュージーランド空軍　第14飛行隊
1970年代　ニュージーランド　オハケア

イラストの機は、ニュージーランド空軍が1970年代に複座のヴァンパイアの代わりに、高等訓練やジェット機への転換、兵器訓練のために購入した16機のMk 88のうちの1機である。このとき、ニュージーランド空軍のパイロット訓練生のすべてが、実際に操縦するのがA-4やC-130、P-3、アンドーバー、UH-1であっても、訓練では〝ブランティ〟（丸っこい奴）を飛ばしていた。このNZ6376は1975年7月に納入され、北島中央のオハケアの第14飛行隊に配備された。
1980年代後半、ストライクマスターは疲労問題に悩まされ、アエルマッキMB-339と交替して、1993年までに徐々に姿を消していった。イラストのNZ6376は1992年12月17日にほかの3機との4機編隊で最後の展示飛行を行い、その後はウッドボーンにある第4技術訓練校で使用する教育用機材に転用された。

ブリティッシュ・エアラフト・コーポレーション（BAC）ストライクマスターの基本設計は、1950年のピストンエンジンのパーシバル・プロボスト練習機に行き着く。ハンティング・アビエーションが主翼と尾部を流用し、1954年にブリストル・シドレー（のちにロールスロイス）バイパー・エンジンを搭載したジェット練習機を作り上げた。ジェット機となったプロボストはイギリス空軍で最も数の多い練習機となり、その役目を1990年代まで果たしていた。後期の型は与圧式で、翼端に燃料タンクが取り付けられていた。

BACは1967年に〝JP〟MK 5の強化型であるストライクマスターを初飛行させたが、これは軽攻撃機と兵器訓練機として輸出市場をねらったものだ。より強力なバイパー・エンジンに換装し、主翼にハードポイントが追加されたストライクマスターは実用的な兵装積載量を持ち、100機以上がエクアドルやケニア、クウェート、ニュージーランド、オマーン、サウジアラビア、シンガポール、スーダン、南イエメンに売却された。その後、ボツワナが、クウェート空軍が使っていた機体を数機購入している。

BAC Strikemaster Mk88

機種：高等ジェット練習機／軽攻撃機
乗員：2名
動力装置：ロールスロイス・バイパー20 Mk 525ターボジェットエンジン　推力1550kg×1
性能：最高速度724km/h　実用上昇限度12190m　航続距離2224km
外寸：翼幅11.23m　全長10.36m　全高3.10m
全備重量：5216kg
兵装：最大1360kgの爆弾、ロケット弾、ガンポッドなど

アエルマッキ MB-326
vs
BAC ストライクマスター

MB-326 とストライクマスターのどちらも、生産国以外の空軍でかなりの運用実績を記録した。

インパラ Mk II として知られる南アフリカ空軍の単座 MB-326 は、第 4 および第 8 飛行隊が使用し、1978 年 8 月の隣国アンゴラへの越境作戦で地上軍支援のためにはじめて展開した。地形が平坦で特徴がない国境地帯では、インパラは小火器攻撃と携行型ミサイルの絶好の標的となるため、南アフリカ空軍のパイロットは超低空での武器投下に熟達していった。つまり、地上 15m をフルスロットルで駆け抜けながら投下を行うという攻撃手順が普通となったのである。

低空攻撃

高速の低空攻撃技術が新たな重要性を持ったのは、1980 年にアンゴラの反乱勢力（キューバの〝顧問〟に援助されていた）が、南アフリカ空軍機に対し、より発達したソ連製の武器を使って対抗し始めたからだった。携行型地対空ミサイルによって1980 年に 3 機のインパラ Mk II が撃墜され、3 名のパイロットすべてが失われた。2 名は脱出に成功したが、1 人は反乱軍に捕まって殺され、もう 1 人は射出のときの怪我がもとで死亡した。1983 年 12 月には 2 機のインパラに地対空ミサイルが命中したが、どちらもミサイルが爆発せず、なんとか彼らの飛行場に戻ることができた。

『戦闘による損失と事故による減少で、南アフリカ空軍のインパラフリートは次第に数を減らしていった』

1983 年 5 月、アフリカ国民会議によるプレトリアの南アフリカ空軍本部への車爆弾に対する報復として、インパラ Mk II はモザンビークにあるアフリカ国民会議基地を攻撃した。9 月にはインパラがソ連製ヘリコプター 6 機（ミル Mi-25 が 4 機、Mi-17 が 2 機）を機関砲で撃墜し、練習機改良型攻撃機が空対空で勝利を得た史上初の例となった。これらの任務が成功裏に終わったのは、航空機とヘリコプターの交戦技術に力点を置くという、南アフリカ空軍の訓練方針のたまものだった。

戦闘による損失と事故による減少で、南アフリカ空軍のインパラフリートは次第に数を減らしていき、さらに国境紛争が終結し、軍事費の再検討が行われた結果、航空部隊が大幅に縮小された。縮小のもう 1 つの理由は、南アフリカ陸軍の規模が大幅に削減されたため、もはや大量の近接航空支援用の機材の必要がなくなったからだった。

オマーンでのストライクマスター

BAC ストライクマスターは、オマーン王国空軍（SOAF）で長いあいだ実用に供されていた。同機は、イギリス空軍の要員

アエルマッキ MB-326 は簡素でわかりやすい設計だ。操縦するのが容易で、非常に運動性が高く、軽攻撃の任務に使うのにふさわしい機体だった。

Aermacchi MB-326 vs BAC Strikemaster

ジェット・プロボスト T.Mk.5 練習機から開発された BAC（現 BAe）ストライクマスターは、この写真の機が所属したクウェートなど、中東の小規模な空軍で素晴らしい働きをした。

が契約のもとに操縦していた。オマーンによるストライクマスター導入は、1965年にドファール地方でイエメンに支援されて起きた反乱に対応するためであった。状況は1967年にイギリスがアデンから撤退するとさらに悪化し、ドファール解放戦線（DLF）はオマーン国内のドファール地域に多くの拠点を設置した。

『SOAFのホーカー・ハンターとストライクマスターだけでなくIIAF F-4 ファントムの関与、さらにオマーンとイランの多数の攻撃／輸送ヘリコプターが、ドファールでの反乱を終わらせる決め手となった』

SOAFに派遣されていたイギリス軍要員たちは、彼らが国王を説得して発注させていた、4機のBAC 167 ストライクマスターMk82練習機兼軽攻撃機の開発に注目していた。これらの航空機の最初の1機が納入される前の1968年4月、全機をストライクマスターとする飛行隊をSOAFに設立する計画が開始され、その結果として注文数が12機まで増加した。

ストライクマスターは1971年2月に初の攻撃作戦を実施した。その任務は、SOAFの主要な空軍基地のあるサラーラの東地域を確保するために侵攻する地上軍（おもに空軍特殊部隊）を支援し、イエメンからの武器と物資の補給を断つことだった。またストライクマスターは、イエメン国内の砲兵陣地のいくつかを爆撃し、ロケット弾攻撃も行っている。

SOAFがはじめて損失をこうむったのは、1973年7月9日のことで、ストライクマスター1機が地上砲火によって撃墜され、イギリス人パイロットが死亡した。このころには、イラン帝国空軍（IIAF）はイエメンに対する軍事行動をはじめており、イランのF-4 ファントムが国境沿いに戦闘空中哨戒を行っていた。ファントムは爆撃作戦も数回にわたって行っており、ストライクマスターの負担を軽減させていた。

1975年、事態は新たに危険な方向へ進展した。8月9日、SOAFのストライクマスター1機がソ連製のSA-7 携行型地対空ミサイルに撃墜されたのだ。射出座席で安全に脱出したパイロットが地上へと舞い降りているあいだに、パイロット救出のために多くのヘリコプターに加えてストライクマスターが出動した。多数のSA-7に狙われたが、撃墜された機以外に損害はなく、イギリス人パイロットは無事に救助された。

SOAFのホーカー・ハンターとストライクマスターだけでなくIIAF F-4 ファントムの関与、さらにオマーンとイランの多数の攻撃／輸送ヘリコプターが、ドファールでの反乱を終わらせる決め手となった。これらの航空機がなければ、反乱勢力の補給ルートぞいにある孤立したオマーン軍前哨部隊は生き残ることができなかっただろう。前哨部隊は反乱勢力の弱体化に不可欠な存在だった。彼らは効率的に敵の供給ルートを断ち、守備を固めた陣地に正面攻撃をせざるをえない状態に反乱勢力を追い込み、優勢な火力の前に姿をさらさせるようにしたのだ。

1977年、ストライクマスターはSEPECATジャグァー攻撃機の最初の生産分と交代し、これでオマーン王国空軍は近代化の大きな一歩を記すことになる。

アントノフ An-26 〝カール〟

東ドイツ空軍　第24輸送飛行隊
1980年代　ドイツ民主共和国　ドレスデン・クロッチェ

イラストの機は An-26 の初期モデルで、1980年に東ドイツ空軍に引き渡された。同空軍は少なくとも12機の〝カール〟を運用していた。東ドイツは標準型の輸送機だけでなく、電子情報収集（ELINT）と航法援助施設点検（フライトチェック）のための特殊改造型も所有していた。ドイツ統一のあと、数機の An-26 がルフトバッフェ（ドイツ空軍）で使われていたが、やがて博物館に送られたり、ロシアの航空会社コミ・アヴィアに売却されたりした。1991年には、イラストの371はドイツ空軍の52+01となり、その後1993年にはコミ・アヴィアに売却されて民間記号RA-49264となった。この機は国連でUN-488として2年間働き、その後ロシアへ返却された。

1959年に完成したアントノフ An-24 は、もともとはアエロフロート航空のピストンエンジンのイリューシン Il-12 と Il-14 を代替する民間輸送機として設計されたが、やがて側面に貨物ドアをつけた軍用輸送機へと発展した。An-26（NATOコードネーム〝カール〟）は外観こそよく似ているが、実際には胴体が全くの新設計で、後部積み降ろし用ランプ付きカーゴドアと与圧貨物室を持つ機体だった。エンジンナセル尾部にある小型のターボジェット補助動力装置（APU）は、地上では電力を供給し、離陸時にはターボプロップ・メインエンジンの補助として使うこともできた。

この航空機はソ連とほとんどのワルシャワ条約国で使われ、20ヵ国以上の外国空軍に輸出された。これらの国の大半は An-26、もしくはウクライナで生産が続けられた後継機の An-32 〝クライン〟を今も使いつづけている。派生型の An-30 〝クランク〟は測量専用機として造られ、一段高いコックピットとガラス張り機首になっていた。A-26 は、いまだに中国でシーアン Y-7H-500 として製造されている。

Antonov An-26 'Curl'

機種：双発輸送機
乗員：5〜6名
動力装置：イフチェンコ AI-24VT ターボプロップエンジン　2820shp × 2
性能：最高速度 540km/h　実用上昇限度 7400m　航続距離 2550km
外寸：翼幅 29.20m　全長 23.80m　全高 8.58m
全備重量：24400kg
ペイロード：乗客40名あるいは貨物 5500kg

トランザール C-160

トランザール C-160 戦術輸送機は、フランスと西ドイツのジョイントベンチャーとして設計、生産された。トランザールという名前は特別に設立された資本合同体、Transporter Allianz（輸送機連合）の頭文字で、この組織は MBB やアエロスパシアル、VFW フォッカーなどの民間会社で構成されていた。プロトタイプは 1963 年 2 月 25 日に初飛行し、量産型生産は 4 年後に開始された。

主要なモデルとしては、開発試験用の生産前期型 C-160A（6 機）、ドイツ空軍向けの C-160D（90 機）、フランス空軍向けの C-160F（60 機）、トルコへの輸出機 C-160T（20 機）、南アフリカ向け輸出機 C-160Z（9 機）であった。第 2 シリーズの生産が決まったのは 1977 年で、フランスからの追加注文とトルコや南アフリカを含む他の国からの要求を受けたためだった。新しい型は C.160NG（Nouvelle Generation、新世代）と名づけられ、改良型のアビオニクスと、航続距離を伸ばすため燃料タンクを追加した強化型主翼、さらに空中給油用の受油プローブがそなえられていた。

第 2 世代のフランス空軍向けトランザール 6 機は、2 つの特別任務のために改造されている。2 機は電子情報収集（ELINT）と電子妨害（ECM）任務のための装備をほどこされ、4 機には超長波（VLF）送信機が搭載され、フランスの戦略海洋部隊の核潜水艦が浮上せずに通信できる長い垂下空中アンテナなどが装備されていた。このアンテナ装備機は ASTARTE（Avion Station Relais de Transmission Exceptionelles――特別通信中継航空機）として知られている。このシステムは、やがて地上の通信システムと交替することになる。

第 64 輸送飛行隊
1990 年代　フランス　エヴルー／ファヴィル

トランザール C-160 は、双発機ながら強力な R.R. タイン・ターボプロップを搭載しており、実質的に 4 発機の C-130 に近い輸送能力を持っている。

Transall C-160NG

機種：輸送機
乗員：4 名
動力装置：ロールスロイス・タイン RTy.20 Mk 22 ターボプロップエンジン　6100shp × 2
性能：最高速度 536km/h　実用上昇限度 8500 m　航続距離 4560km
外寸：翼幅 40m　全長 32.40m　全高 11.65m
全備重量：51000kg
ペイロード：兵員 93 名、空挺降下兵 68 名、担架 62 床

アントノフ An-26 〝カール〟
vs
トランザール C-160

NATO にとって、冷戦の最も警戒すべき 1 つの側面はワルシャワ条約軍の巨大な空輸能力であり、これは主として、何百機もの民間輸送機が短時間で軍事徴用できることにあった。

An-26 はこのような民間と軍用の両用機の好例である。これとは対照的に、トランザール C-160 はほとんどが軍用で、販売努力をしても民間機としては不成功に終わった航空機の実例である。

バルカン半島でのアントノフ

アントノフ An-26 は旧ユーゴスラビアでかなりの実戦に参加したが、この機がユーゴスラビア空軍で主要な輸送機型となったのは、第 2 次世界大戦終了時から使われていたダグラス C-47 と交替した 1976 年からのことだ。一時は 30 機が実戦配備されており、ニスに本拠を置く第 677 輸送飛行隊とザグレブの第 679 輸送飛行隊が使用していた。これらの航空機は厳しい内戦のときには、独立を宣言した多くの共和国から何千人もの難民や何百トンもの物資を運んだが、なんの損害もこうむらなかった。しかし An-26 部隊は、1999 年の NATO 爆撃で大きな被害を受けている。1994 年 8 月にはウクライナのチャーター航空会社に所属する 1 機の An-26 が、クロアチアからビハーチに向かう途中で、ボスニアのセルビア軍に撃墜された。

An-26 それ自体はすぐれた航空機には違いないが、ドイツ空軍は C-160 トランザールのほうが優秀だと考えたため、旧東ドイツから受けついだ A-26 フリートはすぐにスクラップにされたり、民間用として売却されたりした。

アフリカへ向かうフランスのトランザール

トランザールはアフリカやその他の地域において、フランス空軍が数多く実戦で使用した。最近の作戦行動の 1 つは 1995 年にインド洋のコモロ諸島で行われている。傭兵組織の援助を得た勢力がクーデターを起こしたため、フランス政府が同諸島の秩序回復作戦として遂行した軍事行動だった。1995 年 10 月 3 日に、〝コマンドー・ユベール〟と呼ばれるフランスの特殊部隊が、中核となる 2 つの飛行場への偵察を行った。それから間もない 10 月 4 日のほぼ 2 時 30 分に、ピューマ・ヘリコプター 3 機がフランス外人部隊とフランス海兵隊の兵員をハハヤ空港に空輸した。当初重機関

アフガニスタン空軍のアントノフ A-26。

ドイツ空軍のマーキングを付けた写真のトランザールC-160は、フランス空軍とともに多くの戦闘任務につき、アフリカその他の地上作戦を支援した。

砲の激しい砲火を浴びたが、暗闇に隠れて暗視装備を利用したフランス兵は、間もなく飛行場全体と周辺地域の確保に成功し、20名の敵兵を捕虜としている。

3時までに、コマンドー・ユベールがイコニ空港も同様に確保し、その後は追加のフランス外人部隊のパラシュート部隊がこの2つの飛行場の守備のためにトランザールC-160により展開した。この間にコマンドー・ユベールは、カンダニ兵舎の制圧のために送り出されたが、この作戦はきわめて迅速に行われ、作戦過程でさらに30名の反乱兵が捕虜となっている。

『トランザールがぞくぞくと補給に到着するなか、フランス兵は首都モロニへと進軍を開始した。フランス空軍のトランザールC-160輸送機は、この作戦に不可欠な存在だった』

本格的な空挺強襲作戦は5時ごろに開始され、トランザールは外人部隊の分隊をハハヤへと運んだ。30分後にはその外人部隊に砲兵部隊の支援を受けた海兵隊が加わった。5時50分に、フランス軍は飛行場周辺一帯を制圧し、トランザールがぞくぞくと補給に到着するなか、首都モロニへと進軍を開始した。フランス空軍のC-160輸送機はこの作戦に不可欠な存在だった。最大1万6000kgの貨物積載、あるいは68名の完全武装兵員を運ぶ能力があるこの輸送機は、フランス軍の最初の攻撃部隊をコモロ諸島に展開させる主要な手段だった。

ほぼ10年後、次の報告書にあるように、

フランス空軍のトランザールはコソボで活躍している。日付は2004年10月6日だ。「セルビア＝モンテネグロ、スタノヴィク、10月6日（ロイター）——何百名ものフランス兵が水曜日、コソボにパラシュート降下した。これは1978年のザイール介入以来の、フランス軍初の大規模な空挺降下作戦である。国連統治地域の首都であるプリシュティナ北の広い牧場地帯に広がる朝の静けさを破ったのは、フランス基地から5時間の飛行の末に到着した7機のトランザールC-160の轟音だった。航空機は麦畑の上を低く飛びながら貨物室の人間を次々に降ろし、空はフランス空挺部隊の361のくすんだ白いパラシュートで満たされてしまった。そのだれもが戦闘ライフルを抱え、背中には50kgの装備をくくりつけていた。

部隊に含まれているのは、海兵隊、通信兵、医療班、空軍の飛行隊要員だった。降下地帯への200mの降下を守ったのはモロッコ兵で、10月23日にコソボで行われる総選挙に先立って送られてきた、NATO主導のKFOR平和維持軍兵力2000名の第一陣だった」

これはフランスにとって、戦時下にあったザイールからフランスとその他の国民を救出するために空挺部隊を展開させた1978年以来、初の大規模空挺作戦だった。ザイールでの作戦では、フランスの基地からザイールに到着できるじゅうぶんな航続距離のないトランザールではなく、ロッキードC-130ハーキュリーズ輸送機が使われたが、ザイール空軍に所属していたトランザール1機が空中指揮機として使われている。

スホーイ Su-15 〝フラゴン〟

　スホーイ Su-15 〝フラゴン〟の祖先は、NATO コードネーム 〝フィッシュポット〟として知られるスホーイ Su-9 までさかのぼる。フィッシュポット B は単座迎撃機で、ある意味ではデルタ翼化された Su-7 といえるデザインであった。この機はソ連初のビームライダー方式レーダー誘導空対空ミサイル、アルカリ 4 発で武装し、それらは主翼パイロンに搭載されていた。1958 年に Su-9 をベースとしてエンジンを強化したプロトタイプ T-47 フィッシュポット C が開発され、量産型は Su-11（同じくフィッシュポット C）と命名された。Su-9 のタンデム複座練習機型は、NATO から 〝メイデン〟と呼ばれていた。

　Su-9 のプロトタイプは 1956 年に初飛行し、59 年に就役した。Su-11 は少数生産に終わったが、つづいて開発されたのは双発化されたデルタ翼の迎撃機 Su-15 フラゴン A で、プロトタイプ T-58D は 1962 年に初飛行し、1967 年にソ連防空軍（PVO）に就役した。4 発の空対空ミサイルを搭載可能なフラゴンは、1980 年代初期まで数的にソ連で最も重要な全天候迎撃機であり、各型合計で約 1500 機生産されている。

　Su-15 開発の基本となった双発型 T-5 プロトタイプは、本質的には Su-11 を大型化したモデルで機首に空気取り入れ口を持つデザインだったが、その後の T-58 には AI（空中迎撃）レーダー機器をおさめたソリッドノーズと胴体側面の空気取り入れ口が採用された。数多くのフラゴン改良型が造られているが、その頂点は決定版とも言える 1972 年に就役した Su-15TM フラゴン F である。

ソ連防空軍（PVO）
1980 年代初期　サハリン　ドリンスク・ソコル

1983 年 9 月 1 日のこと、サハリンのドリンスク・ソコルを本拠とする、イラストの機と同様の Su-15TM が日本海上空で大韓航空のボーイング 747、007 便を撃墜し、悪評を得ることになった。

Sukhoi Su-15TM Flagon-F

機種：全天候迎撃機
乗員：1 名
動力装置：ツマンスキー R-11F2S ターボジェットエンジン　A/B 推力 6200kg × 2
性能：最高速度 2230km/h　実用上昇限度 20000 m　戦闘行動半径 725km
外寸：翼幅 8.61m　全長 21.33m　全高 5.10m
全備重量：18000kg
兵装：空対空ミサイル（R-98RM/TM アナブまたは R-60 アフィッド）× 4

コンベア F-106 デルタダート 🇺🇸

　"1954年の究極の迎撃機"（Ultimate Interceptor）としてはじまり、しばらくはF-102Bとして知られていたF-106は、前任機F-102Aデルタダガーよりはるかに能力が高くて長命な迎撃機として登場し、のちには有効な空戦戦闘機であることが証明された。1956年の12月に初飛行したプロトタイプのYF-106は、機体の外観デザインと大きさはF-102Aと似ていたが、先進的な航空力学が採用されており、上部が四角い尾翼や完全に改良された空気取り入れ口、さらに強力なプラット＆ホイットニーJ75エンジンが採用された。

　機体は、MA-1統合ウェポンシステムの構成要素の1つとして考えられていた。MA-1には、F-106を発射地点まで〝自動的に〟飛ばすことができる自動迎撃システムがあった。武器にはF-102Aと同じファルコン・ミサイルはもちろん、核弾頭つきのMB-1ジーニーロケット弾も含まれていた。運用後期には、20mmバルカン砲が爆弾倉ドアのあいだに設置され、さらに上部に枠がないクリアトップ型風防が取り付けられた。

　F-106部隊はほぼ全てアメリカ本土防空のために配備されていたが、アメリカ海軍の情報収集艦プエブロの拿捕をめぐって北朝鮮との緊張が高まった1968年から70年に、現地の防空力強化のために韓国へ臨時派遣されている。

戦術航空軍団　第49迎撃戦闘飛行隊
1983年　ニューヨーク州グリフィス空軍基地

デルタダート58-0780は330機製造されたF-106の140機目にあたり、1959年11月にメイン州ローリング空軍基地の第27迎撃戦闘飛行隊（FIS）に配備された。この機は部隊を定期的に移動しながら、第94、第71、第319、第460、第159、第194飛行隊と航空武器開発センター（ADWC）で使用された。1983年にはニューヨーク州グリフィス空軍基地の第49FISに移り、この飛行隊が解散する1987年まで使われていた。4年間保管されたあと、武器試験のためのQF-106無人機に改造された。多くのQF-106が数多くのミサイル攻撃をかいくぐって、何年も標的機として使われたが、0780は1993年3月9日に最初の無人標的任務に出た際に、AIM-7スパローの直撃を受けて撃墜されてしまった。

Convair F-102A Delta Dart

機種：超音速全自動迎撃機
乗員：1名
動力装置：プラット＆ホイットニーJ75-P-17ターボジェットエンジン×1、ミリタリー推力7810kg・アフターバーナー推力11120kg
性能：最高速度2137km/h　実用上昇限度17370m　戦闘行動半径925km
外寸：翼幅11.67m　全長21.56m　全高6.18m
全備重：17780kg
兵装：MB-1ジーニー核弾頭空対空ミサイル（無誘導）×1とAIM-4ファルコン・レーダー誘導または赤外線誘導ミサイル×4、後期モデルにはM61AIバルカン20mm機関砲×1

Su-15 〝フラゴン〟
vs
F-106 デルタダート

1950年代なかばには、スタンドオフ核ミサイルで武装した長距離戦略爆撃機が、アメリカとソ連両国にとって警戒すべきものとなり、超音速長距離迎撃機配備への緊急要請からコンベアF-106やスホーイSu-15〝フラゴン〟が生まれることとなった。

1983年9月に起こった大韓航空のボーイング747の撃墜のせいで、やはりSu-15と大韓航空旅客機(このときはボーイング707だった)が関係した以前の事件は忘れられがちだ。1978年4月20日、アラスカ州アンカレッジ経由のソウル行き大韓航空902便がパリを出発した。旅客機は、北極から640kmに位置する、搭乗員が航路修正に使うカナダの早期警戒ステーションを通過した。しかし何かが間違っていたため、大韓機はソ連領空へ向かってまっすぐバレンツ海を通過する航路を取ることになってしまった。

旅客機は当初ソ連の地上早期警戒レーダーによってボーイング747と認識され、2機のスホーイSu-15TMジェット戦闘機が進入機迎撃のために派遣された。SU-15両機が大韓航空機の横を飛行しているとき、機長から減速し着陸灯をつけたと連絡があった。にもかかわらず、Su-15のクルーは旅客機を撃墜するように命令を受けた。アメリカの情報によると、ソ連のSu-15リーダー機のパイロットは、数分のあいだ上官に707の撃墜命令を撤回するように説得しようとしていた。そのときには、航空機はボーイング707によく似た電子情報収集機RC-135ではなく、明白に民間のボーイング707であることが確認されていたのだ。

『ボーイングを撃墜する命令は確認され、1機のSu-15が2発のR-60空対空ミサイルを発射した』

ボーイングを撃墜する命令は確認され、1機のSu-15が2発のR-60空対空ミサイルを発射した。1発はそれたが、もう1発のミサイルは爆発し、左翼の一部を激しく損傷させた。破片で穴の開いた胴体は急激に減圧し、2名の乗客が死亡した。大韓航空機のパイロットは10600mから1500mまで緊急降下を行って雲に入り、Su-15の両機とも旅客機を見失った。旅客機は低空飛行をつづけてコラ半島を横断し、搭乗員たちは緊急着陸ができる場所を探した。夕闇で数回失敗したあと、パイロットはすばらしい操縦技術を駆使して、フィンランド国境に近いムルマンスクの凍結した湖に不時着した。全107名の乗客乗員はソ連のヘリコプターに救助された。

デルタダート飛行試験

コンベアF-106デルタダートは、ソ連

スホーイSu-15〝フラゴン〟は韓国旅客機2機へのミサイル攻撃により悪評高い戦闘機となった。この機の本来の役目は、アメリカ戦略航空軍団のB-52ストラトフォートレスを撃墜することだった。

Sukhoi Su-15 'Flagon' vs Convair F-106 Delta Dart

コンベア F-106 デルタダートは、成功作というには程遠い F-102 デルタダガーをベースに開発された。この写真は試験飛行のあとでカリフォルニアのエドワーズ空軍基地に着陸する F-106A の 1 号機である。

の Su-15 と非常に似通った性能を持っていたが、ウェポンシステムの信頼性ははるかに高かった。イギリスのテストパイロット、ローランド・ビーモンド中佐が米国訪問中に F-106 を操縦するチャンスを得て、印象を記録している。また彼は、自分がテストしたイギリスのエレクトリック P.1B ライトニングと比較することもできた。

「F-106 の基本的特徴は、システムやコックピットのレイアウトなど F-102 と類似しており、この 1 回の飛行のはじめから性能比較をすることができた。限られた経験からだが、F-106 には F-102 生産基準から発展し、向上した操縦特性の特徴が多く見られる。特に遷音速時のトリム変化は（スタビライザー使用）ほとんどないほど減少し、F-102 でははっきりと感じられたアドバースヨー（旋回時の逆偏揺れ）に対してはエレボンとラダーの調和をとることによりうまく対処している」

『第 2 世代のデルタ翼戦闘機の操縦性能はすでに優秀で、実用性の高い恐るべきマッハ 2 全天候戦闘機が誕生する可能性があることは明らかだ』

「限定的な状況での経験ではあるが、結論としては飛行のあいだじゅう操縦しやすく、飛ばすのが楽しいバランスのとれた航空機だった。その性能は、上昇段階では期待を抱かせたが、高々度では満足すべきものではなく、P.1B のシリーズが現在達成している基準に達しているとはいえない。

コックピットは、座席の快適さと操縦機器レイアウトは良いが、コンベアの V 型風防を通しての前方視界は非常に制限がある。今現在の F-106 についていえることは、人工的な制御による安定性と操縦性は高い水準に達しており、現状のままで超音速飛行までも含む全天候実戦活動にすでに適応しているといってよいだろう。

現在はエンジンと空気取り入れ口の問題が解決されていないため、加速性や高々度性能に制限があるが、第 2 世代のデルタ翼戦闘機の操縦性能はすでに優秀で、仕様で求められているエンジン推力が可能になれば、実用性の高い恐るべきマッハ 2 の全天候戦闘機が誕生する可能性があることは明らかだ。

また、ヒューズ MA-1 ウェポンシステムは、ライトニングのフェランティ・エアパス・システムよりいくつかの利点があるようだが、その他の諸点を直接比較してみると、ライトニングは多くの点で優秀な面を持っているといえる。その優秀な点には、加速と高々度まで達する時間、急旋回の能力、ライトニングの低い水平尾翼配置による全高度での高 G 維持旋回能力がある。ライトニングは、エレボンだけに頼るデルタ翼の F-106 よりも旋回時の揚力損失と抗力増大がかなり少ない。また、ライトニング固有の安定性は特筆すべき安全性と信頼性をもたらしており、これはオート・スタビライザーに依存している F-106（すべての軸で）と対照的である。

晴れわたった午後の空のもと、広大なエドワーズ空軍基地へこの素晴らしい新型戦闘機をなんの問題もなく着陸させて、アメリカの軍用試験飛行センターへの興味深い訪問は良好に終了した。しかしイギリスへの帰路、F-106 を含めたアメリカ空軍の所有機のどれと較べても遜色のない、ライトニングという戦闘機を現在のイギリス空軍が所有しているのだ、と考えることもまた楽しかった」

ミコヤン・グレビッチ MiG-21

NATO コードネーム〝フィッシュベッド〟で知られる MiG-21 は、朝鮮戦争の産物だった。この戦争の空中戦闘の経験から、ソ連には超音速での高い操縦性を持つ局地防衛用の軽量単座迎撃機が必要だと確認されたのだ。2つのプロトタイプが注文され、どちらも 1956 年初期に登場した。1つは試作名 Ye-2、コードネームを〝フェースプレート〟と言い、角度の鋭い後退翼が特徴だったが、それ以上開発されなかった。そしてもう一方が MiG-21 の原型となったデルタ翼の Ye-4 であった。

最初の生産型（フィッシュベッド A とフィッシュベッド B）は、30mmNR-30 機関砲2門装備の比較的軽武装の短距離昼間戦闘機で、限定的な数量しか生産されていない。しかし次の改良型の MiG-21F フィッシュベッド C は2発の R-3（K-13）アトール赤外線誘導空対空ミサイルで武装し、推力強化型ツマンスキー R-11 ターボジェットと改良型アビオニクスをそなえていた。

MiG-21F は最初の主要生産型で、1960年に就役した後、数年のあいだに次第に改良され、近代化されていった。そして 1970 年代初期に MiG-21 は事実上再設計され、MiG-21bis（フィッシュベッド L）と呼ばれる多用途戦闘機（制空戦闘機兼地上攻撃機）として生まれ変わった。いくつかの型の MiG-21 は世界で最も広く使用されたジェット戦闘機となり、インドやチェコスロバキア、中国でライセンス生産された。ベトナム戦争で、MiG-21 はアメリカ機にとって最悪の相手となった。

インド空軍　第7飛行隊"バトル・アックス"（戦闘用の斧）
1980 年代　グワリオール

大量に採用した国の1つであるインドが購入した MiG-21MF は、多種類の武器を搭載できる仕様となっており、多目的能力への要求を反映している。空対空戦闘では、インド空軍はソ連の R-3（K-13A）アトールと R-60（K-60）エイフィッド、さらにフランスのマトラ R550 マジックを使用していた。イラストの MiG-21MF フィッシュベッド J には、バトル・アックスのニックネームを持つインド空軍第7飛行隊のインシグニア（隊章）が描かれている。

Mikoyan-Girevich MiG-21MF Fishbed-J

機種：戦闘機
乗員：1名
動力装置：ツマンスキー R-13-300 ターボジェットエンジン　A/B 推力 6600kg × 1
性能：最高速度 2230km/h　実用上昇限度 15250 m　航続距離 1800km
外寸：翼幅 7.15m　全長 15.76m　全高 4.02m
全備重量：9400kg
兵装：23mmGSh-23 機関砲 × 1、翼下パイロンに K-13A 空対空ミサイル × 2

マクドネル・ダグラス F-4G ファントム II

ベトナムで得た教訓によって、敵防空網制圧ミッションを遂行するための機上搭載機器と、それを搭載する航空機の開発が、1975年におけるアメリカ空軍戦術航空軍団（TAC）の最優先計画になった。TACが必要としたのは、全てを内蔵したウェポンシステムだった。つまり、敵の地対空ミサイルレーダーを効果的に捜索し攻撃できるように、必要な電子装備と武器の両方を搭載できる航空機で、改造に利用できる最上の選択肢はF-4ファントムだった。なお敵ミサイルレーダー捜索・攻撃作戦は、鋭い嗅覚で獲物を探しまわる野イタチに似ていることから、Wild Weasel という名で呼ばれることになる。

〝ワイルド・ウィーゼル〟テストは、すでに1968年にF-4Dの2機で実施されていたが、その後の研究でF-4Eのほうが改造が容易だと判明した。その結果、先進型ワイルド・ウィーゼル・プログラムのもと、アメリカ空軍の資金で116機のF-4EがF-4Gに改造された。改造箇所は、APR-38レーダー警戒・捕捉システム（RWHS）の受信アンテナを、垂直尾翼上部に増設された砲弾型フェアリングと機首下部のバルカン砲を除去したスペースに装備することと、F-4Gのレーダーセンサーに付随するコンピューターシステムをやはりバルカン砲除去で空いた機首内スペースに搭載することだった。これらの搭載機器があれば、ワイルド・ウィーゼルの搭乗員は敵のレーダー電波発信源を探知して識別し、位置を特定することが可能となり、さらに使用する適切な武器も選ぶことができた。

**アメリカ空軍　第35戦術戦闘航空団
1991年1月　バーレーン　シェイク・イーサ空軍基地**

イラストのF-4Gは、通常はドイツのシュパンダーレム基地の、第52戦術戦闘航空団（52TFW）第23戦術戦闘飛行隊（23TFS）の所属機だったが、1991年のデザート・ストーム作戦に際しての中東展開では35TFWに所属して作戦に参加した。この機のスプリッタープレートには出撃回数である27の〝お化け〟（Phantom）のマーキングが描いてある。機首横の〝ナイト・ストーカー〟の図柄は、ファントムのニックネーム〝サイ〟（Rhino）を表している。

McDonnell Douglas F-4 Phantom II

機種：敵防空網制圧（SEAD）機
乗員：2名
動力装置：ゼネラルエレクトリック J79-GE-17 ターボジェットエンジン　A/B推力8120kg×2
性能：最高速度2390km/h　実用上昇限度17680m　航続距離2820km
外寸：翼幅11.70m　全長17.76m　全高4.96m
全備重量：26310kg
兵装：主翼パイロンに最大5890kgの武器（AGM-88 HARM 対電波源ミサイルを含む）

MiG-21
vs
F-4 ファントムⅡ

重装備の多用途戦闘機 F-4 ファントムは、1960 年代とそれからの 20 年間にわたり、アメリカ空軍と海軍、海兵隊、及び他の多くの国の空軍が想定した、ほぼすべての航空戦に対応しなければならなかった。

ベトナム戦争における F-4 ファントムⅡは、小型で敏捷な MiG-21 に勝利する能力があると認められたが、それは単に、アメリカのパイロット側にすぐれた戦術と訓練という有利さがあったということを証明したにすぎなかった。

ファントムは 1965 年 4 月 13 日に南ベトナム上空で最初の戦闘任務についた。3 日前に日本の厚木基地から南ベトナム・ダナン基地に展開した海兵隊の戦闘攻撃飛行隊 VMFA-531 の F-4B が、アメリカ海兵隊地上部隊に対する最初の支援作戦を行ったのである。1965 年 11 月には、南ベトナム内のファントム兵力は、第 12 戦術戦闘航空団の F-4C がカムランベイ基地に展開したことによって増強された。

1966 年 9 月、アメリカ空軍による北ベトナムへの〝ローリング・サンダー〟爆撃作戦に対して、北ベトナム空軍が猛烈な反撃を開始し、F-4C は第 1 次任務の攻撃ミッションから、一時的に MiG との空中戦闘ミッションへと振り向けられた。主として F-4C が空中で戦った MiG-21 は、アトール赤外線誘導ミサイルで武装しており、ハノイ地区の 5 つの基地から作戦行動を取っていたが、それらの基地はワシントンからの指示で攻撃が禁止されていた。

地上で MiG を撃破することのできなかったアメリカ空軍が 1967 年はじめに考え出したのがコードネーム〝ボロ作戦〟で、MiG を空中戦闘に引き込む策略だった。おとりとして偽の F-105 サンダーチーフ戦闘爆撃機編隊を装ったのは、第 8 および第 366 戦術戦闘航空団のファントム 54 機で、さらに敵防空網制圧機や電子妨害機が支援任務に就いていた。ウルフパック(群狼)のニックネームを持つ 8TFW のファントム部隊を率いたのは、第 2 次世界大戦で撃墜スコア 8 を記録している熟練の指揮官、ロビン・オールズ大佐だった。彼と彼の部隊のファントムパイロットたちは、1967 年 1 月 2 日に行われた戦闘で、自軍の損失なしに 12 分で 7 機の MiG を撃墜している。

『F-4 は、MiG を見つけて充分に接近することができれば、正面攻撃、追尾攻撃にかかわらず有効なミサイル発射が可能だった』

オールズは雲に消えていった MiG-21 を追尾したが、別の機が急旋回して左側にあらわれた。オールズはファントムの機首を約 45 度引き上げ、右に横転した。なかば背面になった状態で、彼は MiG が下を通過するのを待ち、それから降下しながら後方へ回り込んだ。彼は 1600m 内の距離で 2 発のサイドワインダーを発射し、その 1 発が命中して MiG の右翼を吹き飛ばした。

MiG-17 も MiG-21 も特に夜間戦闘機としての装備を持たなかったが、時に夜間迎撃作戦を実施しており、それが目立ったのは 1972 年のラインバッカー作戦中、北ベトナムへのアメリカ夜間爆撃作戦が激化したときだった。アメリカ海軍の F-4 パイロットだった R・E・タッカー大佐は次のように回想している。

MiG-21〝フィッシュベッドJ〟。MiG-21 は簡素で頑丈な、きわめて戦闘能力の高い戦闘機だった。

Mikoyan-Girevich MiG-21 vs McDonnell Douglas F-4 Phantom II

「海軍のA-6が、ハイフォンとハノイのあいだの地域全体に何回も単独低空夜間攻撃をしかけていた1972年、MiGが発進してくることはよく知られていて、A-6のパイロットを不安にさせていた（わたし個人は、MiGは90mの超低空でA-6に対抗できる夜間／計器飛行能力はないと感じていたが）。その結果、わたしたちは夜間作戦時に1機のF-4を海岸線上空にMIGCAP（訳注・MiGを警戒するためのCAP＝Combat Air Patrol＝戦闘空中哨戒）として配置する措置をとった。1機のF-4であれば夜間であっても僚機との空中衝突の心配がなく、MiG単機に対して交戦できる可能性がかなりありそうだ、と考えていた。もしMiGが発進してA-6に向かってきたら、F-4がMiGに向かっていくことができる。ただ多くの場合MiGは、F-4が40～50km以内に接近してくると、自分の基地へと戻っていった。

夜間MIGCAP任務をあまり好まないパイロットもいたが、わたしにとっては絶好の機会であり、事実私自身によるMiG撃墜がそれを物語っている。わたしとしては、MiGの限定的なウェポンシステムと兵装、つまりアトール（赤外線誘導ミサイル）と機関砲だが、それらによって夜間に我々に損害を与えることはほとんどできなかったと思うが、一方F-4は、MiGを見つけて充分に接近することができれば、正面攻撃、追尾攻撃にかかわらず、有効なミサイル発射が可能だった」

当時は少佐だったタッカーは、第103戦闘飛行隊（VF-103）でF-4Jファントムに搭乗しており、1972年8月10日から11日にかけての夜にトンキン湾上の空母サラトガから発進して、1機のMiG-21を撃墜した。ファントムは、AIM-7Eスパロー2発とAIM-9Dサイドワインダー2発で武装していた。

戦闘機統制官からファントムをもう1機MiGへ向かわせるという指示を聞いたとき、タッカーはKA-6D空中給油機から給油を受けているところだった。ただちに給油機から離れ、捜索中のほかのF-4に加わると、統制官が敵機は高度2500m、距離

射爆場上空で大量の爆弾を投下するF-4EファントムⅡ。尾翼のSPというマークから、この機がドイツのシュパンダーレム基地の第52戦闘航空団所属だとわかる。

19km、方位140度にいると助言してきた。

『MiG-21のパイロットは助からなかっただろう。もし最初のミサイルのあとに射出脱出していても、2発目のミサイルの爆発に巻き込まれたはずだ。暗闇のなかでは、破片はまるで見えなかった……』

タッカーが2500mに降下すると、後席のレーダー迎撃士官（RIO、Rader Intercept Officer）のブルース・イーデンス中尉はただちにレーダーコンタクトを告げた。タッカーはアフターバーナーに点火して1200km/hまで加速し、MiGから8km内に接近した。この時点で、イーデンスがパイロットにレーダー反応がなくなったと報告した。MiGのパイロットはおそらく降下したのだと考えたタッカーは、1000mまで降下した。再びレーダーコンタクトを得たイーデンスが、MiGは11～13km前方にいると告げた。タッカーは胴体センターラインの落下燃料タンクを切り離して1390km/hに加速し、MiGの背後からまっすぐに追いついていった。パイロットは約3200mの距離で、スパロー2発を発射した。その2発目が胴体下のラックから離れたとき、1発目の弾頭が爆発した。タッカーの報告はこうだ。

「大きな火の玉だった。2発目も同じ場所に命中した。破片を避けるために、わずかに右へ旋回した。レーダー上の標的は停止し、1、2秒後には消えた。MiG-21のパイロットは助からなかっただろう。もし最初のミサイルのあとに射出脱出していても、2発目のミサイルの爆発に巻き込まれたはずだ。暗闇のなかでは、破片はまるで見えなかった……。この撃墜は3日後に確認された」

スホーイ Su-25 〝フロッグフット〟

　スホーイ Su-25 〝フロッグフット〟は、ソ連の A-10 サンダーボルト II クラスの攻撃機要求が形になったもので、ライバルとなるイリューシン Il-102 に対する性能で選定された。アフガン紛争で得た教訓から、スティンガー・ミサイルなどの武器に対応できる改善された防御システムを追加した改良型、Su-25T が生まれた。

　これらの改良では、エンジンベイと燃料タンクのあいだに数ミリ厚のスチール板を挟むことも行われた。この改造のあとでは、携行型ミサイルで Su-25 が失われることはなかった。アフガン紛争では、合計で 23 機の Su-25 が失われている。

　Su-25UBK は複座の輸出型であり、Su-25UBT は降着装置を強化し、アレスティングフックを追加した海軍型だった。Su-UT（Su-28）は標準の Su-25UBK の兵装パイロンと戦闘能力のない練習機型だったが、不整地離着陸能力と航続力は保持していた。1985 年 8 月に 1 機のみソ連の準軍事〝民間飛行〟組織、DOSAAF の塗装色で飛行している。

　ソ連空軍で使われていた Su-25 はコードネームを〝グラーチ〟（ミヤマガラス）といい、アフガニスタンに配備された大半の機に漫画のミヤマガラスの絵が描いてあった。ソ連の歩兵は、10 基の兵装パイロンがついていたために、この航空機をラスチェースカ（櫛）と呼んでいた。

ソ連　アクチビンスク　国立飛行試験センター　1980 年代

この Su-25TM はスホーイ OKB（設計局）飛行試験部でテストされた後、ボルゴグラードとアストラハンのあいだのアクチビンスクにある国立飛行試験センターへと派遣された。〝ブルー10〟として知られるこの機は、武器試験に使われ、さらに潜在的顧客にアピールするため国外に派遣されている。

Sukhoi Su-25'Frogfoot'

機種：近接航空支援機
乗員：1 名
動力装置：ツマンスキーR-195 ターボジェットエンジン　4500kg × 2
性能：最高速度 975km/h　実用上昇限度 7000m　戦闘行動半径 750km
外寸：翼幅 14.36m　全長 15.53m　全高 4.80m
全備重量：17600kg
兵装：30mmGsh-30-2 機関砲 × 1、外部パイロン × 10 に最大 4400kg の兵装搭載

フェアチャイルド A-10 サンダーボルトⅡ

フェアチャイルド A-10A は量産・配備された機としては最も特殊化した近代戦闘機の1つであり、主要な武器である巨大な30mm機関砲を使って、中央ヨーロッパ戦線でソ連機甲部隊を撃破するために設計された。最初の A-10 は 1972 年 5 月に初飛行し、アメリカ空軍の採用で競争相手であるノースロップ A-9 に 1973 年初頭に勝利した。〝イボイノシシ〟というコードネームをもらった A-10 が変わった外観になった理由は、主としてエンジンや操縦系統のような重要なシステムを、重複させてしかも分離する必要があったからだ。地上砲火からパイロットを守るためのチタン装甲〝バスタブ〟があり、翼と胴体には爆弾やロケット、ミサイルを組み合わせて装備できる 11 基のパイロンが設けられた。A-10 は 2 回のアメリカとイラクの戦争で数多くの任務をこなし、大きな戦闘損傷に耐えて、飛行をつづける能力があることを証明した。1991 年に 1 機がイラクの Mi-8 ヘリコプターを撃墜するという、空対空戦闘での戦果をあげている。

在欧アメリカ空軍 第 52 戦闘航空団 第 81 戦闘飛行隊
1980 年代 ドイツ シュパンダーレム

イラストにある最後の生産型のフェアチャイルド A-10A は、第 52 戦闘航空団の第 81 戦闘飛行隊〝ブラック・パンサーズ〟のカラーリングに塗装されている。第 81 戦闘飛行隊は、第 2 次世界大戦ではリパブリック P-47 初代サンダーボルトをイギリスの基地から飛ばした経歴を持つ部隊で、1993 年に A-10 サンダーボルトⅡを受け取った。第 81 戦闘飛行隊の 2 つの姉妹飛行隊は、防空網制圧機として F-16C を使っていた。第 81 戦闘飛行隊は、1999 年のアライド・フォース作戦では旧ユーゴスラビア上空で多くの任務についた。際立った任務にセルビア上空で撃墜されたパイロット救助の支援活動があり、このときの A-10 パイロットはシルバースター勲章を受けている。
A-10 82-0646 は、1994 年 7 月ごろにコネチカット州兵空軍（ANG）の第 118 戦闘飛行隊〝フライング・ヤンキース〟に移動し、現在もそこで任務についている。また第 81 戦闘飛行隊はシュパンダーレムで今も A-10A/C を使用し続けている。

Fairchild A-10A Thunderbolt II

機種：近接航空支援機
乗員：1 名
動力装置：ゼネラルエレクトリック TF34-GE-100 ターボファンエンジン 推力 4110kg × 2
性能：最高速度 706km/h 実用上昇限度 13636m フェリー航続距離 3947km（落下タンク× 2 使用）
外寸：翼幅 17.53m 全長 16.26m 全高 4.47m
全備重量：22680kg
兵装：GAU-8 アヴェンジャー 30mm 機関砲 × 1（1350 発）、爆弾と AGM-65 マーベリック・ミサイルを含む最大兵装搭載量 7760kg

Su-25
vs
A-10 サンダーボルト II

もし NATO とワルシャワ条約国とのあいだで戦争が起こっていたら、最新型の戦車を空中から破壊する能力が最優先されることになっただろう。A-10 と Su-25 は、まさにこのために設計された。

アフガン紛争の 9 年間に 23 機の Su-25 が失われているが、これは実戦飛行 2800 時間あたり 1 機が失われたということになる。これ以外の機は、きわめて大きな戦闘被害を受けつつも生き残った。アレクサンドル・V・ルツコイ大佐の機も、1 度は高射砲、その次はパキスタン空軍の F-16 が発射したサイドワインダー空対空ミサイルと、2 度被害を受けている。どちらのときも、パイロットは無事に基地へ帰還した。この航空機はトビリシで改装され、新しい塗装をほどこされてから 1989 年のパリ航空ショーでブルー301として登場した。現在はホディンカ航空博物館に展示されている。

しかしルツコイの幸運も 3 度目はなかった。その次の出撃のとき、彼のフロッグフットに正面からブローパイプ・ミサイルが命中し、エンジン 1 基が停止した。その後対空砲の射撃を受け、ルツコイは脱出せざるを得なくなった。彼はしばらくパキスタンで捕虜になったあと、捕虜交換で解放された。

『着陸したあとで停止させることができず、機は滑走路を飛びだして地雷原へと突っ込んだ……』

Su-25 の耐久性を示す例は、ほかにもある。ルバロフ少佐の Su-25 がエンジン 1 基に被弾し、エンジンベイが燃料であふれたときのことだ。コックピットの風防はこなごなに砕かれ、さまざまな計器が使えず、少佐の顔は血で覆われた。主要な飛行計器が作動しなかったため、ルバロフは僚機の誘導で胴体着陸をしなければならなかった。

ゴルブチョフ大尉が飛ばしていた別の Su-25 は方向舵の半分を失い、ブレーキも働かなかった。着陸したあとで停止させることができず、機は滑走路を飛びだして地雷原へと突っ込んだ。地雷処理班が救出にあらわれるまで、不運なパイロットはその場所から動けない状況に陥ってしまった。

地上攻撃スペシャリスト

フェアチャイルド A-10 は、ソ連のフロッグフットに対するアメリカの同等機と言える。この航空機が生まれたのは、地上攻撃と近接航空支援（CAS）のために特別に設計された航空機がきわめて不足している

アフガニスタンでの作戦行動で、Su-25〝フロッグフット〟は甚大な被害を被りながらも飛行をつづけられることが証明された。この機を使用している外国空軍にはペルーなどがある。

Sukhoi Su-25'Frogfoot' vs Fairchild A-10 Thunderbolt II

ナイアガラフォールズ予備役基地をホームベースとしていた第23戦術航空支援飛行隊のフェアチャイルドA-10Aサンダーボルト II。この飛行隊は1991年のイラクでの作戦に参加した。

ことが、ベトナム戦争で判明したためだ。A-10はきわめて高い出撃率を想定して設計されており、帰還した機が次に出撃するまでの手順を極力簡素化し、ターンアラウンド時間を短縮することができる。地上に立った位置でこの航空機のほとんどのパネルに手が届き、自動給弾システムはGAU-8/Aドラム弾倉の迅速な再装填を可能にした。冷戦最後の10年間に、イギリスのサフォーク州ベントウォーターズ基地とウッドブリッジ基地からA-10Aを飛ばしていた第81戦術戦闘航空団は、11機で1日に80回の出撃を定期的にこなしていた。

この時期のA-10パイロットが、行動手順を次のように説明している。

「A-10A部隊は2機1組で飛行し、それぞれのペアが最大10km幅までの土地をカバーできる。しかし実戦では、最大幅は3～5kmが最適だとわかっている。そうすれば、1機目のパイロットが目標を射撃しながら飛行したあと、すぐに2機目が攻撃を重ねることができる。A-10の戦闘行動半径は460kmで、中央ドイツの前方作戦基地(FOL)から東ドイツ国境にある目標地域に到達し、それから北部ドイツの別の目標地域まで移動できるじゅうぶんな距離だ。この航空機は3時間半の滞空が可能だが、ヨーロッパでの戦時出撃ではおそらく1時間から2時間くらいになるだろう。30mmドラム弾倉には、10回から15回分の射撃航過ができるだけの弾薬が入っている」

1991年の湾岸戦争

A-10は、ヨーロッパ平原でワルシャワ条約軍装甲部隊と交戦するという、本来目指した任務を遂行できないうちに冷戦は終わった。その代わり、A-10は1991年の湾岸戦争で戦闘に参加することになる。こ

の戦争でA-10Aは、8100回出撃してミッション達成率95.7％を記録し、AGM65マーベリック・ミサイルの90％を発射した。あるときには、A-10が発射したマーベリック・ミサイルが誤ってイギリスの装甲兵員輸送車に着弾し、数名の兵士が死亡するという悲劇的事件も起こっている。イラク軍がこうむった軍事損失の半分以上がA-10によるもので、戦車やスカッドミサイル、ヘリコプターなども含まれていた。

A-10の第1の敵は（もちろんSu-25もそうだが）対空砲火であり、この武器が数多く配置された敵地で生き残るチャンスをつかむには、パイロットは30m以下で飛行し、さらに4秒以上の直線飛行や水平飛行をしてはいけなかった。生存の可能性は、2機のA-10のあいだの緊密な協力にもかかっていた。1機が目標を攻撃し、離れたもう1機がマーベリックTV誘導ミサイルで対空砲火施設を攻撃する。通常は、翼下パイロンに吊された三連発射機に6発のミサイルが搭載されていた。

『30mmドラム弾倉には、10回から15回分の射撃航過ができるだけの弾薬が入っている』

もしA-10が敵戦闘機から攻撃されたら、標準戦術は真正面へと旋回して、敵機に30mm弾を浴びせるために方向舵を激しく左右に切る――機体を横から横に偏揺れさせる――ことだ。この戦術は、敵パイロットを狼狽させる。

最近では、A-10はコソボなどの紛争地帯におけるNATO平和維持軍の支援に大きく貢献している。コソボでは、アフガニスタンでのSu-25のように、携行型ミサイルと戦わなければならなかった。

ミル Mi-8 〝ヒップ〟

　1961年にはじめて公に姿をあらわしたミル Mi-8 は、優秀なソ連人のヘリコプターパイオニア、1970年に亡くなったミハイル・レオンチェビッチ・ミルが生み出した汎用ヘリコプターだ。第2次世界大戦後しばらく、ソ連はヘリコプター開発でアメリカに大きく後れを取っていた。そのため、スターリンの指示により1951年にソ連政府は、高性能中型輸送ヘリコプターの要求仕様を発表した。開発のために選ばれた2つのプロジェクトのうち、1つがミルが提出したもので、もう1つはアレクサンドル・S・ヤコブレフのものだった。ミルの設計機がレシプロ単発の Mi-4 で、NATO ではコードネーム〝ハウンド〟と名づけられている。この機はシコルスキー S-55（H-19）に匹敵する機体として1953年夏にソ連空軍で就役し、生産は何千機にも及んだ。Mi-4 の成功を受けて、ミルはタービン動力型の開発を開始した。これで生まれたのが Mi-8 だ（NATO では〝ヒップ〟）。Mi-8 は一義的には輸送ヘリコプター（ヒップC型）だったが、幅広い任務をこなすことができた。たとえば、ヒップDはガンシップで、ロケットや爆弾、あるいは誘導ミサイルを搭載していた。Mi-14 は対潜水艦戦（ASW）に特化された改良型で、Mi-17 は地上軍支援と攻撃に使用されるアップグレード型だった。

1980年代　アンゴラ人民空軍

Mi-8 は広く輸出されている。イラストのヘリコプター Mi-8〝ヒップC〟が所属しているアンゴラ人民空軍は、Mi-8 と Mi-17 を25機取得した。そのうち数機が、アンゴラ完全独立民族同盟（UNITA）のゲリラ勢力との長い紛争で撃墜されたと考えられている。アンゴラ軍のヒップは主として兵員輸送と物資補給で使われたが、数機には UV-16-57 ロケット弾ポッドが装備されて UNITA ゲリラへの軽攻撃ヘリとして使われた。

Mil Mi-8'Hip'

機種：汎用ヘリコプター
乗員：2～3名　兵員：28名
動力装置：クリモフ（Isotov）TV2-117A ターボシャフトエンジン　1480shp × 2
性能：最高速度250km/h　実用上昇限度4500m　航続距離930km
外寸：メインローター直径21.291m　全長25.24m　全高5.65m
最大離陸重量：12000kg
兵装：アウトリガー装備パイロン× 4、各パイロンにロケットポッドもしくは最大250kgの爆弾

ウェストランド／アエロスパシエル・ピューマ

　1967年、イギリスとフランスは3種類のヘリコプターの共同生産協定に署名した。その3種類は、ウェストランド・リンクスとアエロスパシアル・ガゼル、アエロスパシアル・SA330 ピューマで、最後が最も大型だった。ピューマは、20名の兵員を輸送し、さまざまな任務に耐える新しい多用途輸送ヘリコプターというフランス軍の要求にこたえるため、1962年にすでに開発作業が始められていた。1965年4月4日に飛行したプロトタイプのピューマは、チュルボメカ・バスタンⅦタービンが動力だった。シュド・アビアシオン社は一連のプロトタイプを8種類製造し、やがてピューマのエンジンをシュペル・フルロンにも使われているチュルボメカ・チュルモⅢ C.4 ターボシャフトへと変更した。開発計画が進行するなか、新しいヘリコプターに対するイギリスの関心が大きくなり、最後のプロトタイプが評価のためにイギリスへと送られた。そして最終的には、イギリスがワールウィンドとベルヴェディアの代替機としてピューマを選定することになり、さらにイギリスとフランスのヘリコプター協定へとつながったのだ。フランス陸軍航空隊は基本機としてSA330B ピューマを採用し、イギリス空軍はウェストランドがライセンス製造している類似型のピューマ HC.Mk 1を取得した。アエロスパシアル社は、多数の輸出顧客のために継続的に性能を向上させつつ、SA330を686機製造している。

海外顧客には民間企業もあり、そのなかでも特に油田関連産業のために、全天候型のピューマ SA330J と L を製造した。1970年から84年のあいだに、アエロスパシアルは126機の民間用ピューマを製造した。さらに、ルーマニアの IAR もライセンス生産を引き受けており、1977年から94年で200機のピューマを製造した。1970年代後半になると、動力が強化され、胴体が大きくなった AS332 シュペル・ピューマの生産へと切り替えられた。

イギリス空軍　第33飛行隊
1980年代　ハンプシャー州　オディハム基地
第33飛行隊は、大戦中ハリケーン、スピットファイア、テンペストを乗り継いで、アフリカ戦線、後にイギリス本土で活動した部隊で、1971年にオディハム基地でイギリス空軍初のピューマ飛行隊として再編成され、後にベンソン基地に移動した。同隊は、2度の対イラク戦争のほか、ボスニア、モザンビークなどに派遣されている。

Westland/Aerospatiale Puma

機種：汎用ヘリコプター
乗員：3～4名　　兵員：20名
動力装置：チュルボメカ・チュルモⅣ C ターボシャフトエンジン　1575shp×2
性能：最高速度293km/h　実用上昇限度6000m　航続距離572km
外寸：メインローター直径15m　全長18.15m　全高5.14m
最大離陸重量：7500kg

ns
ミル Mi–8
vs
ウェストランド／アエロスパシエル・ピューマ

大きさと構成が非常に似通っているミル Mi–8 とピューマは、戦術侵攻ヘリコプターの必要を満たすために開発された。どちらも実戦配備されている期間にさらなる改良が行われ、当初の目的以外の役割にも適応できることが証明された。

Mi-8 は、1600 機以上がソ連の前線航空部隊、900 機が輸送航空部隊、さらに 100 機が海軍航空部隊で使われた。いまだに多くの機が、ロシア連邦と旧ソ連圏諸国で働いている。また Mi-8 は 39 か国に輸出されており、世界のさまざまな場所で戦闘に参加してきた。1973 年の第 4 次中東戦争では、18 名構成のエジプト精鋭奇襲部隊を乗せた約 100 機のヒップがスエズ運河を越えてイスラエルの油田を攻撃し、兵力増強の動きを阻止した。奇襲部隊を支援していた Mi-8 にはロケット弾と爆弾が搭載されており、さらには、着陸地点周辺の砲火を制圧するために 2 挺の固定式重機関銃と最大 6 挺の軽機関銃搭載に改造された機もあった。運河沿いのイスラエル軍陣地に向かって、クラムシェルドアからナパーム弾を投下したという報告もある。またエジプト軍の Mi-8 は、補給や傷病兵後送の任務にも使われていた。シリア軍は 10 機ほどのヒップを活用し、奇襲部隊を海抜 2400m のヘルモン山まで送り込んで、イスラエルの監視所を占拠した。

多目的ヒップ

厳しかったオガデン戦争では、エチオピア軍に派遣されていたソ連軍司令官が、Mi-8 により山岳地帯を越えて兵員と軽装甲車輛を空輸し、ソマリア陣地の背後に配置した。この作戦より前の 1974 年、ソ連の対潜巡洋艦レニングラードの甲板から、スエズ運河南端からの機雷掃海任務を行う部隊の一部としてヒップ 2 機が発進した。このときすでにソ連は、長引くアフガン戦争で Mi-8 を兵員輸送機とガンシップとして広く使用していた。さらに最近では、ロシアはチェチェンの離脱地域での 2 回の激戦にヒップを使用している。

『1973 年の第 4 次中東戦争では、18 名構成のエジプト精鋭奇襲部隊を乗せた約 100 機のヒップがスエズ運河を越えてイスラエルの油田を攻撃し、兵力増強の動きを阻止した』

ミル Mi–8 ヘリコプターがソ連海軍のホバークラフトなどとともに上陸侵攻演習を行っているドラマチックな光景。

Mil Mi-8'Hip' vs Westland/Aerospatiale Puma

イギリス空軍では、ピューマは第33および第230飛行中隊で戦術支援に使われた。写真の機は捜索救難活動の演習を行っている。

Mi-8は、多くの人道活動にも使われている。たとえば1985年には、ソ連とポーランドのヒップが、干魃に襲われたエチオピアで飢饉救済活動を行った。ポーランドの救援ヘリコプター部隊は、100トンの食料と機材とともに輸送船ウスリーツァに搭載されてアッサーブに到着し、その後3日以内にMi-8Tが組み立てられ、砂漠地帯で飢餓状態にある人々への物資空輸を開始している。

ピューマの発展

Mi-8がより強力なMi-17へと発展したように、アエロスパシアルはより強力で積載能力のある機を求める顧客に対応するために、1974年にシュペル・ピューマの提案を作り上げた。

『シュペル・ピューマには、より強力なチュルボメカ・マキラ1Aターボシャフト1組という完全に新しいエンジンが搭載された』

出来上がったのがSA.332で、先行機の方針を受け継いでいたが微妙な違いがあった。シュペル・ピューマには、SA-330後期モデルに取り入れられた技術である、ガラス繊維複合材製のローターブレード技術がはじめから採用されていた。外見から最もわかりやすい変化は、気象レーダーを収納するために機首レドームが付け加えられたことだ。シュペル・ピューマには、より強力なチュルボメカ・マキラ1Aターボシャフト1組という完全に新しいエンジンが搭載された。シュペル・ピューマは、ピューマとは違って主として民間市場を狙っていたが、軍用にできる可能性も高かった。

シュペル・ピューマの1号機は1978年9月13日に飛び立ち、デリバリーは1981年に開始された。最初の生産機である軍用のAS.332Bと民間用のAS.332Cは、もとのピューマと大きさはほぼ同じで、最大21名の乗客もしくは18名の兵を運ぶことができた。1979年に登場した全長が長くなった型はAS.332M（軍用）とAS.332L（民間用）で、どちらも全長が76cm長くなり、さらに4名の乗客を乗せることができた。伸張されたシュペル・ピューマは1983年に型式証明を取得し、氷結条件下での運用審査もクリアした。この能力は、沿岸活動と海上救難作戦では不可欠のものだった。

ピューマの系統は1990年にさらに変化をとげ、AS.532クーガーが登場する。アエロスパシアル（やがてユーロコプター・フランスとなる）は、幅広く生み出したバージョンに、Uは非武装軍事汎用機（unarmed military utility）、Aは武装機（armed）、Sは対水上艦・対潜水艦機（anti-ship/anti-submarine）、Cは短胴型軍事輸送機（short fuselage, military transport）、Lは長胴型軍民両用機（long fuselage, military and civil）といった記号名をつけている。

COMBAT TYPES FROM 1975 TO THE PRESENT DAY

ジェネラル・ダイナミクス F-16 ファイティング・ファルコンは、7か所のハードポイントに最大9270kgもの武器を積載できる。空中戦のためには、機関砲に見越し計算式照準器とレーダーのスナップショットモードが備えられている

MiG-29ファルクラムは、アメリカのF-15イーグルとF-14トムキャット戦闘機への対抗策として設計された。そのウェポンシステムには距離60kmまでの標的を撃破する能力がある

第5章
1975年から現在までの戦闘機

　冷戦時代に破滅を予言する者は、ワルシャワ条約機構軍（WTO）は冷酷で強力な戦争の機械であるというイメージを瞬く間に広め、北大西洋条約機構（NATO）諸国がそれに対抗するためには通常戦争では形ばかりの抵抗しかできず、結局は最後の手段として核兵器に頼るほかないだろうと予測した。しかし現実には、それは間違いだったのである。NATO諸国がワルシャワ条約国より防衛に費用をかけたからでも、NATO諸国全体の人口と富がワルシャワ条約国より大きかったからでもなかった。一方でNATO指導者たちが真に懸念していたのは、ソ連の軍事装備が質の面でNATOのそれに追いつきつつあったこと、そしてある面においては追い越した部分もあるという事実だった。

　しかしそれから、唐突にソ連が崩壊して冷戦は終わり、代わっていくつもの制限戦争が起こった。最大のものは1991年の湾岸（対イラク）戦争だ。これらの戦争で決定的に証明されたことは、ロシアの最新軍備は空においても地上においても、NATOが戦闘に使用できる圧倒的な戦力にはとても及ばなかった、ということだ。

　この章では、冷戦後期に互いに戦っていたかもしれない航空機の優劣を見ていくが、そのなかには、ヨーロッパ地域から遠く離れた地域の戦争で実際に戦った航空機もある。取り上げた航空機は幅広く、攻撃ヘリコプターから攻撃機の役割を二次的に持っている練習機、第一線の制空戦闘機と戦闘攻撃機、長距離阻止攻撃機、超音速爆撃機に及ぶ。

　思いもよらない場所で戦った航空機もある。1982年のフォークランド紛争で、イギリス海軍のシーハリアーとアルゼンチン軍のA-4スカイホークが戦うことになるなど、いったいだれが予想しただろうか。これより少し前には、アメリカ海軍のF-14トムキャットがリビア空軍のスホーイSu-22とシルテ湾上空で戦い、アメリカ軍の兵器と戦術の優位性をはっきりと見せつけていた。

　その後に起こった別の紛争では、戦略航空軍団（SAC）の主力兵器であるB-52と、その後継機として設計された超音速ロックウェルB-1B爆撃機が、アフガニスタン上空で協力して懲罰的な爆撃作戦を実施し、西側社会の機構を破壊しようと試みる勢力への対テロリスト攻撃任務を果たした。

　この章では、航空戦のやり方と結果についてパイロットが最終的な責任を持っていた機械、いわゆる〝伝統的な〟戦闘航空機と分類できる、最後の航空機の姿も見ることになる。

　またこの章では、たとえばMiG-29のように、以前はある陣営で特定の主人に仕えていた航空機の多くが、現在ではかつての敵のために働いているといった機体も取り上げている。昔は敵同士だった戦闘機が、現在は国連決議を支援する作戦行動で、世界のどこかで、ときには協力し合い、ときには敵対して戦っている。そしてパイロットたちは、自分の国で作られた航空機やウェポンズシステムが第三世界に売却され、それらと対決しなければならない状況に置かれることさえある。敵対するパイロットが自分たちと同じシステムで訓練されていることだってあり得るのだ。

サーブ・ヴィゲン

サーブのヴィゲンは（スカンジナビア神話のトール神の雷から名づけられた）、スウェーデン空軍のために、分散した飛行場やハイウェーからでも作戦行動がとれる、比較的低コストのマッハ2戦闘機として開発された。この航空機の設計は、安定したデルタ翼形式に、フラップ付きカナード翼を使用したデザインの先駆けだった。エンジンは民間のプラット＆ホイットニーJT8D-22ターボファンを基礎としているが、逆噴射装置とスウェーデン設計のアフターバーナー装置がついていた。

初期のAJ37ヴィゲン全天候攻撃型の特徴は、高度な航法／攻撃多目的レーダーをそなえていることだ。ヴィゲンの7機のプロトタイプの最初の1機は1967年2月に初飛行し、空軍への納入は1971年に開始された。主要な兵装は、サーブRb 04E対艦ミサイル（のちにはるかに高性能で長射程のRbs 15に交換）とライセンス製造のAGM-65マーベリック空対地ミサイルで構成されていた。各型総数319機作られたヴィゲンのうち攻撃型は108機を占めていた。その運用期間の大部分で、AJ 37はこのイラストのように、鮮烈な〝野原と牧場〟型スプリンター迷彩塗装をほどこされていた。

カールスボリ基地の第6航空団は、第1および第2攻撃飛行隊という2つの飛行隊で構成されていた。ヴィゲンに飛行隊インシグニアが描かれるようになったのは、比較的最近のことだ。これ以外に所属を知る手がかりは、通常は機首に描かれている航空団番号だけだ。第6航空団（F6）は1993年末に解隊され、冷戦後の軍備削減の波を最初にかぶった部隊となった。このころには、この部隊のヴィゲンは現役最古参の機になっており、F10かF15に移管されるものもあれば、教育任務に振り向けられたり廃棄されたり、展示用に保存されたものもあった。

スウェーデン空軍　第6航空団
1992年　スウェーデン　カールスボリ空軍基地

イラストのAJ 37 37034は、最後のヴィゲン部隊となった第17航空団のホームベースだった、スウェーデン北部のウプサラに展示されている。

Saab AJ37 Viggen

機種：地上攻撃機
乗員：1名
動力装置：ボルボ・フリクモートル RM 8Bアフターバーナー・ターボファンエンジン　A/B推力12750kg×1
性能：最高速度2126km/h　実用上昇限度18000m　航続距離2000km
外寸：翼幅10.60m　全長16.40m　全高5.6m
全備重量：17000kg
兵装：最大5900kgまでの爆弾もしくはロケット弾、あるいは空対地ミサイル

SEPECAT ジャグァー 🇬🇧

 ブリティッシュ・エアクラフト・コーポレーションとブレゲー（のちのダッソー・ブレゲー）の協力のもとに設立されたSEPECAT（Societe Europeenne de Production de l'Avion Ecole de Combat et Appui Tactique）が共同開発したジャグァーは、開発が長期化するうちに、もともとの想定より非常に強力で実戦的な航空機として登場した。

 ジャグァーEの納入は1972年5月にはじまり、あとにつづくジャグァーAの最初の160機は1973年以降の納入となった。ジャグァーS（攻撃機）とジャグァーB（訓練機）として知られ、ジャグァーGR.Mk1（165機）とT.Mk2（38機）となったイギリス版は、1969年10月12日と1971年8月に初飛行している。フランス空軍のジャグァーにはスタンドオフ爆弾投下システムが装備され、イギリスのジャグァーにはレーザー側距・目標指示装置（LRMTS）と航法・武器照準サブシステム（NAVWASS）という、2つの武器誘導システムが装備されていた。

 1976年8月に初飛行したジャグァー・インターナショナルは、輸出市場のために開発された型だ。この機を購入したのはエクアドル（12機）、ナイジェリア（18機）、オマーン（24機）で、インドでHALによってライセンス製造された（BAeが納入した40機を含み98機）。

 イギリスとフランスが1991年に湾岸戦争の〝砂漠の嵐〟作戦への人員と物資の貢献を決めたとき、ジャグァーが多国籍軍の戦列に加わるのは当然だった。この機は最小限の支援で迅速な展開が可能で、比較的劣悪な条件下でも運用ができるからだ。この作戦では、ジャグァーは素晴らしい活躍を見せた。

イギリス空軍　ジャグァー派遣飛行隊
1991年　バーレーン　ムハラク飛行場

湾岸戦争に際し、英空軍はジャグァーGR.1 12機、仏空軍はジャグァーA 27機を湾岸地域に派遣した。両空軍とも通常爆弾、クラスター爆弾、ロケット弾による攻撃ミッションが主となったが、仏空軍のジャグァーはレーザー誘導爆弾攻撃も実施している。

SEPECAT Jaguar GR.MkIA

機種：戦術攻撃機
乗員：1名
動力装置：ロールスロイス／チュルボメカ・アドーア Mk 102 ターボファンエンジン　A/B推力 3310kg × 2
性能：最高速度1593km/h　実用上昇限度14000m　戦闘行動半径557km
外法：翼幅8.69m　全長16.83m　全高4.89m
全備重量：15500kg
兵装：翼下に4536kg搭載設備、自衛として主翼上搭載 AIM-9L サイドワインダー× 2

サーブ・ヴィゲン vs SEPECAT ジャグァー

一見したところではコンセプトが完全に異なると思えるスウェーデンのサーブ・ヴィゲンとイギリス／フランスのSEPECATジャグァーだが、特に実戦という観点から見ると、実際には多くの共通点があった。

もし東西が対決していたら、イギリス空軍のジャグァーとスウェーデン空軍のヴィゲンの戦う条件はほぼ同じだっただろう。とはいえ、スウェーデンが戦う理由はただ1つ、自国の中立を守ることだった。ことが起きた場合、イギリス空軍戦術支援部隊に属するジャグァーは、アンドーヤのノルウェー空軍基地に迅速に配備され、そこから敵進入勢力に対する攻撃と偵察飛行に出撃したはずだ。

低空任務を実行するジャグァーは、ヴィゲンより大きな利点を持っていた。小型だったため、目視でもレーダーでも探知されにくいのだ。そしてジャグァーのパイロットが説明するように、より高い高度で飛ぶ相手機を見つけるのは簡単だった。

「低空での作戦飛行はボギー（敵味方不明機）をより容易に発見できるし、特に水平線に近ければ簡単だ。敵機がはっきりとした飛行機雲を残すこともある。たとえばファントムの飛行機雲は、日没後の残照などの一定の光量下では最大50km弱先から見える。もし飛行機雲が急に途切れたら、その航空機が突然エンジンのアフターバーナーに点火したことを意味しており、こちらの姿を目にして攻撃に移ろうとしているかもしれない、推測することができる」

高射砲の脅威

ヴィゲンとジャグァーが共通して不利だったのは、もともとどちらの機も、目標上空を直接飛行しながら兵装を投下するのが地上攻撃だった時代の航空機だったということだ。つまり、数キロ離れた地点から投下して目標を消滅させるハイテク兵器など、まだ未来の話だったのだ。

『ヴィゲンとジャグァーが共通して不利だったのは、もともとどちらの機も、目標上空を直接飛行しながら兵装を投下するのが地上攻撃だった時代に属していたということだ』

所属しているのがNATOだろうとワルシャワ条約国だろうと、1970年代の戦術パイロットが低空で敵集結帯を攻撃するときの最大の脅威は、驚くほどの種類がある対空火器（AAA＝トリプルA）だった。ほとんどのトリプルA陣地は厳重に偽装されているため、パイロットは砲口の

当時のヨーロッパの空では珍しい形状をしていたスウェーデンのサーブ・ヴィゲンは、東西対決一色になっている冷戦の世界で中立を保ちたいという、この国の希望から生まれたものだった。

イギリス空軍コルティシャル基地の第41飛行隊に所属するジャグァーGR.1。ノルウェーで行われたイギリス海兵隊特別任務部隊支援のための演習、〝北極作戦〟のために偽装をしている。

閃光を見てはじめて存在に気づく。大型砲は大きくて低い発射率で閃光を発し、小口径砲は火花のように早い発射率で閃光を発する。レーダー付きの砲は通常は曳光弾を使わないが、小口径や中口径のAAAは25％の曳光弾を使っていた。ジャグァーのパイロットは、冷戦時代を次のように説明している。
「パイロットは戦いの興奮の中で、目にしている曳光弾は自分に向かって放たれている全弾薬のほんの一部でしかないということをつい忘れてしまいがちだ。夜明けや夕暮れ、夜に、もし砲に向かってまっすぐ飛行すれば、視覚的には曳光弾でできたトンネルのなかを飛んでいるようなものだ。これに心を奪われてしまって、光の〝壁〟に、ぶつかることを恐れて離脱をしぶったりすると、かえってAAA砲撃手たちに無偏差射撃ができる絶好の機会を与えてしまうことになりかねない」

『催眠にかかったようになったパイロットが、曳光弾の波に突っ込んで地上へと飛んでいくこともあった』

「もしパイロットが空中爆発の周辺に突っ込んだことに気づいたら、彼は中口径もしくは大口径高射砲の標的になっているということだ。小型自動火器では空中爆発は起きない。もし中口径弾の空中爆発が航空機と砲のあいだで起きたら、パイロットはほとんど心配しなくていい。空中爆発は射程圏内の端で起こるんだ。それとは違って大口径弾は、通常は近接信管かレーダー信管を使う。たぶんレーダー信管は、回避行動で高度を変える標的機に合わせて空中爆発の高度を変えて使っているのだろう」

地対空ミサイルの回避

ヴィゲンもジャグァーも就役したのは、それぞれ自国の短距離／中距離地対空ミサイルが真価を発揮しはじめていた時期だったが、それでもパイロットが迅速に行動すれば、この脅威に対処できた。地対空ミサイルのブースター・ロケットは発射後数秒のあいだ濃い灰色あるいは白い煙を出しており、ミサイル自体は見えなくても煙を見つけるのは簡単だった。ほぼいつも、煙は炎をともなっていた。
「煙の跡が波打っていると、ミサイルが誘導段階に入ったことを意味する。もし煙とロケット排気の明るい光が風防のほぼ同じ場所にとどまっていたら、自分が標的である可能性が高い。こんなふうに見えるのは、誘導地対空ミサイルは、標的に対して見越し追跡するため、標的に対し一定の角度を保とうとするからだ。地対空ミサイルは一般的に小型で、射程を推定するのはむずかしいことが多いから、できるだけ早く回避行動を取ったほうが生き残るチャンスが高くなる」

ヴィゲンもジャグァーも、現在は現役時代の終わりにさしかかっている。（訳注・両機とも退役済み）この２つの航空機のうち、実戦に参加したのはジャグァーだけだった。ありがたいことに、スウェーデンが自国の中立性のために戦う必要にせまられることはなかった。

ダッソー／ドルニエ アルファジェット

アルファジェットは、フランスのダッソーとドイツのドルニエによる、新しい高等練習機のための共同プロジェクトにより誕生した。1969年にはじまった開発中にドイツの要求が変更されたため、この航空機はフィアットG-91と交替する軽攻撃機としての仕様となった。フランスのアルファジェットのプロトタイプは1973年に、ドイツのプロトタイプは1年後に初飛行した。

フランスはアルファジェットE（Ecole＝訓練）を175機注文し、西ドイツは同じ数のアルファジェットA（Appui Tactique＝戦術支援）を注文した。どちらの航空機も武器搭載が可能だったが、ドイツ機はヘッドアップディスプレイ（HUD）と航法／攻撃システムが装備された。フランス機の機首の方が丸く、よりすぐれた失速特性を持ち、座席にはドイツが採用したアメリカのステンセルS-111モデルではなく、イギリス製マーチン・ベーカーMk4射出座席が採用されていた。

アルファジェットは輸出市場でBAeホークとほぼ同程度の成功をおさめ、カタールやコートジボアール、ベルギー、モロッコ、トーゴ、カメルーン、ナイジェリア、エジプトに販売された。ドイツでは1979年に就役し、最後の機が納入されたのは1985年だった。これらの機は軽攻撃機や前線航空統制（FAC）訓練機、転換訓練機として使われ、将来のトーネード航法士に高速ジェット機体験を積ませる課程にも使われている。一部の搭乗員は敵ヘリコプターを撃破する訓練も受けている。1991年の湾岸戦争では、数機のドイツ空軍アルファジェットがNATOの防衛任務を維持するためにトルコのエルハクへと派遣された。

ドイツ空軍 戦術師団 第41戦闘爆撃航空団（JBG 41）
1980年代後半 ドイツ フースム空軍基地

アルファジェットA 40+15は、ルフトヴァッフェが3個保有していたアルファジェット戦闘爆撃航空団（JBGまたはJaboG）のうちの1個、第41戦闘爆撃航空団が使用していた。ドイツ空軍は1993年にアルファジェットを戦闘任務から引き上げ、50機をポルトガルに引き渡した。このときに、アルファジェットA 40+15はベージャの第111作戦部隊2個飛行隊のうちの1個に引き渡された。

Dassault/Dornier Alpha Jet A

機種：複座ジェット練習機／軽攻撃機
乗員：2名
動力装置：SNECMA/チュルボメカ・ラルザック04-C6 ターボファンエンジン 推力1350kg×2
性能：最高速度1000km/h 実用上昇限度14630m 航続距離2460km
外寸：翼幅9.11m 全長11.75m 全高4.19m
全備重量：8000kg
兵装：着脱式ポッドに27mm IWKA-モーゼル機関砲×1、最大2500kgの爆弾とロケット弾

Dassault/Dornier Alpha Jet vs British Aerospace Hawk

ブリティッシュエアロスペース 🇬🇧 (BAe)・ホーク

　1974年8月に初飛行したブリティッシュエアロスペース（もとホーカー・シドレー）・ホークの1号機は、ナットトレーナーやハンターT.7、ジャグァー複座型と交替する、高度な兵装訓練のできる亜音速機開発への長いプロセスの結果として生まれた。さまざまなバージョンのあるホークは輸出で大成功をおさめ、アブダビやオーストラリア、カナダ、ドバイ、フィンランド、インドネシア、ケニア、クウェート、サウジアラビア、南アフリカ、韓国、スイス、ジンバブエへと販売されている。

イギリス空軍　第7飛行訓練校　第92（予備役）飛行隊
1994年　デボン州　イギリス空軍シベノア基地

　XX157は3番目に造られたホークで、評価を受けたあとの1979年12月にイギリス空軍へ納入された。この機は、1983年から86年にT.1Aスタンダードにアップデートされた88機のうちの1機となる。サイドワインダー空対空ミサイルを搭載できる翼下パイロンに改造され、ファントムとトーネードF.3を補完する緊急地点防衛が可能になった。
　1994年にシベノアの第7飛行訓練校が解散し、第92飛行隊は再び中途半端な存在になった。しかし素晴らしい経歴を持つこの飛行隊は、ユーロファイター・タイフーン部隊として再結成される有力候補になっている。

British Aerospace Hawk T.IA

機種：ジェット高等練習機
乗員：2名
動力装置：ロールスロイス／チュルボメカ・アドーア Mk 1151-01 ターボファンエンジン　推力2360kg × 1
性能：最高速度1040km/h　実用上昇限度15240m　航続距離2400km
外寸：翼幅9.39m　全長11.85m　全高4.00m
全備重量：8340kg
兵装：胴体下部ポッドに120発の30mmアデンMk 4機関砲×1、AIM-9サイドワインダー×2、あるいは最大680kgの爆弾もしくはロケット

アルファジェット
vs
ホーク

冷戦の後期、ドイツ空軍のアルファジェットはイギリス空軍のハリアー部隊とともに地上攻撃の最前線におもむいていた。

ドイツ北部に展開していたルフトヴァッフェ（ドイツ空軍）の2個のアルファジェット爆撃航空団は、デンマーク国境近くのシュレスウィヒ＝ホルシュタイン州のフレンスブルク南東にあるフースム基地のJBG 41と、ブレーメン西のオルデンブルク基地のJBG 43であった。これら2つのアルファジェット基地は、有事にはハリアーの基地であるギュッテルスローと連携して作戦を行うことになっていた。3つの基地の航空団は第2連合軍戦術空軍（2ATAF）に所属し、ワルシャワ条約軍の侵攻が想定されるライン3ヵ所に面している連合軍地上部隊に対して、最大限の航空支援を行うために配置されていた。

2ATAFのアルファジェットJBG 2個の提供する兵力は、NATO近接航空支援兵力への大きな貢献となっていた。戦時における彼らの主要任務の1つは、ワルシャワ条約軍の戦場支援ヘリコプターの撃墜だった。

『戦時には、JBG 49は中央前線の南側面にそって、チェコスロバキアからミュンヘンに向かうワルシャワ条約軍の侵攻と対決する責任を負うことになっていた』

アルファジェットの能力

アルファジェットは海面レベルで最高速度が出たが、低速でも操縦性は良好だった。同機のハイ・ロー・ハイ作戦形態（高々度進攻・低高度攻撃・高々度帰還）における戦闘行動半径は580kmで、これは最大継続推力による空戦と下部機関砲ポッド／翼下武器搭載での距離100kmの高速ダッシュ（攻撃時）を含む数値で、増槽を2本搭載すれば戦闘行動半径は1070kmに延ばすことができた。また同じコンフィギュレーションでロー・ロー・ロー作戦形態をとった場合の戦闘行動半径はそれぞれ390kmと630kmとなる。

南部では、第4連合軍戦術空軍（4ATAF）がミュンヘン近くのフュルステンフェルトブルックに本拠を置く、JBG 49のアルファジェット50機に支援されていた。戦時には、JBG 49は中央前線の南側面にそって、チェコスロバキアからミュンヘンに向かうワルシャワ条約軍の侵攻と対決する責任を

初期試験飛行中のフランス空軍のためのアルファジェット練習機のプロトタイプ。本機は、ドイツ空軍ではきわめて役に立つ地上攻撃機として使われた。

Dassault/Dornier Alpha Jet vs British Aerospace Hawk

イギリス南西部コーンウォール沖のエディストーン灯台上を飛ぶBAeホークの勇姿。ホークはホーカー・ハンターと交替してイギリスの戦術兵器練習機となった。

負うことになっており、その任務は、ドナウ川にかかる主要な橋梁を破壊し、イゼール川と並行しているボヘミアの森からドイツ領土へとつづいている道路沿いのさまざまな隘路に位置する敵軍勢を攻撃することだった。

練習機と戦闘機

なによりも雄弁にBAeホークという優秀な航空機の多用途性を示しているのは、AIM-9Lサイドワインダー空対空ミサイルで武装し、イギリスの防空の欠陥を補うために使われるという1979年のイギリス議会での宣言だろう。よく知られているように、ホークの戦時任務プログラムは、国防省の調達部長とイギリス空軍、ブリティッシュエアロスペースとの共同でおこなわれた。その目的は89機のホークを防空任務に提供することで、当時の兵装は30mmアデン機関砲のみだったが、各機に2基のサイドワインダーを追加装備することで防空能力が強化された。1980年初期に開始された開発の途上で、ストロボライトと高精度姿勢参照システムのためのツインジャイロを追加するという、2つの重要な修正がなされている。

改造されたホークによる最初のサイドワインダー発射試験は1980年に行われ、発射煙で起こる問題が解消されたのちに、1983年5月から有効なAIM-9Lサイドワインダー発射装置が供用されることになった。このころには、ブリティッシュエアロスペースは89機のホークを補助防衛兵力としてイギリスに配備する戦時標準機へと改造する契約を与えられていた。改造された航空機は、ブローディー空軍基地とシベノア空軍基地にある第1・第2戦術兵器部隊と、スキャンプトン空軍基地の中央飛行訓練学校(レッドアローズ曲技飛行チーム使用機を含む)に配備され、ホークT.Mk 1Aという記号名が与えられた。

『もし来襲する敵機が戦闘機に支援された爆撃機で構成されていたら、ホークが戦闘機に対応し、重武装航空機が爆撃機に対応することになっていた』

改造計画が1986年8月に完了するころには、ミサイル兵装のホークを地点防衛に使うというもともとのコンセプトは防空演習で得た教訓にしたがって変更されていた。当初の考え方は、防衛の第一線にはF.3トーネードとF.4ファントムを配備することだった——必要ならば給油機を利用して可能な限り前方で迎撃するという考え方だった。

防空第二線となるのは、ブラッドハウンド地対空ミサイルと短距離レイピア地対空ミサイルで、最後の砦となるのがホークだった。もちろんこの計画は、イギリス空軍の防空と攻撃飛行場が敵の主要目標であると想定したものだ。レーダー装備のないホークが脅威軸にそって戦闘空中哨戒(CAP)を行い、できる限り遠くまで防衛したとしても、それは飛行場のレーダー範囲に限られていた。もう1つの方法としては、ホークが戦闘行動半径の限度一杯で行動したり、2機のホークとファントムあるいはトーネードが組んで、彼らのレーダーを交戦に利用することだった。もし来襲する敵機が戦闘機に支援された爆撃機で構成されていたら、ホークが戦闘機に対応し、重武装航空機が爆撃機に対応することになっていた。この種の交戦では、ホークは独自に行動しなければならない。戦闘が終了した場合に武器と燃料が残っていれば、再びCAPに戻ることになっていた。

アエロ L-39 アルバトロス

　アエロ L-39 アルバトロスは、ソ連とワルシャワ条約国での主力練習機だった L-29 ドルフィンの後継機への必要を満たすために、チェコスロバキアで開発された。ソ連は設計段階でかなりの注文を出し、生産機を大量に取得している。この機は 2800 機以上が生産され、史上最も数の多い練習機となった。

　プロトタイプは 1968 年 11 月に初飛行し、その後には K-39C 非武装練習機や L-39ZO 兵器訓練機、L-39ZA 地上攻撃／偵察機が生産された。チェコスロバキアではアルバトロスは 1974 年に就役し、世界中でこの機を採用した 20 以上の国の 1 つとなった。L-39 は維持管理が簡単で、訓練と軽攻撃任務のために幅広い兵器を搭載することができた。

　チェコスロバキア空軍（Ceskoslovenske Letectvo）は、1993 年に連邦が分裂してチェコ共和国とスロバキアとなったあとに、チェコ共和国空軍（Vzdusni Sily Ceske Republiky）となった。多くの基地が閉鎖され、何種類かの航空機も退役し、チェコ共和国は将来的に 2 種の戦闘用航空機に的を絞ることを選択した。その航空機とはサーブ・グリペンと、L-39 の戦闘能力強化型の L-159 ALCA（高等軽量戦闘航空機）だった。

チェコ共和国空軍（Vzdusni Sily Ceske Republiky）
1990 年代　チェコ共和国　コシツェ基地

このイラストは 1990 年代なかばの L-39ZA 2418 を描いたものだが、本機は 2003 年にはチェコ南東部のナメスト・ナッド・オスラボーにある第 322 戦術飛行中隊（Taktika Letka）に所属している。この部隊が維持していた数機は、地元の原子力発電所を守る即応警戒用だった。チェコでは約 30 機の L-39 が現役で働いている。

Aero L-39ZA Albatros

機種：高等練習機、軽攻撃／偵察機
乗員：2 名
動力装置：イフチェンコ AI-25TL ターボファンエンジン　推力 1720kg × 1
性能：最高速度 755km/h　実用上昇限度 11000m　航続距離 1100km
外寸：翼幅 9.46m　全長 12.13m　全高 4.77m
全備重量：4700kg
兵装：GSh-23　23mm 機関砲 × 1、最大 2000kg の爆弾あるいはロケット弾

CASA C.101 アビオジェット

　年季の入ったイスパノ・サエタ練習機の後継機として、スペインの航空機メーカーCASA (Construcciones Aeronauticas SA) が1975年に製造をはじめたのがC.101アビオジェットだった。ドイツのMBBとアメリカのノースロップが開発を手助けし、1977年6月に4機のプロトタイプの1号機が初飛行した。ホークやアルファジェットなどのジェット練習機の後に開発されたにもかかわらず、後退翼を採用しないなど空力的には洗練されておらず、また兵装搭載能力も限定的な機体であった。スペイン空軍 (Ejercito del Aire) はC.101をE-25ミルロ (ブラックバード) と名付け、2度に分けて合計88機を購入した。1990年から92年に、これらすべての機の航法／攻撃能力が近代化されている。

　ほんの少数だが輸出もされている。ホンジュラスがアビオジェットを4機購入し、ヨルダンはC.101 CC-04攻撃専用型を16機購入している。チリも同じ攻撃機型を4機購入し、エナエル A-36CC アルコン (Halcon = ハヤブサ) としてさらに19機をライセンス生産している。より高性能の改良型C.101DDは、マーベリック・ミサイルや新しいヘッドアップディスプレイ、レーダー警戒システム、チャフ／フレア発射装置を搭載できるように開発された。しかしこの機は、どこからも注文を得ることができなかった。

**スペイン空軍　空軍士官学校　初級飛行学校
第793飛行隊
1980年代　スペイン　サン・ハビエル基地**

このイラストのE25-08は、南東スペインにある空軍士官学校の初級飛行学校における姿だ。スペイン空軍曲芸飛行チームのパトルーラ・アギラもここを本拠としており、同チームのC.101は飛行学校の教官が飛ばしていた。イラストのアビオジェットも近年同チームで使われている。

CASA C.101EB Aviojet

機種：高等ジェット練習機
乗員：2名
動力装置：ギャレット TFE-731-5-IJ ターボファンエンジン　推力2130kg × 1
性能：最高速度769km/h　実用上昇限度12800m　航続距離1040km
外寸：翼幅10.60m　全長12.50m　全高4.25m
全備重量：6300kg
兵装：30mm DEFA 機関砲ポッド×1 あるいは12.7mm 機関銃×2、最大1840kgの爆弾もしくはロケット弾

アエロ L–39 アルバトロス
vs
CASA C.101 アビオジェット

アルバトロス系統の最新型は、アエロ L–59 スーパー・アルバトロスと L–159 アルバトロス II だ。L–39 から直接開発された L–59 は、強化した胴体と長い機首、大幅に改良されたコックピット、より強力なエンジンを持っていた。

1992 年、アルバトロスの単座攻撃専用改良型が ALCA（高等軽量戦闘航空機）というプロジェクト名で提案され、チェコ空軍への売り込みに成功した。L–159A と命名されたこの改良型の初飛行は 1997 年 8 月 2 日に行われた。

L–159A は西側のアビオニクス（航空電子装備）を多く取り入れており、システム統合はボーイングによって行われた。チェコ共和国が現在この機を運用している唯一の国である。

『この機は、サイドワインダーやマーベリック、ブリムストーンなどのミサイルと、無誘導ロケット弾や爆弾、電子妨害装置、偵察ポッドなどのさまざまな兵器が搭載可能である』

L–159A 開発の後、新しい複座練習機 L–159B アルバトロス II が登場した。この機は、L–59 スーパー・アルバトロスの改良版である L–139 に基づいてデザインされているが、まだ生産には到っていない。L–139 に搭載された TFE731 エンジンは、スーパー・アルバトロスのロシア製プログレス DV–2 からは、ある意味ではダウングレードされていた。西側のターボファンはより燃費が良く、軽量で、基本的により信頼性が高かったものの、推力がかなり低かったために、L–139 は総体的に推力不足だった。

ALCA（高等軽量戦闘航空機）

L–139 は生産には入らなかったが、基本的には軽攻撃機で、戦闘機導入練習機としても使用できる派生型 ALCA の基礎となった。実質的には、アルバトロスのほかの型より戦闘に特化しており、コックピットには装甲板があり、さらに胴体中央搭載用パイロンと各翼の下に 3 つのパイロンなど、合計で 7 つの兵装パイロンが備えられていた。この機は、サイドワインダーやマーベリック、ブリムストーンなどのミサイルと、無誘導ロケットや爆弾、電子妨害装

スペインの CASA アビオジェットは非常に有用な戦闘練習機だったが、設計者が望んだような輸出能力を発揮することはなかった。

Aero L-39 Albatros vs CASA C.101 Aviojet

L-39アルバトロスはチェコの航空産業が生み出した、もう1つの成功作だった。この航空機は多くの空軍で、標準のジェット練習機として採用された。

置、偵察ポッドなどのさまざまな兵器が搭載可能である。標準砲ポッドはZPL-20 Plamen 20mm砲ポッドだったが、ほかのポッドとの互換性もあった。そのほかには、視程外射程AIM-120 AMRAAMミサイルなどが考慮されたこともあった。

L-159の動力は、二重系の全自動デジタル制御（FADEC）で、推力2860kgのアライドシグナル／ITEC F124-GA-100ターボファンエンジンだった。新エンジンに適応するように大きな空気取り入れ口が設計され、オリジナルのL-39のAI-25TLエンジンに比較すると、70％近く強力だった。この航空機には、西側スタンダードに合致するように近代的なコックピット機器が装備されており、NATOに加盟しようとしていた東欧諸国にふさわしい戦闘用航空機となっていた。

スペインでの運用

CASA C.101はチェコのアルバトロスに較べると、成功物語とは言いがたい。しかしそれでもスペイン空軍では活躍し、輸出でもいくぶんかの成功をおさめている。スペインの2契約では、C.101 EB-01（スペイン空軍ではE.25ミルロと名づけられた）がそれぞれ60機と28機販売された。最初の4機はサン・ハビエルの空軍士官学校に1980年3月17日に、そして最後の機は1984年に納入された。この航空機は1990年代初期には4つの部隊に配備されており、マタカンの第411および第412飛行隊では再訓練課程に、サン・ハビエルの第793飛行隊では高等訓練とパトルーラ・アギラ曲技飛行チームのために、そしてトレホンの試験部隊、第54航空群で使われていた。2000年なかばまでに訓練部隊が再編制され、C.101の使用部隊は、マタカンの第744飛行隊とトレホンの第54航空群、のちにサン・ハビエルの空軍士官学校の一部となる初級飛行学校とパトルーラ・アギラとなった。

『……すべての型に、後部コックピット下の胴体にベイがあり、武器や偵察カメラ、電子妨害装置、レーザー目標照射装置などの機器がおさめられるようになっていた』

C.101はコストと複雑さを減らすためにモジュール式の製造方法を採っており、どのような要求があってもこたえられるように、アビオニクスと装備のためのじゅうぶんなスペースが意図的に残してあった。また、燃費向上のために高バイパス比のターボファン単発装備や、段差付きタンデムのマーチン・ベーカーMki 10L zero/zero射出座席、右に開く分離式風防を持つ与圧コックピット、非ステアリング式前輪とレバーサスペンションの主降着装置、主翼のインテグラルタンクと胴体内のフレキシブルタンク及び加圧式給油口、固定式翼前縁と後縁のスロッテッドフラップ、機力操舵式補助翼と人力操舵の昇降舵／方向舵、トリム調整のための電動可変取り付け角式の水平尾翼など、さまざまな特徴があった。

最も変わった特徴は、翼下面に兵装搭載のためのプロビジョンがあるだけでなく、すべての型に後部コックピット下の胴体にベイがあり、武器や偵察カメラ、電子妨害装置、レーザー目標照射装置などの機器がおさめられるようになっていたことだった。

ブリティッシュエアロスペース・シーハリアー

イギリスのハリアーGR.Mk3から開発されたシーハリアーFRS.Mk1は、再設計された前部胴体とフェランティのブルーフォックス・レーダーを装備した機首、視界向上のために一段高くなったコックピットと新設計の風防、より強力なペガサスMk104エンジンをそなえていた。

FRS.Mk1には1975年に24機の初期注文が入った。その後の注文は、イギリス海軍からの合計57機とインドからの24機だった。レーダーなしの複座訓練機は、シーハリアーT.4として開発された。最初の実戦部隊が（第899飛行隊）1980年4月に配置され、その後2個部隊が（第800と第801飛行隊）フォークランド紛争で空母ハーミーズとインヴィンシブルを母艦として派遣され、アルゼンチン空海軍の航空機に対して23回の勝利をおさめてその名をあげた。

イギリス海軍航空隊　第801飛行隊
1983年　イギリス空母インヴィンシブル

シーハリアーXZ451は1982年4月に、イギリス機動部隊の一部として空母インヴィンシブルに搭載された。5月1日の2回の任務では、機関砲でT-34を1機破壊し、AIM-9Lミサイルでキャンベラを撃墜した。5月21日にナイジェル〝シャーキー〟ワード少佐が機関砲でプカラ攻撃機を破壊し、6月1日にはサイドワインダーと機関砲でC-130ハーキュリーズを撃墜している。どちらのときも、ワードはXZ451を飛ばしていた。インヴィンシブルは1983年にオーストラリアとニュージーランドを訪れており、イラストの機に描かれているマークには、このときにカンガルーの〝一撃〟の絵柄が加えられている。1999年12月1日、この機は反動制御バルブがつまったためにサルディニア島近くの地中海に墜落した。パイロットは脱出している。その他の生き残ったシーハリアーはアップグレードされ、新しいブルービクセン・レーダーをそなえ、AIM-120 AMRAAMミサイル搭載能力のある、FA.2スタンダードとなった。

British Aerospace Sea Harrier FRS.MkI

機種：艦上V/STOL戦闘機、偵察攻撃機
乗員：1名
動力装置：ロールスロイス・ペガサス2 MK 104ターボファンエンジン　推力9760kg×1
性能：最高速度1183km/h　実用上昇限度15240m　航続距離1480km
外寸：翼幅7.7m　全長14.5m　全高3.17m
全備重量：11880kg
兵装：30mmアデン機関砲×2、最大3630kgの武器（爆弾、ロケット弾、シーイーグルASMもしくはAIM-9サイドワインダーAAMなど）

ダグラス A-4 スカイホーク 🇺🇸

A-4スカイホークは大戦後の軍用航空機の古典的設計の1つである。本機は1952年にアメリカ海軍が、ダグラスのエド・ハイネマン技師に新しい艦上攻撃機の設計提案を出すように要求した仕様よりずっと軽量で強力な機体として実現した。プロトタイプXA4D-1スカイホークは1954年6月に初飛行し、生産型A4D-1は1956年に就役した。

最初の完全実戦機となるA-4Bには空中給油プローブが装備されており、通常兵器や核兵器が幅広く搭載できた。スカイホークは合計で2960機製造され、そのうち542機がA-4Bだが、新しい型の生産は1979年まで継続された。4ヵ国が新品のA-4をダグラスに注文したが、そのほかに5ヵ国はアメリカ海軍と海兵隊の余剰機を取得した。アルゼンチンとシンガポールは、自国の空軍のために改装したA-4Bを大量に購入している。

シンガポール空軍では戦闘機と爆撃機として3個飛行隊に配備され、最後の部隊は2007年までスカイホークを使用していた。なおシンガポール空軍が給油機を購入するまでは、同空軍のA-4S/SUが重量と抗力減少のため給油プローブなしで飛行している姿は珍しいものではなかった。

シンガポール共和国空軍　第143〝フェニックス〟飛行隊
1980年代　シンガポール　チャンギ空軍基地

イラストのA-4S No.681は、ビューロー（海軍航空局）ナンバー145046のA-4Bとしてアメリカ海軍のために造られ、予備飛行隊VA-209〝エア・バロン〟で使われたあと、1972年にシンガポールへデリバリーされた。のちに納入されたA-4の多くは、F404ターボファンと近代的アビオニクスが搭載されたA-4SU〝スーパー・スカイホーク〟へと改修されたが、この機は改修されることなく、スクラップとしてシンガポールのセルトラッド・メタル・インダストリーズへと売却されてしまった。

第143飛行隊は、ホームベースだったチャンギ飛行場が国際空港へと拡張されたときにテンガー飛行場へと移った。この飛行隊は、1997年にシンガポールの飛行隊としてはじめて、使用機をF-16C/Dファイティング・ファルコンへ転換している。

Douglas A-4S Skyhawk

機種：ジェット戦闘爆撃機
乗員：1名
動力装置：ライトJ65-W-20ターボジェットエンジン　推力3810kg×1
性能：最高速度1064km/h　実用上昇限度13720m　航続距離2680km
外寸：翼幅8.38m　プローブなし全長11.70m　全高4.27m
全備重量：10210kg
兵装：30mmアデン機関砲×2、最大2270kgの武器（通常爆弾、ロケット、AIM-9Pサイドワインダーミサイルなど）

BAe シーハリアー
vs
ダグラス A-4 スカイホーク

ハリアーGR.Mk.3 とシーハリアーFRS.1 という2種のハリアーは、どちらもフォークランド紛争で使われたが、ほとんどが A-4 スカイホークだったアルゼンチン戦闘爆撃機との空戦を制して新聞の一面をかざったのはシーハリアーの方だった。

フォークランド紛争でのシーハリアーの成果は、海軍航空隊の第801飛行隊を指揮していたナイジェル〝シャーキー〟ワード少佐の次の言葉で要約できる。
「敵機は目標地域に達するとあまりにも少量の燃料しか残っていないため、ほんの数分しかとどまれないとよくいわれていた。これは、ミラージュや A-4 スカイホークの性能数値を知っていれば、誰にでもわかるくらい明らかな間違いだ。

目標地域での滞空可能時間は、彼らもハリアーもほぼ同じだし、さらに重要なのは、彼らが攻撃側としてはるかに多くの機数を持つという利点があったということだ……。アルゼンチン軍はシーハリアーにラ・ムエルテ・ネグラ（ブラック・デス）というコードネームをつけており、全国ラジオ放送で宣伝していた。彼らはイギリス海軍航空隊を恐れていたが、ポート・スタンリーが陥落するまで、我が国の土地と海軍にほとんど自殺行為とも言える攻撃をつづけたのは称賛に値する」

『ブラフ・コーブで船が燃えているひどい光景が見えた。黒い油性の煙が立ちのぼっており、船の後部全体が熱で赤く輝いていた』

フォークランドでの空中戦

アルゼンチン海軍のスカイホーク・パイロット、第5航空群のルーベン・ジニ大尉は次のように語る。
「我々は、空中戦は避けて低空で単機で脱出するようにと告げられていた。空中戦での操縦には多くの経験があったが、A-4 ではあまりできることがなかった。遅いのはもちろんだが、運動性でシーハリアーを出し抜くことができないこともよくわかっていた。できることといえば、低空でフルスロットルで逃げ出すことだけだ。我々の任務は常に攻撃だけで空中戦ではなかったから、スカイホークにサイドワインダーを搭載したこともなかった。イギリスが使用したサイドワインダー（AIM-9L）はとても有効なミサイルだから、我々の旧式ではとても太刀打ちできる望みはなかった」

シーハリアーと AIM-9L サイドワインダー・ミサイルとの組み合わせがいかに有効だったかを示している戦闘報告がある。イギリスのデイヴ・スミス海軍大尉とデイ

1982年のフォークランド紛争で、シーハリアーはイギリス空母ハーミーズとインヴィンシブルから発進するために動員された。

British Aerospace Sea Harrier vs Douglas A-4 Skyhawk 179

かなりの武器が積載可能なアルゼンチン空軍のダグラスA-4PスカイホークC-207（元A-4B・142688）。この機は1982年5月25日に、イギリス海軍の誘導ミサイル駆逐艦コヴェントリーを撃沈したA-4Pのうちの1機である。

ヴ・モーガン空軍大尉は、どちらもイギリス海軍航空隊第800飛行隊で軍務についており、空母ハーミーズから作戦行動に出ていた。これは、フォークランド紛争での部隊最後の戦闘のときだ。
「ブラフ・コーブで船が燃えているひどい光景が見えた。黒い油性の煙が立ちのぼっており、船（補給船サー・ギャラハッド）の後部全体が熱で赤く輝いていた。ほぼ18：00時、すでに暗くなり始めているころで、グース・グリーンの方向から来る上陸用舟艇に向かって数機のスカイホークが攻撃をかけようとしていることに気づいた。デイヴ・モーガンは急横転していったん背面となり、それから海面へと急降下していった」

『3～4kmの距離があり、サイドワインダーの排気煙は目標まで270mほどで消えてしまい、目標に届かないように私には見えた……しかし違っていた。目もくらむような閃光が走り、1秒後にはスカイホークが地上に激突していた』

「わたしはデイブを急いで追ったが、彼は夕闇のなかで見えなくなろうとしていた。彼の機を目で追うのはとても大変だった。スロットルを全開にして、デイヴが消えていった方向へと向かった。彼はだいたい800m先にいたに違いない。わたしの速度がほぼ1100km/hを超えたとき、デイヴの機の方向で2回の明るい閃光が見えた――彼がサイドワインダーを2発発射したのだ。白い煙の跡が2つの火の玉になり、2機のスカイホークがばらばらになって海へと激突するのが見えた」

サイドワインダーによる撃墜
「デイヴはどこにいるのか？　幸いなことに、彼はほかの2機のスカイホークに向けて機関砲を発射しており、わたしは海上でしぶきをあげる砲弾の破片めがけて飛んでいった。攻撃のために接近すると途中にデイヴがいたが、ありがたいことに機を離脱させて視界からどいてくれた。
最も近い敵機をミサイルで狙うと、ミサイルのシーカーが目標を捕捉した音が聞こえてきた。発射したが、遠すぎたし、ミサイルが当たるには速度が速すぎると思っていた。3～4kmの距離があり、サイドワインダーの排気煙は目標まで270mほどで消えてしまい、目標に届かないように私には見えた。しかし違っていた。目もくらむような閃光が走り、1秒後にはスカイホークが地上に激突していた」
防衛側のシーハリアーは、レーダー防空艦からの指示でアルゼンチンの襲撃機へと向かった。それからのパイロットは、たいていは低空飛行をしている敵機の位置を裸眼で捕捉しなければならなかった。シーハリアーのパイロットは、距離の問題も克服しなければならなかった。当時2隻の空母は安全のためフォークランド諸島の東、約400kmを遊弋していたため、2機1組のシーハリアーが戦闘空中哨戒（CAP）に出ているときには別の1組が帰還しており、3組目が進出途上にあるというスケジュールだった。通常は3つのCAP地域が維持されており、これらの地域を哨戒するには18機の航空機が必要となった。完全なCAPが達成されていたのはひとえに、95％というシーハリアーの優秀な稼働率のおかげだった。

ミコヤン・グレビッチ MiG-27 〝フロッガー〟

MiG-23は、プロトタイプが1967年に初飛行し、1973年に東ドイツ駐留第16空軍の前線航空隊攻撃部隊に配備された。MiG-23は、翼が23度から71度まで後退する可変翼戦闘爆撃機で、ソ連空軍にとって最初の真の多用途戦闘機だった。MiG-23Mフロッガーbは最初の大量生産型で、すべての主要ワルシャワ条約国に配備された。リビアやほかの中東諸国の空軍向けに輸出された簡易型は、MiG-23MSフロッガーEと呼ばれた。

MiG-23UBフロッガーCは単座型と同じ戦闘能力を保持している複座訓練機で、MiG-23BN/BMフロッガーF/フロッガーHは輸出用の戦闘爆撃機型だった。1970年代後半に就役したMiG-27は、NATOにはフロッガーDとして知られている戦場支援専用型だった。またMiG-27DとMiG-27KフロッガーJはその改良型であり、MiG-23Pは防空任務に特化したモデルだった。

MiG-23/27は約5000機製造され、1990年代には20ヵ国の空軍で使用されていた。MiG-23/27がソ連空軍でデビューした当時、問題がなかったとは言えないが、初期の事故の多くは可変後退翼メカニズムの欠陥によって引き起こされたものだった。

インド空軍 第9飛行隊 〝ウルフパック〟 1990年 ヒンダン空軍基地

インド空軍のMiG-27はMiG-27Lと呼ばれた。当初はソ連供給のキットをヒンダスタン・エアロノーティックス社(HAL)が組み立てる、いわゆるノックダウン組み立て方式で作られたが、後にインド内で部品組み立てを行い、製造されるようになった。インド空軍で就役したこの型はバハドゥール(勇気)として知られている。

Mikoyan-Gurevich MiG-27L Flogger-J

機種:戦場支援機
乗員:1名
動力装置:ツマンスキーR-27F2M-300ターボジェットエンジン A/B推力10000kg×1
性能:最高速度2445km/h 実用上昇限度18290m 戦闘行動半径970km
外寸:翼幅 展張時13.97m 後退時7.78m 全長16.71m 全高4.82m
全備重量:18145kg
兵装:23mm GSh-23L 機関砲×1、翼下パイロンに空対空ミサイルや攻撃武器などを搭載

パナビア・トーネード

　1960年代の攻撃・偵察機への要求から生まれたのが、可変翼トーネードだった。求められたのは、さまざまな兵装を大量に搭載可能で、全天候、昼夜を問わず、ワルシャワ条約軍の予測される防衛システムを突破して低空で侵攻できる航空機だった。開発と製造のために、パナビアという名前で企業共同体が設立された。主要な参加企業はブリティッシュ・エアクラフト・コーポレーション（のちのブリティッシュエアロスペース）とメッサーシュミット・ベルコウ・ブローム（MBB）、アエリタリアで、ほかに多くの下請け会社も参加していた。別の企業共同体であるターボ・ウニオンは、ロールスロイスとドイツのMTU、フィアットが参加して、トーネードのロールスロイスRB-199ターボファンエンジンを製造するために設立された。

　9機作られたトーネードIDS（Interdictor/Strike、阻止攻撃）のプロトタイプの最初の機は1974年8月14日に初飛行し、イギリスのコテスモア空軍基地で訓練を受けていた参加国の搭乗員たちが、最初の生産型トーネードGR.1を受け取ったのは1980年7月のことだった。イギリス空軍はGR.1攻撃機を229機受け取り、ドイツ空軍が212機、ドイツ海軍航空隊が112機、イタリア空軍が100機受け取った。イギリス空軍とイタリア空軍のトーネードは、1991年の湾岸戦争で実戦に参加している。

　トーネードGR.1Aは前部胴体下面の中心線上に偵察装備のフェアリングがあるモデルで、1988年に納入がはじまったが、偵察装備が搭載されたのは1990年のことだった。GR.4はGR.1の侵攻能力とスタンドオフ攻撃能力を高めたアップグレード型、GR.4AはGR.4の戦術偵察型である。サウジアラビアには、48機のトーネードIDSがデリバリーされた。

　トーネードGR.1Aは、1990年代以降のイギリス空軍の偵察機の必要性に応えるために開発されたモデルで、事実上完全な空対地攻撃能力を残していたが、偵察装備搭載のスペースのためにマウザー23mm機関砲が撤去されている。GR.1Aは、ドイツ・ラールブルック基地（後にマーハム基地に移動）の第2飛行隊に最初に配備された。

イギリス空軍　第13飛行隊
1990年代初頭　ノーフォーク州　マーハム空軍基地
トーネードGR.1Aは前部胴体下面センターラインに、パノラミックIRLS（赤外線ラインスキャン）のフェアリングと胴体両サイドにSLIR（赤外線側視装置）の窓を持つことが特徴。前部に透明部があるフェアリングはLRMTS（レーザー測距・指示目標シーカー）で、右にオフセットして取り付けられている。

Panavia Tornado GR.MkIA

機種：戦術偵察機
乗員：2名
動力装置：ターボ・ウニオンRB.199-34R Mk 103 ターボファンエンジン　A/B推力7290kg×2
性能：最高速度2337km/h　実用上昇限度15240m　戦闘行動半径1390km
外寸：翼幅13.91m（展張時）　8.6m（後退時）
　　全長16.72m　全高5.95m
全備重量：27216kg
兵装：最大9000kgの各種兵装搭載、ヴィンテン・赤外線ラインスキャンセンサーとTIALD（熱画像・空中レーザー照射装置）

MiG-27 フロッガー
vs
パナビア・トーネード

MiG-27 とトーネード IDS には共通点が多かった。どちらの機も可変翼を特徴としており、どちらも飛行場攻撃を優先していた。違いはその数だ——押し寄せるフロッガーによる激しい低空攻撃への防衛は、不可能ではないにしても困難だったに違いない。

MiG-23 は、ソ連のアフガニスタンでの軍事行動で多くの実戦に参加した。フロッガーG 型は胴体上部に搭載したフレア／チャフ発射装置を利用して、反乱勢力がかなりの量を保有していた、アメリカのスティンガーのような赤外線誘導、携行型の対空ミサイルを回避するのに成功している。ムジャヒディンはなんの空軍力も保持していなかったが、フロッガーはアフガニスタンとパキスタン国境地帯の地上標的を攻撃しているときに、パキスタン空軍の F-16 と交戦することがあり、少なくとも 2 機の MiG-23 が空中戦闘で撃墜されたと報告されている。

1 人の MiG-23 パイロットがソ連の最高位勲章を与えられている。そのパイロットは、アフガン介入時に 188 回の任務についたアナトーリ・レフチェンコ大佐だ。最後の任務は 1986 年 12 月 27 日だった。サラン峠を往来する車輌を攻撃したあと、彼の機は対空砲陣地からの射撃で被弾した。何らかの理由で射出できなかった彼は機を急降下させて対空砲陣地に突入し、破壊した。これにより彼が所属していた飛行隊は反撃を受けることなく任務を完遂することができた。レフチェンコ大佐はソ連の英雄として死後に金星章を授与された。

『フロッガーは、トーネード IDS（阻止攻撃機）のような航空機には致命的な兵器だと、証明されていたかもしれない』

冷戦が最も厳しかった時代に NATO にとっての大きな懸念の一つは、ワルシャワ条約国に大量に配備されていたフロッガーだった。戦場上空いっぱいに殺到して限定的な制空権を確立することができるからだ。当時の NATO はこの航空機について部分的な情報しか得ておらず、F-4 ファントム（当時の NATO での主要航空機）で簡単に対処できると軽蔑的に考えている西側パイロットもいた。シリアの MiG-23 パイロットがイスラエルへ亡命したとき、はじめて西側専門家が分析したところ、フロッガーはきわめて有能な戦闘機であり、ある点では 1980 年代初期に就役しはじめていた F-15 や F-16 より上回ると考えられるようになった。戦時下の緊急要請に応えるため、昼間でも夜間でも出撃せざるを得ないトーネードのような阻止攻撃機にとっ

もし冷戦が熱い戦争へと発展していたら、必ずや MiG-27 はヨーロッパの最前線にいたはずだ。

Mikoyan-Gurevich Mi-G27 'Flogger' vs Panavia Tornado

ハンティング JP.233 飛行場攻撃システム（胴体下面）と長距離タンク、ECM ポッド、サイドワインダー・ミサイルを搭載したイギリス空軍のトーネード GR.1。

て、フロッガーは致命的な兵器となったかもしれないのである。

イラクの飛行場

　飛行場攻撃は MiG-23/27 の役目の１つであり、これは NATO のパナビア・トーネード GR.1 IDS 部隊にとっても第１の関心事であった。1991 年の湾岸戦争のとき、イギリス空軍とサウジアラビア空軍、イタリア空軍のトーネードは、石油関連施設攻撃だけでなく、イラク軍飛行場の無力化という任務を課せられていた。

　イギリス空軍の GR.1 は、イラクの航空機を強化型シェルター内に釘付けにさせるため、JP233 低高度飛行場攻撃システムを採用した。これは、滑走路の上を斜めに飛行して貫通型子爆弾を大量にばら撒くという方法だ。イギリス空軍のトーネードはスカイ・シャドー電子妨害装置（ECM）ポッドを搭載し、時にはアメリカ空軍のワイルドウィーゼル・ファントム F-4G の支援を受けながら任務を実行した。目標への飛行は自動操縦で行われ、パイロットは低空となる最終航路で手動に切り替える。その後、目標上空を飛行するときに武器投下のクリアランス（高度の余裕）をとるためと、地対空ミサイルあるいは対空砲からの回避行動をとれるように、機体を少し上昇させる。

　この段階で同時に攻撃されたのは、イラクの指揮統制通信センター、固定 SS-1C スカッド地対地ミサイル施設、化学・生物兵器生産保管施設、ロケット推進薬工場、その他の軍事工場と飛行場だ。30 のイラク主要軍事飛行場のうち、25 ヵ所が 1991 年１月 23 日までに激しい攻撃を受け、イラク空軍の出撃率は作戦実行前の１日 200 回以上から約 40 回にまで激減した。

　作戦後期には、レーザー側距装置ポッドを持たないイギリス空軍のトーネード GR.1 は、ロッシーマス基地の攻撃航空団のバッカニアと共同作戦を行った。バッカニアにはペイブスパイク・レーザー目標照射ポッドがそなえられており、目標を照射することにより──多くは強化型航空機シェルターや、橋梁、ミサイルサイロなど──トーネードが投下した LGB（レーザー誘導爆弾）を誘導した。また後には GEC フェランティ TIALD（熱画像・空中レーザー照射装置）を搭載した２機のトーネードが湾岸戦争に配備され、阻止攻撃の実戦で使われた。

SA-3 攻撃

　TIALD は、センサーとして唯一熱画像とテレビ画像を提供できる装置だった。これが選ばれて搭載された理由には、24 時間の全天候能力を持っていたこともその一つだった。バッカニアのようなレーザー照射装置を搭載した航空機が、レーザー誘導爆弾を搭載する航空機群の一部として行動する戦術と比較すれば、トーネード自身がレーザー照射の可能なシステムには多くの利点があった。

　一例をあげると、バッカニアが加わった攻撃パッケージの一員として飛行するトーネードでのことだが、コックピットではグループの航空機のあいだで交わされる多くの声が行き交い、手遅れになるまでミサイル接近への警告に気づかないという事態を招いた。トーネードには２発の SA-3 ミサイルが連続して命中した。射出脱出したパイロットは捕虜になったが、航空士は死亡した。阻止攻撃には、このような危険が常につきまとうのである。

ボーイング AH-64 アパッチ

　もともとはヒューズ社が開発したAH-64アパッチは、マクドネル・ダグラスとマクドネル・ダグラス・ヘリコプターのもとで製造されていたが、1997年の航空機業界大手2社合併によって、現在はボーイングの製品となっている。最初のYAH-64は1975年9月に初飛行し、その後の長い評価期間をへて、AH-64Aアパッチとして生産がはじまり、1996年4月にアメリカ陸軍で就役した。

　先進的な夜間暗視／目標捕捉・指示システムと、レーザー誘導ヘルファイア・ミサイルを装備するアパッチは、AH-1コブラより大幅に戦闘能力が向上した。ヘルメット搭載の照準装置は機首下の強力なチェーンガン砲と連携しており、パイロット（後方座席）あるいは副パイロット・砲撃手は目標を見るだけで砲の狙いをつけることができた。A型アパッチは、イスラエルやエジプト、アラブ首長国連邦、サウジアラビア、ギリシャに輸出された。1991年の湾岸戦争では、作戦開始後の最初の任務をまかされ、イラク国境に配置されていた多数のレーダーサイトや車輌を破壊している。

　この戦争の教訓からAH-64Dが開発され、すべてではないがほとんどの機には、マストに設置されたレーダードームにロングボウ・ミリ波レーダーが設置された。新しいレーダー誘導のヘルファイアは、悪天候下や視程外からの発射が可能で、以前のものより広い範囲で目標確認と選定ができるようになった。アメリカ陸軍は800機以上のAH-64Aのうち500機をアップグレードして、ロングボウ搭載機に変更する計画である。

アメリカ陸軍訓練・教育軍団　第14航空（訓練）旅団　第1大隊
1996年　アラバマ

イラストの90-0423という航空機は、AH-46Aを改造して作られた開発型AH-64D 6機のうちの4号機で、1993年10月に改造後の初飛行を行った。この機にはのちに新たな98-5083というシリアルナンバーが与えられ、フォート・ラッカーにある第14航空（訓練）旅団の第1大隊に配備された。AH-64Dはオランダやシンガポール、イギリスに輸出されている。

Boeing AH-64D Longbow Apache

機種：攻撃ヘリコプター
乗員：2名
動力装置：ゼネラルエレクトリック T700-GE-701Cターボシャフトエンジン　1800shp × 2
性能：最高速度293km/h　地面効果内ホバリング限界高度4172m　航続距離428km
外寸：メインローター直径14.63m　全長14.97m　全高4.66m
全備重量：9525kg
兵装：M230 30mmチェーンガン×1（1200発）、武器搭載量2840kg（非誘導ロケットとAGM-114ヘルファイア・ミサイル含む）

ミル Mi-24 〝ハインド〟

NATOによってハインドというコードネームを与えられたミル Mi-24 は、侵攻輸送・ガンシップ専用機としてソ連空軍で就役したはじめてのヘリコプターだった。その任務には、直接航空支援や対戦車攻撃、武装援護、空対空戦闘などがあった。

8名の完全武装の兵士を運べるこのヘリコプターは、1980年代のソ連によるアフガン介入で広く使われた。ソ連は大量のハインドを東ヨーロッパに配備し、発展途上国にも多く輸出している。

ハインドAの胴体は、大きな楕円形の胴体の前部にガラスはめ込みのコックピットが設けられ、尾部に向かって細くなっていた。ハインドDの胴体前部は、タンデムの水滴型風防と機首下部搭載の銃座を増設するという改造が行われていた。ハインドのテールブーム後端には、テーパーと後退角の付いた垂直安定板、その左側にはテールローターがあり（一部のモデルは右側）、垂直安定板のすぐ前のテールブームにはやはりテーパーの付いた水平安定板があった。外部兵装は下反角の付いたスタブウイング（短翼）のパイロンに搭載され、それぞれの翼には3ヵ所のハードポイントがあり、合計すると6ヵ所になる。ハインドの翼は、前方飛行では22〜28％の揚力を生んでいる。ほぼすべての旧式ハインドAとハインドB、ハインドC改良型は、ハインドDやハインドEスタンダードへとアップグレードや改造が行われた。

ソ連軍グループ　第16空軍
1980年代　ドイツ民主共和国駐留

初期モデルの Mi-24 ハインドAは、1974年に東ドイツ内の兵力として配備され、バルヒムとステンダールの2個ヘリコプター攻撃連隊に配備されていた。性能が向上したハインドDは1976年までには前線部隊に配備されはじめたが、1979年からMi-24VハインドEに交替されていった。1992年にドイツからロシアが撤退したときには、ほぼすべてのハインドDが交替済みであった。

Mil Mi-24 Hind-D

機種：侵攻ヘリコプター
乗員：2名、兵員：8名
動力装置：クリモフ TV3-117 シリーズⅢターボシャフトエンジン　2200hp × 2
性能：最高速度 310km/h　実用上昇限度 4500m　航続距離 750km
外寸：ローター直径 17.30m　全長 17.51m　全高 4.44m
全備重量：12500kg
兵装：遠隔操作の機首下銃座に4砲身 12.7mm ロータリー機関砲 × 1、さまざまな組み合わせの対装甲ミサイル、ロケットポッド、ガンポッドなど

ボーイング AH-64 アパッチ
vs
ミル Mi-24 〝ハインド〟

1991年1月16日から17日にかけての夜、多国籍軍のイラク攻撃である〝砂漠の嵐〟作戦開始の数時間前、アメリカの第101空挺師団の8機のマクドネル・ダグラス AH-64A アパッチ・ヘリコプターが砂漠の闇の中を北に向かって低空で飛行していた。

ヘリコプターは、追加燃料タンクとヘルファイア空対地ミサイル、70mmロケット、30mm砲の弾薬を満載していた。これらの機の航法支援のために同行していたのは、アメリカ空軍の特殊作戦ヘリコプター CH-53 だった。アパッチの任務はイラク内部に深く侵攻してイラク軍防空の要となっている2ヵ所のレーダー施設を破壊し、バグダッド地域の重要目標を攻撃する多国籍軍攻撃機のための侵入路を開くことだった。

『またヘリコプターチームは、その地域から去る前に70mmロケット弾100発と30mm弾4000発も発射した』

アパッチの任務

それは往復1758kmの完璧なミッションだった。アパッチは目標地域で2つの攻撃グループに分かれ、ぎりぎりの瞬間に30mまで上昇して合計15発のレーザー誘導ヘルファイアを発射し、そのすべてがレーダー施設に命中した。またヘリコプターチームは、その地域から去る前に70mmロケット弾100発と30mm弾4000発も発射した。攻撃に要した時間はほんの2分間にすぎなかった。

帰路には、アパッチはコブラ基地と呼ばれた砂漠の集結地点に着陸し、あらかじめ待機していたアメリカ陸軍の CH-47 〝ファット・カウ〟ヘリコプターから給油を受けた。この作戦には時間がかかるため、攻撃チームがサウジアラビア国境へと向かったのは朝になろうとしていたころだった。その途上で、ALQ-144赤外線妨害装置を装備していた CH-47 がイラクの地対空ミサイル発射を探知し、チャフとフレアを使って回避行動を取った。それでもミサイルは回避できず、ヘリコプターの後部降着装置を吹き飛ばしてしまった。損傷は受けたものの、CH-47 は無事に基地まで帰還することができた。

一方でいまだにイラク領空にいたアパッチには、支援として前方に配置されていたブラックホークとチヌーク、カイオワが同行し、目標を見つけ次第攻撃するという作戦を続けていた。この間にアパッチ1機とブラックホーク1機が、敵の地上砲火によって失われている。

アパッチは NATO にとって大きな攻撃ヘリコプター戦力となった。写真の AH-64D ロングボウ・アパッチはマスト搭載のミリ波レーダーをそなえている。

もし冷戦の後期に武力衝突が起こっていたら、ミル Mi-24 ハインドは NATO の装甲部隊にとって深刻な脅威となったかもしれない。

開始から終了まで、地上で費やした時間を含めて15時間だった。この素晴らしい作戦は、アパッチの驚くべき多才な能力を大々的に示すことになった——そして実際の敵も、潜在的な敵も、驚異的な火力の威力を思い知ることになった。

アフガニスタンでのハインド

イラクでの紛争より10年前、ソ連はすでにアフガニスタンで攻撃ヘリコプターの威力を証明していた。約250機派遣されていた重武装のミル Mi-24 ハインドが、はじめて実戦に参加したのだ。アフガニスタンへのソ連介入について、当時のアメリカ陸軍の観測者は次のようにコメントしている。「機首銃座には機関銃あるいは機関砲が設置され、スタブ翼下に192発の非誘導ロケット弾を搭載しているハインドは、きわめて致命的な兵器だ。この機には8名から12名の兵員とその装備を乗せる余裕があり、ソ連は制裁や捜索・攻撃任務で広く使用していた。またハインドは、地上兵への近接航空支援提供や、アフガンの村の攻撃（ときには固定翼機と連携した）、ゲリラ集団の発見と攻撃を行う武装偵察任務にも使われていた」

『隊列の守備は別のハインドも行っており、彼らは隊列のずっと前方で、経路上に終結している可能性のあるゲリラを発見し、攻撃していた』

「重装甲のハインドは、ゲリラが高い山腹に据え付けた武器で上方から狙わない限り、ゲリラの小火器で被害をこうむることはほぼなかった。

知られているハインドの脆弱点は3つだけで、タービンの吸気口とテイルローターの回転部、そして利便性を考えて胴体の赤い星の下に設けられたオイルタンクだった。

アフガニスタンの地形はハインドの使用にかなりの影響を与えた。アフガニスタンの狭い道の多くは、急峻で高い山々の谷間を蛇行していた。このような地形は、完璧な待ち伏せ地点となる。その結果、ソ連の隊列や補給部隊がゲリラ地帯へと移動するときには、標準的な護衛戦術で訓練されたパイロットの操縦するハインドが同行していた。数機のハインドが地上隊列の上空でホバリングしながらゲリラの行動を監視し、ほかの機は前進する隊列より前方の高地で兵員を下ろす。これらの兵員は潜在的な待ち伏せ地点を確保し、隊列が通過するまで側面の安全を確保する。彼らをゲリラ攻撃から守るのは、彼らを運んだハインドと、後から上空に到達しホバリングするハインドだ。隊列がその位置を通過すると、兵員を再び乗り込ませて、通過経路にそってさらに前方へと展開させる。隊列の守備は別のハインドも行っており、彼らは隊列のずっと前方で、経路上に終結している可能性のあるゲリラを捜索し、攻撃していた。

ハインドについての別の情報は、ソ連の兵力展開は緊密に空軍と地上軍を配備することにあると示唆していた。ハインドは、アフガニスタンにおけるソ連の主要な近接航空支援兵器だった。彼らはソ連兵と戦う敵兵力を攻撃するだけでなく、戦闘地域の前方よりさらに 20～30km 先まで攻撃を実行することもあった」

グラマン F-14 トムキャット

しばしば究極の〝スーパーファイター〟と見なされるF-14トムキャットだが、アメリカ海軍での経歴が終わりに近づきつつある（訳注・2006年に全機退役）。有名な多くの飛行隊（VF）は1990年代に解隊され、それ以来ほかの飛行隊も艦隊防衛任務のためにF/A-18E/Fスーパー・ホーネットへと移行している。さまざまなアビオニクス・アップグレードが行われたにもかかわらず、依然としてF-14は中距離攻撃力としてAIM-7スパローを維持していた。現在では他の大半の戦闘機が長距離のAIM-120AMRAAMを採用することにより、トムキャットを代替できる防空能力を獲得した。トムキャットの持つウェポンシステムと、機関砲、サイドワインダー、スパロー、フェニックス・ミサイルという組み合わせは、すべての距離の脅威に対処できる高度なシステムだったが、高価なことが難点であった。

第111戦闘飛行隊〝サンダウナーズ〟 第15空母航空団
1990年代 アメリカ海軍 ミラマー海軍航空基地

第111戦闘飛行隊（VF-111）は、1959年にF11Fタイガー飛行隊だったVA-156を改編することにより再編制された。VF-111には、F11Fに続いてF-8クルセイダー、F-4ファントムIIが配備され、ベトナムではF-8とF-4で数機のMiG撃墜に成功している。この飛行隊はアメリカ海軍航空隊がカラフルな塗装であふれていた時代に、機首に赤と白のシャークマウス（鮫の口）を、垂直尾翼にやはり赤と白でサンバースト（旭日マーク）を描くという、ひときわ目立つカラーリングで有名となった。この飛行隊は1978年にF-4JからF-14Aに乗り換え、1979年5月に空母キティーホークに搭載されて初の航海を行った。VF-111は第15空母航空団（CVW-15/NL）の一員として、それから16年間、太平洋艦隊空母キティーホークとカール・ヴィンソンを母艦として活動し、航海中ではないときには、サン・ディエゴ近くのミラマー海軍航空基地に本拠を置いていた。〝サンダウナーズ〟のトムキャット時代に、アメリカ海軍は視認性を減少させるために機体の色づかいとマークを控え目にした。すべてのカラーが消え去り、有名な鮫の口と旭日マークもうすいグレーで描かれるのみとなったが、指揮官のF-14には小さなスペースでカラーが使われているときもあった。VF-111は冷戦後の軍事費削減の犠牲となり、1995年に解隊された。

Grumman F-14A Tomcat

機種：艦上迎撃戦闘機
乗員：2名
動力装置：プラット＆ホイットニーTF30-P-414Aアフターバーナー付きターボファンエンジン A/B推力9875kg×2
性能：最高速度2485km/h 実用上昇限度15240m フェリー航続距離3800km
外寸：翼幅19.54m（展張時：後退角20°）、10.15m（後退時：後退角75°）全長19.10m 全高4.88m
全備重量：33720kg
兵装：M61バルカン20mm機関砲×1、最大兵装搭載量6580kg（AIM-9 2発、AIM-7スパロー4発、AIM-54フェニックス空対空ミサイル4発含む）

スホーイ Su-22 〝フィッター〟

　スホーイ設計局は1960年代初頭にSu-7の再設計を行い、より強力なエンジンと可変翼を持たせ、燃料タンク容量を増加させた。この変更でSu-17/20フィッターCとなった機は、固定翼機の可変翼派生型という珍しい航空機だった。この機は、従来の設計を最大限度まで発展させるというソ連の素晴らしい才能があらわれた実例だった。

　フィッターCの開発には、戦闘機の1つの基本設計を30～40年間使用し、長期的な標準機を育て上げるという、ソ連の継続的開発の側面が見られる。また、同じ生産施設の長期間使用で大きくコストを下げられるため、ソ連は国際市場で西側に較べてはるかに競争力のあるコストで戦闘機を提供することができた。

　Su-22はアップデート型で、地形回避レーダーやその他の改良型アビオニクスをそなえていた。Su-22Mの主要なユーザーであるシリア・アラブ共和国（通称シリア）空軍は、1978年以降50機も受け取っている。もう1つの重要な使用国はベトナムだ。Su-22は現在でも、チェコ共和国やスロバキアなどの旧ワルシャワ条約国で使われている。

東ドイツ空軍　第77戦闘爆撃航空団〝ゲルハルト・レーベレヒト・フォン・ブリュッヒャー〟1980年代　ロストック　ラーゲ

Su-22Mは東ドイツの2部隊に配備されており、1つは第77戦闘爆撃航空団、もう1つは第28海軍航空団〝パウル・ヴィーツォレック〟だった。東ドイツのフィッター搭乗員は、戦術偵察任務に加え、防空網制圧任務でS-25Lレーザー誘導ロケット発射体とKh-58U（AS-11キルター）対レーダーミサイルを使う訓練を受けていた。

Sukhoi Su-22MF Fitter-K

機種：戦闘爆撃機
乗員：1名
動力装置：リューリカ AL-21F-3 ターボジェットエンジン　A/B推力11250kg×1
性能：最高速度2220km/h　実用上昇限度15200m　戦闘行動半径675km
外寸：翼幅13.80m（展張時）　10.03m（後退時）　全長18.75m　全高5m
全備重量：19500kg
兵装：30mm機関砲×2、8ヵ所のハードポイントに最大4250kgの兵装を搭載

グラマン F–14 トムキャット
vs
スホーイ Su–22 〝フィッター〟

グラマンの大型海軍戦闘機がはじめて世界の耳目を集めたのは、1981 年 8 月 19 日のことだった。ヘンリー・クリーマン中佐とローレンス・マクジンスキー大尉が操縦する戦闘飛行隊 VF–41 の 2 機が、地中海上空でリビア空軍の Su–22 フィッターを撃墜したのだ。

トムキャットが 04.05GMT（標準時）にアメリカ空母ニミッツから発進したのは、シルテ湾のリビア沿岸北 111km 地域の警戒飛行のためだった。そのとき空母ニミッツとフォレスタルを含むアメリカ第 6 艦隊の 16 隻の艦船は、南地中海でミサイル発射演習を行っていた。演習地域が明確に設定され、標準的な国際警報が数日前に出されていたにもかかわらず、35 機以上のリビア哨戒機が演習地域に接近し、実際に 6 機は演習地域内に侵入した。リビア機は、第 6 艦隊のトムキャットによる迎撃を受け、追い返されていた。

迎撃

クリーマンとマクジンスキーが操縦する 2 機のトムキャット・パトロール機の任務の 1 つは、潜在的な敵機の侵入から演習地域の防衛線を守ることだった。高度 6100m で警戒のための周回飛行をしていた 15 時 20 分、クリーマンのレーダー迎撃士官（RIO）が南 74km に彼らの方向に向かっているレーダー反応をとらえた。空母の戦闘機統制官から調査を命じられたトムキャット両機は、南へ機首を向けた。クリーマンが先頭で、マクジンスキーは 2.5km 後方のやや上空を飛んでいた。

2 つのレーダー反応は引き続き正面からトムキャットに向かって接近しており、両アメリカ機の RIO からの報告では、彼らの装置は、I バンドで作動しているソ連製の SRD–5M 〝ハイ・フィックス〟迎撃・火器管制レーダーからの電波を捕捉していた。この型のレーダーはフィッターの空気取り入れ口中央に収納されていることが知られており、どのような航空機と遭遇するのかという最初の手がかりをアメリカ機に与えてくれた。

『彼は目標が太陽を横切るまで 10 秒待ち、それから約 300m の距離で AIM–9L を発射した』

グラマン F–14 トムキャットは、E–2 ホークアイ早期警戒機と連携して行動し、アメリカ海軍に世界で最も効果的な艦隊防空システムを提供した。

Grumman F-14 Tomcat vs Sukhoi Su-22 'Fitter'

チェコ空軍のスホーイ Su-22〝フィッター〟。現在では、チェコとポーランドのフィッターは定期的にほかの NATO 諸国の空軍機と演習を行っており、手強い相手であることを証明している。

フィッターが視界に入る寸前の約 13km で、トムキャットは急激に右に方向を変え、すでにミサイル発射可能距離に達しようとしていたリビア機の発射限界を無効にした。10〜11.3km 地点に視認できるフィッターは翼端間が約 150m という接近した編隊で飛行しており、逆方位の針路でほぼ 2 時方向に見えていた。トムキャットのパイロットは、フィッターを視界に捉えて向かい合うために再び旋回した。クリーマンは 150m 上空を飛びながら、約 300m 前方で 1 機のフィッターが右パイロンから 1 発の AA-2 アトール赤外線ホーミングミサイルを発射するのを見た。彼はマクジンスキーにミサイル発射を知らせ、視界に捉えたままのフィッターの尾部をかすめるように激しく左旋回し、アトールのシーカーをジンバル限界から外して追尾を解除した。

回避行動

どちらのトムキャットも急激に左にブレークした。クリーマンは、先頭のフィッターが――アトールを発射した機――マクジンスキーに向かって上昇しながら左旋回し、アメリカ機の最大旋回率の航跡を通過したあとも、まだ上昇するのを見ていた。マクジンスキーは旋回を中止して先頭のフィッターを追い、クリーマンは逆方向に旋回して右へと向かってリビアの僚機を追跡した。彼は目標が太陽を横切るまで 10 秒待ち、それから約 300m の距離で AIM-9L を発射した。ミサイルはフィッターの排気管付近に命中し、コントロールを失ったリビア機のパイロットは 5 秒内に射出脱出した。

『2 機のフィッターはすぐれた戦術とすぐれた武器、そしてはるかにすぐれた航空機という組み合わせによって撃墜された』

一方のマクジンスキーも約 700m からサイドワインダーを発射し、やはり標的を破壊した。2 機目のフィッターのパイロットは射出しなかったようだった。最初のレーダー反応から撃墜まで、60 秒もかかっていなかった。F-14 に惚れ込んでいた第 6 艦隊のあるトムキャットパイロットは、こうコメントしている。
「我々が手にしているのは、偉大な迎撃機で、偉大な艦隊防空戦闘機、そしてもちろん強力なドッグファイターであり、あらゆる事態に対処できる武器を持ち、実に長い CAP（戦闘空中哨戒）時間を持つ航空機だった。我々はそれを、地中海のリビア沖で証明した。我々は 24 時間態勢で CAP を行っており、目標地域の哨戒時間は最大 3 時間もあった。この能力を目の当たりにするとすぐ、リビアはこの航空機全体、なかでもウェポンシステムに対し大いに敬意をはらうようになった」

このことはシルテ湾上空の戦闘で証明された。この 2 機のフィッターはすぐれた戦術とすぐれた武器、そしてはるかにすぐれた航空機という組み合わせによって撃墜された。リビア機はトムキャットのレーダーに最初に探知されたその瞬間から、相手に打撃を与える可能性などほとんどなかったのだ。

ём # ジェネラル・ダイナミクス F-111

F-111の初期の経歴については、長引いた開発と、アメリカ海軍艦隊防衛任務を目的としていたF-111B型の失敗のせいで、大きく意見が割れている。アメリカ空軍のF-111Aは1964年12月に初飛行し、1968年にベトナムで実戦に初登場した。最初のディプロイメントは50％の損失率だったことで有名だが、やがて〝アードバーク〟の愛称を持つF-111は、地形追随レーダーを用いることにより、悪天候・夜間を問わず重要目標までの航法と攻撃が可能な、非常に効果的な長距離攻撃機だということを証明した。

F-111は内部爆弾倉を持たないが、アメリカ軍の保有するほぼすべての精密誘導兵器と、非常に幅広い通常兵器および核兵器を搭載できた。F-111FがF-111A/Eと異なっているのは、ペイブタックを装備していたことだ。この大型の胴体下ポッドのおかげで、レーザー誘導爆弾（LGB）で標的を狙うことができた。1991年の湾岸戦争では、F-111Fは主として夜間にLGBを使ってF-16の10倍以上のイラク車輌を破壊し、きわめて効率的な戦車破壊者であることを証明した。

アメリカ空軍　航空戦闘軍団　第27戦闘航空団　第524戦闘飛行隊
1993年　ニューメキシコ州　キャノン空軍基地

テールコードの〝CC〟は、このF-111Fが1969年から1998年まで本土の主要な〝アードバーク〟基地であったキャノン空軍基地をホームベースとしていたことを示している。F-111F 70-2396は1980年代なかばには、イギリスのレイクンヒースの第492戦術戦闘飛行隊（TFS）、第48戦術戦闘航空団（TFW）に配備されており、1986年4月のリビア攻撃〝エルドラド・キャニオン作戦〟に参加している。ヨーロッパ駐留のF-111Fは、1992年にF-15Eに交替し、この70-2396はキャノン空軍基地の第27戦闘航空団に引き渡された。そして1996年1月に退役し、ディビスモンサン基地で保管処分とされている。

General Dynamics F-111F

機種：可変翼戦術戦闘爆撃機
乗員：2名
動力装置：プラット＆ホイットニーTF30-P100アフターバーナー付きターボファンエンジン A/B推力11395kg×2
性能：最高速度2338km/h　実用上昇限度17267m　航続距離5850km
外寸：翼幅19.20m（展張時）　9.74m（後退時）　全長22.4m　全高5.18m
全備重量：44880kg
兵装：最大兵装搭載量11600kg

スホーイ Su-24 〝フェンサー〟

ソ連政府は1965年に、ジェネラル・ダイナミクス F-111 と同じクラスの新しい可変翼攻撃機の研究を開始するようスホーイ設計局に命じた。新しい航空機の1つの基準は、威力を増大させている防空システムを突破できるように、非常に低空で飛行できることだった。その結果生まれた Su-24 は1970年に初飛行し、最初の生産型であるフェンサーAのデリバリーは1974年にはじまった。

フェンサーにはいくつかの改良型があるが、その頂点は1986年に就航した Su-24M フェンサーDだ。その特徴は、Kaira-24 レーザー測距・目標指示装置と組み合わせた先進的な航法・攻撃目標照準システムで、レーザー誘導とテレビ誘導の兵器が使用可能となった。また、航法と無線通信システムもアップグレードされている。さらに空中給油システムが追加されたことで、航続距離と運用の柔軟性も大幅に向上した。

Su-24MR は戦術偵察型だ。Su-24MK は Su-24M の輸出型で、ソ連と友好的なアラブ諸国のために開発された。この航空機はシリアに20機、リビアに15機、イラクに24機が輸出されたといわれている。Su-24MK ともともとの Su-24M の間には、ほとんど違いがないと見られている。またウクライナ空軍も、Su-24 の2個連隊を引き継いでいる。

**第67爆撃航空連隊　第149爆撃師団
1985年　ポーランド　シヴェルスキー**

Sukhoi Su-24'Fencer'

機種：阻止攻撃機
乗員：2名
動力装置：リューリカ AL-21F3A ターボジェットエンジン　A/B 推力 11250kg × 2
性能：最高速度 2316km/h　実用上昇限度 17500m　戦闘行動半径 1050km
外寸：翼幅 17.61m（展張時）　10.36m（後退時）　全長 24.53m　全高 4.97m
全備重量：39700kg
兵装：23mm GSh-23-6 6砲身機関砲×1、外部パイロン9ヵ所に最大8000kgまでの兵装搭載

ジェネラル・ダイナミクス F-111
vs
スホーイ Su-24 〝フェンサー〟

アメリカもソ連も、長距離・低空・全天候・阻止攻撃機の重要性を認識していた。しかし、F-111が単一で行動するために設計されたのに対して、Su-24〝フェンサー〟は異なる戦術を採用していた。

1972年、F-111は世界で最も高性能の阻止攻撃機であり、また西側兵器の中核となる武器になるだろうという初期の批評を一度は裏切った航空機でもあった。この桁外れの機械による低空飛行を説明するだけでもむずかしいことが、1971年にF-111Aに搭乗したアメリカの航空ライター、アーネスト・K・ガンによる記事を見てもわかると思う。

「高度を下げるにつれて、山々が今までにないほど際立って感じられ、昨晩の賭けを思い出す。もしTFR（地形追随レーダー）が動いているあいだに操縦桿に手を伸ばし、自動操縦から変更できれば、マティーニ2杯……3350mの山に向かって890km/hでまっすぐ接近し、地面から60mの地点からその山々を見上げている。ときおり唾を飲み込み、ちらりとウィーラー（フォートワース基地のF-111受領審査主任のトム・ウィーラー大佐）を盗み見ると、彼は外などながめずに、じっくりと1935年というビンテージの古い航空チャートを見つめている……」

『自動操縦が機首を水平にし、餌を探している巨大なオニイトマキエイのように、波打つ地面の上をなめらかに進む』

「まるで山腹に柔らかく触れるように、111は斜面を上昇する……前方の山には峠がある……視線より上にある木々、そして両翼端の先を岩石のかたまりが過ぎ去っていく。

ウィーラーがノブに手を伸ばして言う。『飛行は、やさしいのと、ほどほどのと、きついのと、どれがいいかな？』わたしの鷲の爪のように丸めた手は、操縦桿からまさにほんの数センチのところにある……111は峠を通り抜け、山の裏側を下降しはじめる。まだ地面から60mの高さのまま

翼後退機構の初期問題が解消されると、F-111は優秀な攻撃機であることが証明された。写真のF-111Eは英アッパー・ヘイフォード基地に駐留していた第20戦術戦闘航空団（TFW）の所属機である。

General Dynamics F-111 vs Sukhoi Su-24 'Fencer'

スホーイ Su-24〝フェンサー〟はロシアでの F-111 同等機だったが、採用された戦術は異なっていた。フェンサーは、護衛機とともに〝集団〟で作戦行動を取った。

でスピードは音速を少し下回っている……北京へと直接つながっているような谷底を直進する機に身を任せていると、自動操縦が機首を水平にし、餌を探している巨大なオニイトマキエイのように、波打つ地面の上をなめらかに進む」

ベトナムでの F-111 は単一で作戦行動を取り、人口過密地域にあることが多いピンポイント目標への〝ブラインド〟（盲目）ファーストパス攻撃で、目覚ましい戦功を上げた。ある F-111 パイロットは空軍誌のインタビューで次のように答えている。

「山々を越えるには強い自制心が必要だ。夜なら、月光に照らされた雲の上に出る。あたり一面で雲の上から切り立った山頂が飛びだしているし、雲の霧の中へと機首を突っ込まなければならない。下降するにつれて月光がかげって雲が暗くなり、山頂より下にいることがわかる。頼りになるのはレーダーと自動操縦だけだ——ハノイが近づいてきたとき、不安じゃなかったとは言えない」

『夜間攻撃で高々度にするか低空にするかの選択ができれば、わたしはいつも低空を選ぶ。そしていつも F-111 で飛ぶ』

「非常に悪天候のある夜、わたしは爆弾を投下するまでの最後の 11 分間雲のなかにいた。つまり、全航程中の最低高度が 75～60m で、丘陵にそって上昇・下降飛行しており、コックピットの外は見えないし、投下後も見えないということだ。実にすごいフライトだった。今になっても、どれほど素晴らしかったかを説明できないほどだ……航空機に信頼を持ったわたしは、信奉者になった。夜間攻撃で高々度にするか低空にするかの選択ができれば、わたしはいつも低空を選ぶ。そして F-111 とならどこへでも飛んで行くだろう」

F-111 のロシアでの同等機であるスホーイ Su-24〝フェンサー〟乗員も、間違いなく彼ら自身の航空機に同様の信頼を寄せていたはずだ。ロシアの実戦手順と戦術はアメリカ空軍とは異なっており、ロシア空軍が 1991 年の湾岸戦争の教訓を吸収して以来、着実に洗練されてきていた。Su-24 は演習では 4 機で行動し、目標へは個別攻撃ではなく集中攻撃をかけていた。

展開演習での航空機の通常の組み合わせは、ツポレフ Tu-95 爆撃機 6 機と Su-24 攻撃機 10 機、スホーイ Su-27 護衛戦闘機 4 機が、Il-78 給油機 12 機と A-50 AWACS 1 機、空中指揮機 2 機に支援されるものだった。1993 年 5 月 18 日から開始されたボスホード 93 演習では、上記の組み合わせの航空機がロシア西部の 3 飛行場から現地時間 01：00 時に出発し、極東のアムール訓練地域へと向かった。10 機の Su-24 は 12 時間半で到達する 8000km の飛行中に空中給油を 2 度受け、一方の Su-27 は途中の飛行場で再給油を受けた。移動直後に準備態勢が整い、Su-24 による模擬目標への攻撃は Il-62 空中指揮機との連携で行われた。この演習は 2 日間つづき、航空機は 5 月 19 日に基地へと帰還してきた。

ツポレフ Tu-22M 〝バックファイア〟

NATOが〝バックファイア〟のコードネームを割り当てたTu-22Mは1971年に初飛行し、1973年に初度作戦能力（IOC）に到達、その後数年でソ連空/海軍のTu-16〝バジャー〟に交替していった。この新爆撃機の任務が、周辺攻撃用なのか大陸間攻撃用なのか、冷戦時の諜報活動ではその任務について激しい論議を呼ぶこととなったが、この機の本質的な脅威が対艦船攻撃だと判明するのは、かなり後になってからのことだった。

オリジナル設計（バックファイアA）に大幅な改造がほどこされて生まれ変わったのがTu-22M2バックファイアBである。約400機のTu-22Mのうち240機がM-2/3型として生産された。Tu-22M3（バックファイアC）は防御兵装搭載量を減らし、空中給油プローブが撤去された。1985年には偵察機型のTu-22MRが就役し、最新モデルは攻撃機型のTu-22MEである。

可変翼機であるTu-22M〝バックファイア〟の設計は、多くの欠陥にもかかわらずアフガン介入時に実戦投入された後退翼モデルのTu-22〝ブラインダー〟を基本としている。

北洋艦隊　第924偵察飛行連隊
1998年　ロシア共和国　オレーニヤ

第924偵察飛行連隊は、第924ミサイル搭載部隊と呼ばれることもある。冷戦時代の本機の任務は、北大西洋および北海のNATO船団、ロシア沿岸地域に接近する海軍部隊に対する攻撃であった。Kh-22M（AS-4〝キッチン〟）空対地ミサイルを搭載し、NATO海軍を攻撃するためのバックファイアが大量配備されていた。バックファイアは北部艦隊第574偵察飛行連隊や黒海艦隊の部隊でも使用された。イラストは、第924偵察飛行連隊で使用されていたTu-22M3バックファイアCである。

Tupolev Tu-22M 'Backfire'

機種：海上攻撃機
乗員：4名
動力装置：クリモフNK-144ターボファンエンジン　推力20000kg×2
性能：最高速度2125km/h　実用上昇限度18000m　航続距離4000km
外寸：翼幅34.3m（展張時）23.4m（後退時）全長36.90m　全高10.80m
全備重量：130000kg
兵装：23mmGSh-23　2銃身機関砲（リモートコントロール式尾部砲塔に搭載）×1、爆弾倉搭載量最大12000kもしくはS-4ミサイル1基あるいはAS-16ミサイル3基

ロックウェル B-1B 🇺🇸

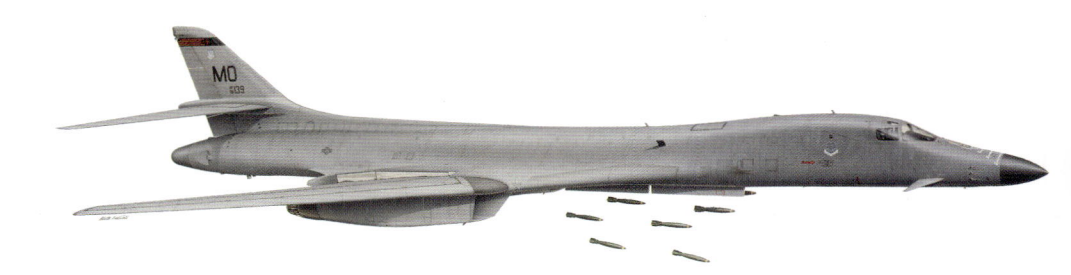

　低高度侵攻目的の B-52 や FB-111 の代替機として設計されたロックウェル B-1 可変翼超音速爆撃機は、プロトタイプが 1974 年 12 月 23 日に初飛行し、1976 年 12 月 2 日にアメリカ空軍から生産計画推進の承認を受けた。しかし 1977 年 6 月に、ジミー・カーター大統領がテレビの全国放送でこの決定を覆し、B-1 の生産中止を表明した。ところが 1981 年 10 月 2 日になると、ロナルド・レーガン大統領新政権は超音速爆撃機プログラムの再開を決定したのである。

　戦略航空軍団に配備された 100 機は B-1B と命名された。当時すでに製造済みのプロトタイプ 4 機は徹底した評価プログラムを経て、後に B-1A として知られることになる。B-1B は 1984 年 10 月に初飛行し、最初の作戦機が 1985 年 7 月 7 日にダイエス空軍基地第 96 爆撃航空団に納入された。最後の B-1B が納入されたのは 1988 年 5 月 2 日で、それ以来旧ユーゴ紛争、アフガニスタン、イラクなどの爆撃作戦に参加している。B-1B は、当初第 8 航空軍の 4 個爆撃航空団（BW）に配備されたが、1994 年に 2 個 BW が解隊されている。

アメリカ空軍　第 366 航空団　第 34 爆撃飛行隊

1990 年代　サウスダコタ州　エルスワース空軍基地

イラストの B-1B が配備された第 366 航空団（366WG）は、アメリカ空軍の緊急展開介入航空団としてアイダホ州マウンテンホーム基地で 1991 年に再編された部隊で、F-16C/D や F-15C/D/E 戦闘機、KC-135R 空中給油機、B-52G 爆撃機も配備されていた。B-52G を装備していた第 34 爆撃飛行隊（34BS）は、1994 年に B-1B 部隊に転換し、2002 年まで 366WG 隷下で活動した。〝ガンファイターズ〟とも呼ばれた同航空団は、世界のあらゆる地点での紛争抑止作戦行動のために緊急展開される部隊だった。

Rockwell B-1B

機種：戦略爆撃機
乗員：4 名
動力装置：ゼネラルエレクトリック F101-GE-102 ターボファンエンジン　A/B 推力 13960kg × 4
性能：最高速度 1328km/h　実用上昇限度 15240m　航続距離 12000km
外寸：翼幅 41.66m（展張時）　23.85m（後退時）　全長 44.78m　全高 10.24m
全備重量：216630kg
兵装：Mk-82 爆弾（上限 38320kg）または Mk-84 爆弾（上限 10974kg）、SRAM × 24、自由落下核爆弾 B-28/B-43 × 12 または B-61/B-83 × 24、内部回転式ランチャーに ALCM ミサイル × 8 ＋翼下ランチャーに 14、翼下パイロンにその他様々な組み合わせの武器搭載、低高度では機内格納部のみに武器を搭載

ツポレフ Tu-22M
vs
ロックウェル B-1B

冷戦期に敵対していた2大強国にとって、超音速爆撃機の開発に成功するまでは長く苦しい道のりだった。そして最終的にアメリカとソ連が手にしたのが、Tu-22M と B-1B だ。

ツポレフ Tu-22M とロックウェル B-1B は、どちらも特殊任務を意図したものだったが、実戦ではまったく異なっていた。Tu-22M3〝バックファイア C〟は対 NATO 空母戦闘グループの低空攻撃に特化し、早期警戒管制機（AWACS）から支援を受けていた。最初の機は第 185 重爆撃機航空連隊に納入され、1993 年に生産中止となるまでに 268 機が製造された。本来の対艦船兵器である Kh-22（NATO コードネーム〝キッチン〟）ミサイルには、通常弾頭も核弾頭（3.5 キロトン）も装備できたが、のちには内部回転式ランチャーに Kh15P 核弾頭装備空対地ミサイルを最高 6 基搭載できるようになった。できるだけ多くの攻撃機で NATO 戦闘群を集中攻撃する構想を持っていたソ連は、各攻撃群から最大 7 機のバックファイアを飛ばして、航空母艦を第一目標として攻撃することにしていた。バックファイアは、対 NATO 早期警戒機の空対空戦闘目的でも利用することができたのだ。

並はずれた設計

バックファイアの実戦初登場は北大西洋上ではなく、アフガニスタンの荒涼とした山岳地帯だった。1988 年 1 月、第 402 重爆撃機連隊の 16 機がムジャヒディンとの交戦のためにトルキスタンの空軍基地に展開し、最大 3000kg の爆弾を搭載して山岳拠点を攻撃した。バックファイアのアフガンでの最終任務は 1989 年初頭だったが、1995 年のチェチェン紛争ではグローズヌイ周辺の目標を攻撃している。

『第 402 重爆撃機連隊の 16 機がムジャヒディンとの交戦のためにトルキスタンの空軍基地に展開し、最大 3000kg の爆弾を搭載して山岳拠点を攻撃した』

Tu-22M は格段にすぐれた設計の航空機だ。胴体前部にクルーステーション、中央部にウェポンズベイ、後部にはエンジン室、一対の空気取り入れ口、そしてウェポンズベイの左右にエンジン室へのインテークダクトが配されていた。当初設計で唯一の欠点は側面にある空気取り入れ口で、高仰角時に垂直安定板と方向舵にとって許容できないほどの気流の乱れを生じてしまったのだ。この問題は垂直尾翼前部のドー

モスクワ近郊のモニノ空軍博物館に展示されている Tu-22M バックファイア。バックファイアは、スタンドオフ兵器を搭載した非常に効果的な対艦船攻撃機として今も現役だ。

B-1B〝ランサー〟は、いったん中止された開発計画を、ロナルド・レーガン大統領が再開しなければ誕生することはなかっただろう。

サル・フィンを大きくすることで解決され、容積が拡大された尾翼基部の内部には装備や燃料セルが搭載された。

開発の初期段階ではこの航空機がどうなるかは不確定だったが、1971年にソ連の政府高官の前で行った数回のデモンストレーションのあとで、生産命令が確定した。そのデモンストレーションでは、500kgの爆弾を満載した単一機による戦車部隊への攻撃も行われた。目標は破壊され、爆弾の破片が閲覧席に飛び込んで、ぎりぎりで難を逃れたにもかかわらず、政府高官は高性能にいたく感動した。

『B-1Bは1998年の〝デザート・フォックス〟作戦の支援で実戦に初登場し、イラクに対する爆撃を行った』

アフガニスタンとイラク

アメリカのロックウェルB-1Bには、バックファイアのように核攻撃任務が想定されていたが、在来任務改良計画（CMUP）によって、長距離の通常型（非核）爆撃機としての実戦用途が見いだされた。改良の第1段階（ブロックBと命名）は1995年に完了し、性能が向上した合成開口レーダーを装備するとともに、その他のアビオニクスの改良がほどこされた。1997年実施された次の段階の改良（ブロックC）では、さまざまなクラスター爆弾を組み合わせて搭載できるようにソフトウェアがアップデートされた。

B-1Bは1998年の〝デザート・フォックス〟作戦の支援で実戦に初登場し、イラクに対する爆撃を行ったが、これはイラクが繰り返し〝飛行禁止区域〟へ進入し、多国籍軍機に地対空ミサイル攻撃を繰り返したためだった。1999年には、B-1B 6機が旧ユーゴスラビアの〝アライド・フォース作戦〟に参加してコソボでのNATOの作戦行動を支援し、8機はアフガニスタンのテロリスト拠点を爆撃する〝不朽の自由〟作戦に参加した。そのほかの機は、2003年のイラク侵攻作戦に配備されていた。2001年、第28爆撃航空団のB-1Bがディエゴガルシア島からアフガニスタンの攻撃目標に向けて爆撃作戦を実施したが、そのうちの1機が機器不良が原因でインド洋で墜落し、乗員4名が救助された。

B-1Bには効率的な脱出システムが装備されていた。カプセル式脱出装置内に座っていたB-1Aの搭乗員とは違って、B-1Bの全搭乗員にウェーバーACES II射出座席が与えられていた。B-1Aの場合、緊急時にはカプセルが胴体部と分離し、アポロの宇宙カプセルのようにパラシュート3基で降下する構造になっていた。衝撃を吸収するエアバッグは、着水時は浮袋としても機能する。だが1974年10月に、B-1Bには標準型の射出座席が装備される予定だと発表された。乗員がノブを使って、射出手順をオートあるいはマニュアルに設定するものだ。標準ではオートに設定されており、パイロットが4名の乗員全員の迅速な射出を操作できる。オートモードに設定されていない座席は除外され、次の座席が射出される。マニュアルモードでは、自分のシートの射出のみ操作可能となっている。

ly
マクドネル・ダグラス F-15C イーグル

　アメリカ空軍とアメリカ飛行機メーカー各社は、1965年にF-4〝ファントム〟の後継機となる先進戦術戦闘機の可能性を検討しはじめた。4年後に、新航空機の主製造会社としてマクドネル・ダグラスが選定されたことが発表され、同社がFX（後にF-15Aイーグルと命名された）を設計することになった。この機の1号機は1972年7月27日に初飛行をおこない、最初の作戦機は1975年にアメリカ空軍に納入された。

　タンデム座席のF-15BはF-15Aと並行して開発が進められ、主要生産型となったのがF-15Cだ。F-15Jは、F-15Cを日本がライセンスで製造した機である。複座の攻撃・制空複合任務型であるF-15EはイスラエルにはF-15Iとして、サウジアラビアにはF-15Sとして供給された。サウジアラビアは、引退させつつあったBAeライトニングF.Mk 53迎撃機の代替機として、F-15Sより前にF-15C/Dを62機購入している。アメリカ空軍が合計で1286機のF-15（全バージョン）を受け取り、日本は171機、サウジアラビアは98機、イスラエルが56機を受け取っている。

　F-15は1991年の湾岸戦争で活躍し、イスラエルのF-15Iは1980年代にシリア空軍とのベカー渓谷での戦闘に参加した。またF-15は、湾岸地域、旧ユーゴスラビアをはじめとする紛争地域で実戦に参加した。

アメリカ空軍　戦術航空軍団　第318迎撃戦闘飛行隊
1990年代　ワシントン

第318迎撃戦闘飛行隊（FIS）は、1983年にコンベアF-106AからF-15Cに変更した。この飛行隊は1989年に解散し、イーグルはオレゴン州空軍に配備されている。

McDonell Douglas F-15C Eagle

機種：制空戦闘機
乗員：1名
動力装置：プラット＆ホイットニーF100-PW-220 ターボファンエンジン A/B推力10885kg×2
性能：最高速度2655km/h　実用上昇限度30500m　航続距離5745km（コンフォーマル燃料タンク搭載時）
外寸：翼幅13.05m　全長19.43m　全高5.63m
全備重量：30840kg
兵装：20mm M61A1機関砲×1、AIM-7またはAIM-120×4、AIM-9空対空ミサイル×4

ミコヤン・グレビッチ
MiG-25 〝フォックスバット〟

　プロトタイプの MiG-25 は 1964 年という早い時期に初飛行しており、マッハ 3.0 の速度と 21350m の実用上昇限度で計画されていた、米空軍戦略爆撃機ノースアメリカン B-70 バルキリーに対抗するために設計されたことは明らかだ。B-70 の製造が中止されたために、取り残されたフォックスバットは役割を模索することになった。1970 年に MiG-25P（フォックスバット A）と命名されて配備が開始された機は、全天候で昼夜を問わず、さらに敵側の濃密な電子戦環境下でも、すべての標的に対抗できる能力を持つ迎撃機としての任務を担うことになった。

　MiG-25P は現在も相当数が現役で、ロシアの S-155P ミサイル迎撃システムの一部を構成している。そして MiG-25 の派生型は、ウクライナ、カザフスタン、アゼルバイジャン、インド、イラク、アルジェリア、シリア、リビアにも供給された。MiG-25R や MiG-25RB、MiG-25BM は、MiG-25P をもとに製造された派生型で、MiG-25R は R の接尾記号が示す通り偵察型、MiG-25RB は戦域目標への高い爆撃能力を合わせ持っている。

　MiG-RB には偵察機器収容部が設けられ、偵察カメラ、地形図用航空カメラ、プログラミングされた目標爆撃用の Peteng 照準・航法システム、アクティブ妨害と電子偵察システムを含む電子装備が搭載されている。MiG-25BM は、地上目標に誘導ミサイルを発射したり、戦域目標や地上軍指示目標、敵レーダーサイトなどを破壊する能力を持っている。

　MiG-25P の搭載している巨大なメインレーダー（NATO コードネーム、フォックスファイア）は、1959 年当時の典型的な技術の集合体だ。熱イオン管（真空管）を使用し、600kW の出力で敵の妨害電波を無効にする。

ソ連防空軍　サハロフカ迎撃航空団
1967 年　ソ連　ウラジオストック

ここに示した MiG-25P（レッド 31）は、主翼パイロンにソ連初期の中距離空対空ミサイル R-8（NATO コードネーム AA-3 アナブ）を 4 基搭載している。外側 2 基が SARH（セミアクティブ・レーダーホーミング）誘導方式の R-8M、内側 2 基が IR（赤外線）誘導方式の R-8T である。

Mikoyan-gurevich MiG-25P Foxbat-A

機種：迎撃機
乗員：1 名
動力装置：ツマンスキー R-15BD-300 ターボジェットエンジン　A/B 推力 11200kg × 2
性能：最高速度 2970km/h　実用上昇限度 24380m　戦闘行動半径 1130km
外寸：翼幅 14.02m　全長 23.82m　全高 6.10m
全備重量：37425kg
兵装：さまざまな組み合わせの空対空ミサイルを搭載可能な翼下パイロン× 4

F–15 イーグル
vs
MiG–25 フォックスバット

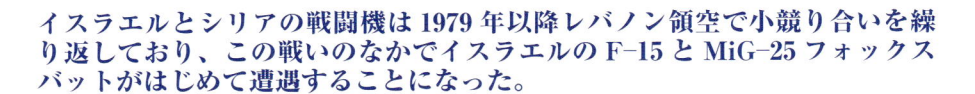

イスラエルとシリアの戦闘機は1979年以降レバノン領空で小競り合いを繰り返しており、この戦いのなかでイスラエルのF–15とMiG–25フォックスバットがはじめて遭遇することになった。

F–15はそもそも制空任務でMiG–25に対抗できるように設計されていたが、実際の戦闘でも圧倒的にF–15がまさるという結果は大いに注目を浴びた。イスラエルは、フォックスバットは高々度で高速ではあっても、機動性もコックピットからの視界も劣ると報告していた。中高度や低空では大重量のMiG–25のスピードは格段に落ち、操縦性も鈍かったのだ。

『パイロットの行動は、まるでいずれ撃墜されると覚悟しているようで……』

イスラエルの優位性

イスラエルによると、MiG–23〝フロッガー〟のほうがはるかに優れた面を持っていたが、シリアの戦術には改善の余地が多々あった。イスラエル空軍の上級士官は、1982年夏のベカー渓谷での空中戦について次のように語っている。

「パイロットの行動は、まるでいずれ撃墜されると覚悟しているようで、そのときが来るのを待つだけで、防ごうともしなければ、こちらを撃ち落とそうともしなかった。1973年の紛争でシリア軍は積極果敢に戦っていたのに、これは不思議だった。そのときとは状況が違うから、航空機の優劣を比較するのはむずかしい。彼らは世界最高の戦闘機に乗っていたはずなのに、あんな飛び方をしていたら、わたしたちからまったく同じ方法で撃墜されただろう。問題があったのは航空機ではなく、シリア軍の戦術だった。

作戦区域とこちらに課せられていた制限を考えて欲しい。我々はシリアへ侵入するわけにはいかなかった。シリア側は基地から戦闘地域まで2分しかかからないのに、イスラエルの基地からは10分から40分かかる。我々の機のなかには、ネゲブ砂漠のウブダからはるばる来ているのもあった。85〜90％というほとんどの撃墜が、シリア国境から1分も離れていないベカー渓谷で発生した。つまり、シリア軍がベカー地域を掃討しようと考えたら、こちらに与えられた時間は、彼らが国境を越えて戻っていく往復の2分だけだ。2分以内に彼らを撃

F–15Cは戦いに参加するたびに、きわめて優秀な制空戦闘機であることを立証していった。

McDonell Douglas F-15 Eagle vs Mikoyan-gurevich MiG-25 'Foxbat'

MiG-25〝フォックスバット〟は運動性が悪かったために制空戦闘機としては役に立たず、高速・高々度偵察機として多用されることになった。

墜しなければ、国境を越えて追いかけていくことはできない。イスラエル軍にとっては厳しい状況だった。シリアもそうだったかもしれないが……。ミサイルも撃ってきたし、戦闘もしたが、いささか変わったやり方だった。楽な標的だったとは言わないが、こちらから見ると、戦術を考えずに行動しているようだった。彼らとしては、最上の戦術は逃げることだったのかもしれないが、本当のところは我々にもわからない。しかし結果でわかるように、非常に奇妙なやり方だった」

空中の戦い

イスラエルは1982年6月4日にレバノンに侵攻し、シリア軍が最初の損失をこうむったのは、MiG-25R〝フォックスバット〟が高々度偵察中に撃墜された6月7日のことだった。

『このときの衝突でイスラエル軍が失った102機のうち、39機は地対空ミサイル、残りは高射砲で撃墜された』

イスラエル軍は、どの航空機が撃墜したか言及することをずっと拒否しているが、スパロー長距離空対空ミサイルで武装した複数のF-15だと思われる。翌日にはさらに4機のMiG(MiG-21か23、または両方)が撃墜されたが、ベカー渓谷で本格的な戦闘が開始されたのは6月9日のことだ

った。イスラエル軍のA-4スカイホークとF-4ファントム、クフィルが、ベイルート東部のシリア軍地対空ミサイルと高射砲の発射施設に、最初の大規模攻撃をしかけた。作戦行動にはじめて参加したクフィルは、空対空と空対地の両方で最高の航空機であることを証明した。

1973年の第4次中東戦争(ヨム・キプル戦争)では、エジプト軍が高密度の最新地対空ミサイルサイトとレーダー管制高射砲を保持していたため、イスラエル軍はスエズ運河西岸上空の制空権を得ることができなかった。このときの衝突でイスラエル軍が失った102機のうち、39機は地対空ミサイル、残りは高射砲で撃墜された。

このため、レバノン侵攻の初期段階に最優先攻撃目標として選ばれたのが、地対空ミサイルサイトと高射砲陣地だった。イスラエル軍攻撃機は電子戦と欺瞞技術を駆使して、ごく低高度の〝通常〟爆弾投下で1ヵ所ずつ施設を破壊していった。多くの砲兵部隊が、空からの攻撃に脆弱になる発射施設の移動時を狙われて撃破されていった。シリア軍は移動中の兵力防衛のため戦闘空中哨戒(CAP)に頼ろうとして、機数の優勢により制空権を確立しようと大量の航空機を動員した。しかし実際には、パイロットの腕前と戦術がすぐれており、さらにはF-15のような優秀な航空機を持っていたイスラエルに制空権を奪われてしまったのだ。

ロッキード・マーティン F-16 ファイティング・ファルコン

　もともとはジェネラル・ダイナミクス社が設計し、現在はロッキード・マーティンが生産しているF-16ファイティング・ファルコンは、世界でもっとも数の多い戦闘機だ。アメリカ空軍で2000機以上が就役しており、さらに約2000機が世界20カ国以上の空軍で使われている。

　F-16誕生のきっかけは、1972年のアメリカ空軍の軽量戦闘機（LWF）計画で、プロトタイプYF-16は1974年2月2日に初飛行している。この機に搭載されていたFCS（射撃管制装置）はゼネラルエレクトリック製SRS-1測距レーダーとマルコーニ製HUD（ヘッドアップディスプレイ）という簡素なものだったが、量産型のF-16A/Bには、ウェスティングハウスが新たに開発したAPG-66パルスドップラーレーダーが搭載された。HUD上には、速度、高度、方位、上昇／下降、目標指示キューのほか、各種の情報が数字とシンボルマークによって表示される。戦闘時のHUD表示モードとして、空対地攻撃モードは5種類、空対空戦闘モードは4種類あり、パイロットは状況により表示モードを選択することになる。F-16の翼下ハードポイントは最大9Gの耐荷重強度をもっており、兵器を搭載したまま空中戦が可能である。

　F-16BとF-16Dは複座型であり、1988年から納入されたF-16Cはアビオニクスにさまざまな改良がほどこされたモデルで、エンジンの選択（P&W F100またはGE F110）が可能となった。F-16は、レバノンでの戦闘（イスラエル空軍機）を初めとして、湾岸戦争やバルカン半島での戦いに参加している。F-16は常にアップグレードが続けられており、21世紀を迎えても第一線に留まれる実力を備えている。

アメリカ空軍　シュパンダーレム空軍基地　第52戦術戦闘航空団
1990年代　ドイツ

イラストに示されたF-16Cは、52TFWの司令官であったグレン・A・プロフィット准将のパーソナル・エアクラフトとして使われていた。52TFWのファイティングファルコンは、1990年代にF-4Gファントムから、ワイルドウイーズル・ミッション（敵側レーダーを捜索し破壊する任務）を引き継いでいる。

Lockheed Martin F-16C Fighting Falcon

機種：制空／戦術戦闘機、防空網制圧機
乗員：1名
動力装置：A/B推力10800kgのプラット・アンド・ホイットニーF100-PW20×1、またはA/B推力13150kgのゼネラルエレクトリックF110-GE-100ターボファンエンジン×1
性能：最高速度2142km/h　実用上昇限度15240m　戦闘行動半径925km
外寸：翼幅9.45m　全長15.09m　全高5.09m
全備重量：16060kg
兵装：ゼネラルエレクトリックM61A1機関砲×1、最大9270kgの武器搭載可能な外部ハードポイント×7

ミコヤン・グレビッチ・MiG-29 ファルクラム

　MiG-29（NATOコードネーム〝ファルクラム〟）は、戦場での航空優勢と対地攻撃において、MiG-21やMiG-23、Su-17の後継機となる軽量戦闘機の要求にこたえて開発された。最初のプロトタイプは1977年10月に初飛行し、ソ連前線航空部隊への納入は1983年から開始された。

　強力なパルスドップラーレーダーを補完するものとして、パッシブ赤外線捜査追尾システム（IRST）が装備されている。これは、レーダー非作動を維持したまま、攻撃目標の探知と追尾、捕捉が可能なものだ。

　IRSTセンサーは風防の前方に設置されている。近接戦闘では、ヘルメット搭載の照準器を使って、オフボアサイト（照準圏外）の目標に向かって赤外線ホーミングミサイルを発射することができる。

ソ連前線航空隊　第16空軍　第968戦闘航空連隊
1990年代　ドイツ民主共和国　ノビッツ（アルテンブルク）

1990年代初頭まで、多数のソ連兵力が東ドイツ第16空軍に配備されていた。第968戦闘航空連隊（IAP）は短期間、ライプチヒ近郊のアルテンブルクに拠点を置いていた。第968戦闘航空連隊は1989年にMiG-27〝フロッガー〟からファルクラムへと使用機を変更した。イラストのMiG-29を使用した飛行隊は不明だが、アルテンブルク本拠の部隊としては唯一飛行隊バッジを描いており、姉妹部隊より前に製造された初期型ファルクラムを飛ばしていた。星と翼を組み合わせたマーキングは第2次世界大戦中のヤク戦闘機に描かれていたものだ。1992年4月、第968戦闘航空連隊はロシアのリペックへ撤退していった。現在アルテンブルク飛行場は民間空港となり、低料金のライアンエアーなどが使用している。

Mikoyan MiG-29 Fulcrum-A

機種：制空・防空戦闘機、
乗員：1名
動力装置：クリモフ／レニングラード RD-33 アフターバーニングターボファンエンジン　A/B 推力 8300kg × 2
性能：最高速度 2445km/h　実用上昇限度 17000m　戦闘行動半径 750km
外寸：翼幅 11.36m　全長 17.32m　全高 4.73m
全備重量：18500kg
兵装：30mm Gsh-301 機関砲 × 1、武器搭載上限 3000kg

F-16 ファイティング・ファルコン
vs
MiG-29 ファルクラム

F-16のすぐれた戦闘能力がはじめて世間の注目を浴びたのは、イスラエル空軍の8機がバグダッド近郊のオシラク原子炉に長距離低空精密攻撃をかけた1981年6月7日のことだった。

イスラエルは、当時建設中の原子炉はイラク軍事プログラムと関連性があり、核兵器としての利用規準を満たすプルトニウムの生成に用いられることになる（その後、まさにそうだったことが明らかになる）と主張していた。イスラエルの情報によると、この原子炉は1981年晩夏に使用開始予定で、イラクは20キロトンの核爆弾を5基製造できることになるはずだった。イスラエル空軍に原子炉の破壊命令が出され、攻撃作戦は民間人の犠牲を最小限に食い止めるために現地時間日曜日の午前6時30分に行われることが計画された。作戦のコードネームは〝オペラ〟で、F-16を護衛する戦闘機として、F-15が6機参加することになった。

『F-16は超低空で侵入し、454kgの爆弾で70mWのフランス製原子炉を完全に破壊した。投下した16発中15発が命中し、フランス民間人1名が犠牲となった』

究極の戦闘機

F-15とF-16はエイラート近くのエツィオンを離陸すると、ヨルダン国境通過前に空中給油を受け、その後サウジアラビア北部の不毛地帯まで飛行をつづけた。イラクとの国境を通過したときに散発的で不正確な対空砲火を受けたとパイロットが報告しているが、その後の作戦行動中にさらなる反撃を受けることはなかった。厳重に偽装した原子炉を防衛していた地対空ミサイルは、発射されなかった。

攻撃するパイロットは簡単に攻撃目標を特定した。同施設に対してはすでにイラン空軍のF-4ファントムがロケット弾攻撃を行ったが、破壊に失敗していた。そしてイランは写真情報を進んでイスラエルに提供していたのだ。F-16は超低空で侵入し、454kgの爆弾で70mWのフランス製原子炉を完全に破壊した。投下した16発中15発が命中し、フランス民間人1名が犠牲となった。

イスラエル軍のF-16は翌年にレバノンのベカー渓谷上空での戦闘に参加しており、イスラエル軍パイロットによると、味方側の損失なしで44機のシリア軍MiGを撃墜している。1980年代後半には、F-16はパキスタン空軍とともに実戦に参加し

数え切れないほどのアップグレードを受けてきたF-16ファイティング・ファルコンは、さらに将来もアップグレードされて、今後も長年にわたって有効な戦闘機でありつづけるだろう。

Lockheed Martin F-16 Fighting Falcon vs Mikoyan MiG-29 'Fulcrum'

MiG-29が最初に公の場に登場したときに西側の航空専門家が驚いたのは、ドップラーレーダーのロックをはずすテールスライドなど、今までに見たこともない戦闘時の機動性だった。

た。パキスタン空軍のF-16パイロットは、1986年から89年にかけての対ゲリラ作戦中に、パキスタン領空を侵犯したソ連とアフガニスタンの戦闘機8機（Su-22が4機、MiG-23が2機、Su-25とAn-26各1機）を撃墜したと主張している。

1991年の〝砂漠の嵐〟作戦では249機のF-16が13340回出撃し、化学兵器や通常兵器の製造施設を攻撃するとともに、飛行場攻撃や移動式スカッドミサイルの追跡に参加した。

F-16は第1次湾岸戦争時の空中戦でイラク軍機撃墜を記録することはなかったが、1992年12月から93年1月にかけて、飛行禁止区域に侵入した2機のイラク軍MiG-23をAMRAAMミサイルで撃墜している。

1993年4月12日、アメリカ空軍のF-16はブゴイノ市を爆撃したセルビアのスーパーガレブ4機を撃墜した。それ以降、F-16はNATOの平和維持活動に不可欠な存在となり、第2次湾岸戦争ではさらに広く使われることになった。

戦闘上の問題点

優れた機動性と高性能兵器システムにもかかわらず、MiG-29ファルクラムもF-16も、パイロットの資質が問題となる戦闘状況においては成果を上げることができなかった。

『第2次湾岸戦争時のイラクのMiG-29は、パイロットがいなかったために飛行場で無為に過ごすしかなかった』

〝ファルクラム〟は1991年の湾岸戦争に参戦したとはいえ、イラク軍では数少ない機を経験不足のパイロットが操縦し、戦闘出撃もめったに行われなかった。この機はセルビアでは大幅に数の多いNATO航空機相手に戦い、エリトリアではエチオピアのSu-27〝フランカー〟と交戦した。

F-16がイラクとセルビアで戦果を上げられたのは、主導権を握った多国籍軍がごく初期段階から完璧な制空権を確保しており、MiG-29には反撃するチャンスがほとんどなかったからだ。第2次湾岸戦争時のイラクのMiG-29は、パイロットがいなかったために飛行場で無為に過ごすしかなかった。セルビアのMiG-29は15年前に製造された古い機体で、スペアパーツも枯渇し、出撃すると主要システムが機能しない機体さえあった。破壊された10機のうち、6機は空中戦で、4機は地上で破壊されている。MiG-29は、ソ連のアフガニスタン侵攻では限定的にしか使われなかった。これらの航空機とパキスタン空軍のF-16との空中戦が発生していれば興味深いことだっただろうが、MiGはパキスタン国境付近で作戦行動を取ったことはないため、現実には対決していない。

MiG-29はシリアの防空の基盤となった。第1作戦基地はサイカルに置かれ、第697、698、699飛行隊に配備されていた。シリア軍パイロットは優秀で経験豊富であり、さらにベカー渓谷での紛争でイスラエルに何度となく打ち負かされたとき以来、多くの教訓を学んでいた。

ミコヤン・グレビッチ MiG-29 ファルクラム

大祖国戦争（第2次世界大戦のロシアでの呼称）に際し、第234戦闘航空連隊（IAP）はラボーチキン戦闘機を使用して戦った。この部隊は1952年に、朝鮮半島への派遣部隊との交替のためモスクワ近郊のクビンカ空軍基地へと再配置された。クビンカは長年にわたって、国内外の指導者に高性能軍用機のデモンストレーションを行う場所として使われていた。この部隊の人員はソ連初の単独飛行やジェット機のアクロバット飛行を行っており、1946年からはモスクワ上空でメーデーやその他式典のデモフライトの指揮をつとめている。このようなデモンストレーションの成功から、同部隊は栄誉ある〝国土防衛隊〟の名称を与えられ、機体には国土防衛隊旗を描くことが許された。

第2次世界大戦後のソ連とロシアの軍隊の歴史はほとんど知られていないが、第234戦闘航空連隊はその後、イワン・コジェドゥブにちなみ、第237国土防衛隊展示飛行センター（GtsPAT）に改称している。コジェドゥブは大戦時に62機撃墜を記録し、朝鮮戦争ではソ連空軍派遣隊の指揮官をつとめたエースパイロットである。1989年にはクビンカの飛行部隊は第237混成航空連隊と命名され、隷下の第1飛行隊はSu-27〝フランカー〟を受領した。この第1飛行隊は、1991年にデモンストレーション飛行チーム〝ロシアンナイツ〟を編成した。第237部隊のMiG-29部隊も〝ファルクラム〟の搭乗員で飛行チームを結成し、このチームは〝スイフツ〟と呼ばれることになった。MiG-29は、高仰角で飛べる能力を持つことと、比較的軽量な機体に強力なエンジンを搭載しているため、アクロバット飛行に最適な航空機だった。両チームはヨーロッパなど海外で数々のデモ飛行を披露している。第237連隊はロシアの中心的なアクロバット飛行訓練部隊となり、MiGやスホーイの戦闘機のほかにSu-24やSu-25などの攻撃機も配備されている。

空軍モスクワ軍管区　第237国土防衛隊展示飛行センター
1990年代初期　ロシア　クビンカ飛行場

Mikoyan MiG-29 Falcrum-A

機種：制空防衛機
乗員：1名
動力装置：クリモフ／レニングラード RD-33 アフターバーニングターボファンエンジン　A/B 推力 8300kg × 2
性能：最高速度 2445km/h　実用上昇限度 17000m　戦闘行動半径 750km
外寸：翼幅 11.36m　全長 17.32m　全高 4.73m
全備重量：18500kg
兵装：30mm Gsh-301機関砲 × 1、兵器搭載最大 3000kg

マクドネル・ダグラス F/A-18 ホーネット

制空任務でF-14がファントムと交替したのに続いて、戦術的任務でファントムと交替したのが（海軍と海兵隊の両方で）マクドネル・ダグラス F/A-18 ホーネットだった。ホーネットのプロトタイプは1978年9月13日に初飛行し、その後10機の開発テスト用の機体（複座型2機を含む）が製造された。

最初の生産型は、戦闘攻撃機のF/A-18Aと複座のF/A-18B実戦訓練機だ。その後の発展型のF/A-18CとF/A-18Dには、AIM-120空対空ミサイルとマーベリック赤外線ミサイルが搭載可能となったほか、機上自衛妨害システムが装備されている。ホーネットはCF-188（138機）として、カナダ国防軍にも採用されたほか、オーストラリア（75機）、フィンランド（64機）、クウェート（40機）、スペイン（72機）、スイス（34機）に採用されている。アメリカ海軍・海兵隊への納入は、改造型すべてを含めて1150機だった。

ホーネットの初出撃は1986年のリビア紛争であり、空母から陸への攻撃と防空網制圧任務に参加した。1991年の〝砂漠の嵐〟作戦では目覚ましい活躍を見せ、アメリカ海軍と海兵隊のホーネットがイラク軍制圧作戦に多数参加している。その後は数々のNATOの平和維持活動に参加し、特にバルカン半島での活躍が有名だ。

第13空母航空団　第314海兵戦闘攻撃飛行隊〝ブラック・ナイツ〟
1986年　地中海　空母コーラル・シー

第314海兵戦闘攻撃飛行隊（VMFA-314）は、1986年のエルドラド・キャニオン作戦とプレーリー・ファイア作戦で、空母コーラル・シーから出撃してリビアの地対空ミサイル施設を攻撃した。この部隊の通常のテールコードVWがAKに変更されたのは、このときの配備で第13空母航空団（CVW-13）に所属し、空母コーラル・シーに搭載されたことをあらわしている。

McDonnell Douglas F/A-18A Hornet

機種：艦上戦闘攻撃機
乗員：1名
動力装置：ゼネラルエレクトリック F404-GE400 ターボファンエンジン　A/B推力 7260kg × 2
性能：最高速度 1910km/h　実用上昇限度 15240m　戦闘行動半径 1065km
外寸：翼幅 11.43m　全長 17.07m　全高 4.66m
全備重量：25400kg
兵装：20mm M61 バルカン砲×1、外部ハードポイントに最大7700kgの兵器が搭載可能

MiG-29
vs
マクドネル・ダグラス F/A-18

オーストラリア空軍はカナダ国防軍に次ぐホーネットの主要なユーザーで、F/A-18を57機とF/A-18Bを18機導入した。

オーストラリア空軍（RAAF）は、1999年にホーネットフリートのアップグレード計画を開始した。より高性能の通信装置やミッションコンピューター、GPS、さらに従来のAPG-65レーダーから空対空と空対地機能の両方に優れた性能を発揮する最先端のAPG-73への変更など、近代化されたアビオニクスを備えた航空機に改修することが目的だった。ホーネットを使用していたのは、ノーザンテリトリーのティンダル空軍基地の第75飛行隊、およびニューサウスウェールズ州のウィリアムタウン空軍基地の第3と第77飛行隊だった。3部隊とも演習のためにニュージーランドへ頻繁に派遣されており、2年に一度行われているマレーシアやシンガポール、アメリカ、ときにはイギリスが参加する共同演習にも参加している。そしてオーストラリア空軍のホーネットがはじめて実戦を体験したのは、2003年のイラク戦争のときだった。

『もしMiG-29の潜在能力を最大限まで利用していたら、明らかにF/A-18を凌駕する可能性があっただろう』

イラクへの展開

オーストラリア空軍のF/A-18ホーネット14機は、イラクでの作戦行動のため2003年にカタールのアル・ウデイド空軍基地に派遣された。この作戦行動は第77飛行隊のグロスター・ミーティアF.8が1953年7月に朝鮮戦争最後の出撃を行って以来、オーストラリア空軍戦闘機にとってはじめての実戦海外展開だった。イラクへの作戦行動は3月20日にはじまり4月27日に完了したが、この間オーストラリア空軍のホーネットは350回の戦闘出撃をおこない、122発のレーザー誘導爆弾を投下した。

任務は阻止攻撃から防空、近接航空支援におよび、オーストラリアSAS部隊やその他特殊部隊との共同作戦も行われた。またアメリカ海兵隊支援のためにも多数のミッションを実施しており、バグダッドやティクリートなどの大都市における市街戦への支援任務もあった。ホーネットがオーストラリアに帰還したのは5月のことだった。

MiG-29とホーネットの戦闘能力を比較する機会がやってきたのは、マレーシアとシンガポール、オーストラリア、ニュージ

1993年に英フェアフォード空軍基地で行われたRIAT（ロイヤル・インターナショナル・エア・タトゥー）に参加したチェコ空軍のMiG-29。

Mikoyan MiG-29 'Falcrum' vs McDonnell Douglas F/A-18 Hornet

F/A-18 ホーネットは有力な戦闘攻撃機としてアメリカ海軍や数ヵ国の空軍に供給されている。写真の機はアメリカ空母着艦時に制動用〝ワイヤ〟に着艦フックを引っかけようとしているところ。

ーランド、イギリスによる5ヵ国の防衛協定のもとで行われた演習でのことだった。問題の MiG-29 はマレーシア空軍が使用しており、マレーシアがこのロシア機を取得したことについて、オーストラリア防衛当局は次のように述べている。

「オーストラリア空軍およびこの地域の同盟国が直面している最大の脅威は、おそらくロシアの MiG-29〝ファルクラム〟と Su-27/30〝フランカー〟の系列になるだろう。これらは大型で高速、運動性が高い上に、優れた空対空ミサイルを搭載する戦闘機だ。目視内距離（WVR）でのドッグファイトでは非常に手強い敵となる。1990年代なかばに MiG-29 がマレーシアに導入されたとき、この航空機はこの地域で使用されていた戦闘機のなかで最も能力が高かったが、当時発揮したのは潜在能力のほんの一部だった。もし MiG-29 の潜在能力を最大限まで利用していたら、明らかに F/A-18 を凌駕する可能性があっただろう」

空中での性能競争

5ヵ国航空演習を行ったとき、マレーシア空軍の MiG-29 は確かに F/A-18 を上回ることが示されていた。数回行われた中距離と短距離での航空戦闘演習で、MiG-29 はホーネットを全機撃墜したのだ。マレーシア空軍は、オーストラリアの AIM-9 サイトワインダーや AIM-7 スパローミサイルに対抗して AA-10 や AA-11、AA-12 ミサイルを使用した。いくつかの報告書によると、空中の無人標的へのミサイル攻撃を観察した結果では、AA-11 アーチャーミサイルのほうが AIM-9 よりも射程が長く、弾頭性能がすぐれており、さらに赤外線センサーの感度も高かったとされている。

『……マレーシア空軍のパイロットのように優秀なパイロットが操縦すれば、MiG-29 はほとんどの航空機を打ち負かせただろう』

別のオブザーバーによると、オーストラリア機は攻撃任務にあるため積載量も重く、いっぽう MiG-29 は身軽な状態だったため、このような条件下で F/A-18 と MiG-29 とを比較するのは不公平だと指摘していた。このような状況下で、マレーシア空軍のパイロットのように優秀なパイロットが操縦すれば、MiG-29 はほとんどの航空機を打ち負かせただろう。

1990年代なかばまで、オーストラリア空軍の F/A-18 は東南アジア地域で BVR（視程外距離）空中戦が可能な唯一の航空機であり、オーストラリア空軍のホーネットと F-111 は並ぶもののない攻撃能力と航空支援能力を持っていた。しかしこれ以降、情勢は劇的かつ迅速に変化している。東南アジア諸国空軍への最新鋭戦闘機の導入、また既存航空機のアップグレードによって、オーストラリア空軍が保持していた優位は危うくなり、あるいは失われてしまった。最新鋭装備は東西両陣営から供給されているが、戦闘機の契約で大幅なディスカウントを提示するロシアが、戦闘機の第一の供給元となりそうな状況だ。

ロッキード・マーティン F-22 ラプター

　1983年9月、アメリカ空軍は先進型戦術戦闘機（ATF）のコンセプト研究の契約を国内の航空宇宙メーカー6社と結んだ。そのうちの2社であるロッキードとノースロップが、デモ機のプロトタイプの製造社として選定され、ロッキードはYF-22、ノースロップはYF-23と、それぞれ2機のプロトタイプを製造した。ロッキードの提案が採用され、1997年9月7日にEMD（技術製造開発型）F-22Aの最初の1機が初飛行した。2機目のEMD機の初飛行は、1998年6月29日だった。2001年末までに、合計9機のF-22が進空した。

　F-22Aにはさまざまなステルス機能が盛り込まれている。たとえば、空対空兵装は全て機内に搭載されており、機内の3つの区画に最新鋭の短距離、中距離、視程外射程の空対空ミサイルが格納されている。1993年の戦闘機能評価後には、対地攻撃能力が追加され454kgのGBU-32精密誘導爆弾が機内兵器倉に搭載可能となった。

　F-22は再出撃に必要なターンアラウンド時間が20分以内という、高い出撃率をめざして設計されており、アビオニクスは空中戦で迅速に反応できるように高度に統合されている。戦闘機が生き残れるかどうかは、パイロットがごく初期段階で目標を特定し、1回で撃墜できるかどうかにかかっている。F-22の設計の目的は、きわめて軽快な大量のソ連戦闘機によって当時もたらされていた脅威への対処だった。F-22Aの役割は、視程外射程の兵器を使って相手側の領空内で交戦し勝利することだった。この航空機は、2001年にアメリカが組織した、世界中のあらゆる脅威に立ち向かう汎地球打撃機動部隊の主力になるだろう。アメリカ空軍はF-22を438機要求している（訳注・187機で調達終了）。

アメリカ空軍資材軍団　空軍飛行試験センター 2000年代　エドワーズ空軍基地

F-22A EMD 1号機はロッキード・マーティン・マリエッタ工場における初飛行の後、1998年2月にエドワーズ空軍基地に運ばれ、空軍飛行試験センター（AFFTC）の手による飛行試験を開始した。その後2001年までに9機のEMDラプターがエドワーズに到着し、綿密な飛行試験が実施された。

Lockheed Martin F-22 Raptor

機種：先進戦術戦闘機
乗員：1名
動力装置：プラット＆ホイットニーF119-P-100
　ターボファンエンジン　A/B推力15870kg×2
性能：最高速度2335km/h　実用上昇限度
　19810m　戦闘半径1285km
外寸：翼幅13.1m　全長19.55m　全高5.39m
全備重量：27220kg
兵装：GE. M61A2　20mm機関砲×1、AIM-9X、AIM-120C AMRAAM空対空ミサイル、GBU-32統合直接攻撃弾（JDAM）、その他最新鋭兵器

スホーイ Su-27 〝フランカー〟

　スホーイ Su-27 は 2 つの役割を持つ航空機だ。第 1 の制空任務に加えて、Su-24 〝フェンサー〟戦闘攻撃機が敵地深く侵入するときの護衛機としての役割がある。T-10 と名付けられたプロトタイプの初飛行は 1977 年 5 月で、NATO はこの機に〝フランカー〟というコードネームをつけた。

　Su-27P フランカーB 防空戦闘機の本格的な生産は 1980 年に開始されたが、1984 年まで完全な運用態勢に入ることはなかった。同時代の MiG-29 〝ファルクラム〟と同様、Su-27 には 40 度後退翼と大後退角の翼付根延長部（ストレーキ）があり、くさび形の空気取り入れ口を持つ下面装着エンジン、2 枚の尾翼という基本デザインを持つ。中程度の後退翼と大後退角ストレーキの組み合わせは、操縦性を向上させ、揚力を発生させるため、非常に大きな迎え角で飛行することが可能になった。

　Su-27UB フランカーC は複座訓練機、Su-27K フランカーD は海軍用の航空機で、少数がロシア空母アドミラル・クズネツォフ（旧称トビリシ）搭載用として配備された。Su-27 はベトナムと、J-11 という名称が与えられた中国空軍で使用されており、ソ連崩壊で生まれたベラルーシやカザフスタンなどの国で数機が引き継がれている。複座フランカーの輸出型である Su-30K は、インド空軍の第 24 飛行隊で使用されている。

前線航空隊　第 4 空軍　第 582 防衛戦闘機連隊 1990 年　ポーランド　コイナ

第 582 防衛戦闘機連隊は、1992 年にロシアへと撤退したポーランド駐留の Su-27 部隊 2 個部隊の 1 つであり、この撤退は旧ワルシャワ条約諸国からの全面撤退の一部として行われた。イラストの機は第 582 防衛戦闘機連隊のスホーイ Su-27 フランカーB 〝ブルー 24〟である。

Sukhoi Su-27 Flanker-B

機種：制空戦闘機・長距離迎撃機
乗員：1 名
動力装置：リューリカ AL-31FM ターボファンエンジン　A/B 推力 12500kg × 2
性能：最高速度 2500km/h　実用上昇限度 18000 m　戦闘行動半径 1500km
外寸：翼幅 14.70m　全長 21.94m　全高 6.36m
全備重量：30000kg
兵装：30mm GSh-3101 機関砲 × 1、外部ハードポイント × 10 に多種類の空対空ミサイルを混合搭載可能

F-22 ラプター vs Su-27 〝フランカー〟

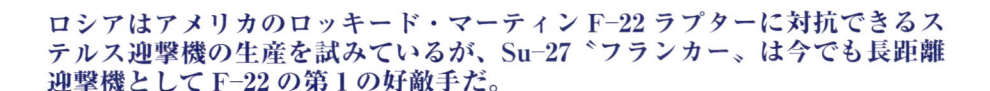

ロシアはアメリカのロッキード・マーティン F-22 ラプターに対抗できるステルス迎撃機の生産を試みているが、Su-27 〝フランカー〟は今でも長距離迎撃機として F-22 の第1の好敵手だ。

　F-22A の最大の長所は、ステルス技術がふんだんに採用されているところだ。また、高い出撃率をめざして設計されたこの機は、次の出撃までに 20 分以下のターンアラウンド時間しか必要としない。さらに、高度に統合されたアビオニクスが空中戦での迅速な対応力を与えている。生存率のほとんどは、パイロットが攻撃目標を相手より早く捕捉し、一撃で撃ち落とせるだけの能力を持っているかどうかだけにかかっている。

　F-22A は、きわめて現実的な目前の脅威に対処するために設計された。アメリカ空軍の最新戦闘機、F-16 は 1979 年に実戦配備され、ロシアはその後 10 年で少なくとも 5 機種の攻撃・戦闘機を導入した。これらの機の任務は密接に連携しており、高度に一体化した作戦行動を取ることができた。スホーイ Su-24 フェンサーは全天候型で低空での侵攻能力が高く、NATO 領土に深く侵攻して作戦を行うソ連の能力を大きく強化した。Su-25 〝フロッグフット〟対地攻撃機は、アフガニスタンで近接航空支援攻撃機としての優秀さをすぐに証明した。MiG-29 〝ファルクラム〟と Su-27 〝フランカー〟は制空任務では NATO 軍航空機と同等の能力を持つだけでなく、高い対地攻撃能力も持ち合わせていた。MiG-31 〝フォックスハウンド〟は巡航ミサイルで武装したアメリカ軍爆撃機に対抗するために開発され、ソ連の防空システムに新たな局面をもたらした。

『明らかにロシアは F-22 級の航空機を開発する能力があり、西側より先に開発するかどうかが深刻な懸念だった』

　こうしたソ連の新鋭戦闘機のなかで、NATO の分析スタッフに最も大きなショックを与えたのが Su-27 〝フランカー〟だ。1986 年から 88 年にかけて、Su-27 開発機のうちの1機である P-42 が、余分な装備を一切取り去ったマクドネル・ダグラスの F-15 ストリークイーグルが達成した記録に挑戦して、いくつもの世界記録を塗り替えようとしていた。P-42 は記録のた

F-22 はロッキード製ステルス機の第3世代にあたり、以前より攻撃目標に接近してからの武器発射が可能となったため、撃墜率は飛躍的に向上した。

Lockheed Martin F-22 Raptor vs Sukhoi Su-27 'Flanker'

Su-27〝フランカー〟の基本型に匹敵する長距離迎撃機はなく、また次世代向け発展型は21世紀のロシア軍用航空で支配的になることが確実視されている。

めに、レーダーや武器、操作機器を取りのぞいて軽量化していた。

1986年から88年にP-42が打ち立てた27の世界記録には、以前はF-15が保持していた5つの一定高度到達絶対時間の記録が含まれている。P-42は、F-15よりも約7秒速い70.33秒で高度15000mまで急上昇したのだ。

Su-27の開発

明らかにロシアはF-22級の航空機を開発する能力があり、西側より先に開発するかどうかが深刻な懸念だった。

しかしその後、ソ連は崩壊して経済問題があらわになった。そしてやがて明らかになったのは、ロシアはF-22級の機体の開発努力をつづけているだけでなく（MiG-MFI、及びスホーイS-37）、21世紀まで有効に利用できるように従来の設計の機に新規技術を適用していることだった。この傾向がよくわかるのがSu-27をもとに開発した次期制空戦闘機スホーイSu-35やデモンストレーターのMiG-29M OVTで、3次元推力偏向ノズルを採用して驚異的な敏捷性を実現させている。例をあげると、Su-37は90度以上まで急速に機首を上げ、自機の全長の範囲内でコンパクトに360度転回したあと、高度を下げずに水平飛行に戻ることができる。

『Su-27〝フランカー〟は、敵に回すと非常に危険な相手である。ある環境下ではレーダーを使わずに複数スペクトラルのセンサー群を使用して、攻撃目標の探知、確認、位置の特定を行うことができる』

これによりロシア軍は手頃な予算でF-22Aの任務の多くをカバーする航空機の製造に成功したということができ、これまでは安価な多用途機にしか手が届かなかった多くの国々も高性能航空機を入手できるようになったため、力の不均衡という危険を生み出すものと考えられている。極東では中国が西側との友好関係を確かに深めつつあったものの、やはりいまだに環太平洋地域の安定への脅威だと見なされている。その中国は、Su-27のような近代型戦闘機で武装しているだけでなく、その野望は強力な核武装能力に裏打ちされていたのだ。

Su-27〝フランカー〟は、敵に回すと非常に危険な相手である。ある環境下ではレーダーを使わずに、敵のレーダー警戒受信機に探知されない複数スペクトラルのセンサー群を使用して、攻撃目標の探知、確認、位置の特定を行うことができる。

しかし、〝フランカー〟は単なる長距離破壊爆撃機ではなかった。航空ショーの観客たちは、西側戦闘機が真似できない高度な飛行を披露し、飛行可能領域曲線のコーナーぎりぎりでも安全な操縦特性を見せつけるSu-27に釘付けになった。Su-27は、パイロットに低速度飛行での類を見ない敏捷性を与え、さらにパイロットは、機軸から外れた目標に狙いをつけるために飛行方位とはかなり違う方向に機首を〝向け〟ることができるようになった。

ロッキード F-117 ナイトホーク

　驚異的なF-117A〝ステルス〟機は1973年のプロジェクト〝ハヴ・ブルー〟として誕生し、レーダーや赤外線による探知が最小限かもしくは、不可能な戦闘機を製造する実現可能性の研究のはじまりとなった。実験的ステルス戦術機（XST）〝ハヴ・ブルー〟研究機2機が作られ、1977年にネヴァダ州グルームレイク（エリア51）で初飛行した。2機の〝ハヴ・ブルー〟機の評価によって、F-117Aを64機生産する発注がなされた。このうち5機は評価試験用で、1号機は1981年6月に初飛行を行った。量産型F-117Aの1号機は1982年1月に初飛行を行い、59機のF-117Aの最後の機は1990年7月に納入された。

　第37戦術戦闘航空団のF-117Aは、1991年の湾岸戦争で優先度の高い攻撃目標に最初に攻撃をかけ、卓越した働きをした。その後は、バルカンやアフガニスタンで使用されている。F-117の第1の任務は、価値の高い指揮統制通信施設への攻撃で、その目標には、司令部掩蔽壕や指揮所、防空および通信センターなどが含まれている。

アメリカ空軍　第49戦闘航空団
1992年　ニューメキシコ州　ホロマン空軍基地

第49戦闘航空団は長い歴史と輝かしい戦歴を持っている。1948年8月18日に日本の三沢基地で編制され、F-51ムスタングやF-80シューティング・スターが配備されていた。その後F-84サンダージェットを装備し、朝鮮戦争で多くの対地攻撃任務を実施した。その後はF-86セイバーやF-100スーパーセイバー、F-105サンダーチーフ、F-4ファントムへと順次使用機を更新し、1972年にはベトナムで実戦に参加した。この航空団は1977年からF-15イーグルを使用していたが、1992年にF-117A部隊へと転換した。

Lockheed F-117A nighthawk

機種：戦闘爆撃機
乗員：1名
動力装置：ゼネラルエレクトリックF404-GE-F1D2 ターボファンエンジン　推力4900kg × 2
性能：最高速度マッハ0.92　実用上昇限度と戦闘行動半径は機密
外寸：翼幅13.20m　全長20.08m　全高3.78m
全備重量：23810kg
兵装：兵器庫内の回転式投下装置に2270kgの兵装搭載（AGM-88HARM 対電波源ミサイル、AGM-65マーベリック空対地ミサイル、GBU-19/GBU-27電子光学誘導爆弾、BLU-109レーザー誘導爆弾、B61自由落下核爆弾を含む）

ノースロップ・グラマン B-2 スピリット 🇺🇸

　もともとは先進技術爆撃機（ATB）として知られていたB-2の開発は1978年に開始され、アメリカ空軍は当初は133機を要求していた。しかし度重なる予算削減のために機数は1991年までに21機まで減少している。プロトタイプは1989年7月17日に飛行し、最初の生産型B-2Aは1993年12月17日、ミズーリ州ホワイトマン空軍基地の第509爆撃航空団・第393爆撃飛行隊にデリバリーされた。

　ATBの設計にあたって、ノースロップは当初から全翼機の形態を採ることを決定していた。全翼機のアプローチが選ばれたのは、レーダー反射断面積最小化を目指したためで、垂直尾翼をなくしたことも含めて、きわめてクリーンな形状を実現するためだった。そしてこの形式にしたことで、翼幅方向荷重分布の構造上の効率化、効率的な巡航のための高い揚抗比が得られるなどのメリットも生まれた。また、揚抗比を向上させ、横揺れや縦揺れ、偏揺れを制御するためにじゅうぶんな翼幅を確保し、縦方向の安定をとるため翼端が拡大された。

　当初のATB設計にはエレボンは翼端のパネルにあるだけだったが、設計の過程でエレボンを内翼部にも追加する改良が施され、B-2は特徴ある2重W型の後縁を持つようになった。B-2には戦闘機レベルの操縦特性があるため、すぐれた機動性を発揮することができる。デザインそのものの〝ステルス〟特性に加え、B-2Aにはレーダー吸収性物質がコーティングされ、レーダー電波の反射を最小化している。

アメリカ空軍　第509爆撃航空団　第393爆撃飛行隊
1990年代中頃　ミズーリ州　ホワイトマン空軍基地

　第509（混成）爆撃群として発足した第509爆撃航空団は、1944年に世界初の原子爆弾を投下するために編制された部隊であった。それ以降、アメリカ空軍の新しい戦略兵器やシステムの実戦使用においてパイオニア的存在でありつづけたという経歴をもつ。

Northrop Grumman B-2A Spirit

機種：戦略爆撃機
乗員：4名
動力装置：ゼネラルエレクトリック F118-GE-100 ターボファンエンジン　推力8620kg×4
性能：最高速度764km/h　実用上昇限度15240m　戦闘行動半径：11675km
外寸：翼幅52.43m　全長21.03m　全高5.18m
全備重量：181440kg
兵装：AGM-129 先進型巡航ミサイル×16 または B.61/B.83 自由落下型核爆弾×16、Mk82 爆弾（227kg）×80、JDAM×16、Mk84 爆弾（907kg）×16、M117 焼夷弾（340kg）×36、CBU-87/89/97/98 クラスター爆弾×36、Mk36（304kg）または Mk62 機雷×80

F-117 ナイトホーク
vs
B-2 スピリット

〝ステルス〟機の F-117 と B-2 は、旧ワルシャワ条約国の領空に探知されずに侵入できるよう設計された。実際に向かった戦場はまったく異なる場所であったが、彼らが直面した兵器の大半はロシア製だった。

F-117A がはじめて一般の注目を集めたのは、2 機が 1989 年にアメリカのパナマ侵攻支援でリオ・ハト兵舎を爆撃したときのことだ。しかし、本当に世間の注目を浴びるのは、2 年後の 1 月イラク攻撃に参加した時であった。

多国籍軍のイラク制圧作戦の立案者たちが直面した最大の問題の 1 つは、イラクの軍事能力の正確な情報査定だった。総合的な諜報はほぼアメリカ中央情報局（CIA）に委ねられており、その CIA はイスラエルから提供される情報に大きく依存していた。国益のためにイラクの軍事力をできる限り悲観的に見せておきたいイスラエルは、イラクのハイテク戦争を遂行する能力は過大評価されていると結論づけていた。これが、戦争初期段階での攻撃目標や攻撃方法の選択に影響を与えた。

〝砂漠の嵐作戦〟における阻止攻撃段階での優先事項は、イラクが核兵器や化学兵器、生物兵器を使って戦争を遂行する能力を破壊し、イラク空軍の主要飛行場を無力化し、イラクの指揮統制通信システムを崩壊させて無効にすることだった。この段階では、産業目標にも軍事目標にも戦略的航空戦を行うことが想定されていた。

『F-117A はコソボでの NATO 作戦行動の支援や、2003 年のイラクの自由作戦で使用された』

市街地に主要施設がある指揮統制通信システムに対して使用された主力兵器は、第 37 戦術戦闘航空団のロッキード F-117A とジェネラル・ダイナミクス AGM-109 トマホーク巡航ミサイルだった。F-117A は、BLU-109 レーザー誘導爆弾（900kg）で武装していた。

サウジアラビアに展開していた 20 機を超える F-117A は、攻撃作戦最初の夜に指定された目標をすべて爆撃した。パイロットは目標地域で長時間探知されないというステルス機の能力を活用して、攻撃目標を特定した。天候もパイロットに味方した。

独特の形状をした F-117 ナイトホークの本当の形態や能力は、長いあいだ秘密にされていた。

Lockheed F-117 nighthawk vs Northrop Grumman B-2 Spirit

B-2プログラム関係者の全員が厳しい身上調査を受けなければならなかったため、航空機開発のコストが10〜15％上昇した。

戦闘開始の夜は快晴で暗く、月はまだ満ちはじめたばかりだった。攻撃機が搭載していた〝スマート〟な兵器と暗視装置にとって、最高の条件だったのだ。

その後、F-117Aはコソボでの NATO 作戦行動の支援や、2003 年の〝イラクの自由作戦〟で使用された。

アメリカのもう1つのステルス爆撃機、ノースロップB-2Aを空軍に導入した部隊は、第509爆撃航空団で、この航空団のB-29が世界初の原子爆弾を日本に投下した1945年以来、新しい戦略兵器の実戦配備に責任を持ちつづけてきた部隊だった。

B-2Aが最初の実戦に飛び立ったのは1999年3月24日で、2機がミズーリ州ホワイトマン空軍基地から発進し、〝アライド・フォース作戦〟を支援するために旧ユーゴスラビアの目標を攻撃する31時間のノンストップ作戦任務を行った。アライド・フォース作戦には6機のB-2が割り当てられており、45回の出撃で656発の統合直接攻撃弾（JDAM）を目標に投下している。複数回の空中給油が必要なこれらの任務は、搭乗員にとってはきわめて疲労度の高いものだった。

『B-2が最初の実戦に飛び立ったのは1999年3月24日で、2機がミズーリ州ホワイトマン空軍基地から発進し、〝アライド・フォース作戦〟を支援するために旧ユーゴスラビアの目標を攻撃する31時間のノンストップ作戦任務を行った』

第509爆撃航空団のB-2はつづいて2001年の〝不朽の自由作戦〟に参加し、アフガニスタンの目標を攻撃した。最初の3日間で6回の爆撃作戦を行ったB-2は、空中給油機の支援を受けながらホワイトマン空軍基地から直接アフガニスタンに飛んだ。それから、再発進準備と搭乗員交替のために、インド洋上のディエゴガルシア島へ向かった。その後、アフガニスタンへの2度目の出撃を行ってから、ホワイトマン空軍基地へと帰還した。1回の出撃所要時間は、地上滞在時間を含めて平均70時間だった。

運用試験期間中、B-2の乗員は日常的に30時間以上の作戦飛行を行っていた。フライトシミュレーターの場合は、飛行時間限度は50時間まで上げられており、パイロットは交替で間に合わせのベッドで眠っていた。

航空機自体の状況を言えば、B-2Aフリートの50％は常に出撃可能な状態に整備されていた。出撃不能となる原因は、たいていは厳格な〝ステルス〟要求を満たせなかったからで、レーダー吸収性物質を塗布した表面についた傷や汚れを頻繁に処理する必要があった。

〝ステルス〟作戦行動には、攻撃目標の正確な情報が不可欠だ。正確な情報の欠落によって厳しい非難にさらされたのが、アライド・フォース作戦時にB-2Aの乗員が行った1999年5月の在ベルグラード中国大使館へのJDAM誤爆だった。

監訳者あとがき

　ドッグファイトとは字義通りなら犬の闘いだが、転じて格闘戦、中でも戦闘機どうしのくんずほぐれつの空中戦を指す言葉として定着している。

　航空機が地上を攻撃するために最初に使われたのは1911年のこと、そして航空機どうしが空中で最初に戦ったのは、1914年に第一次大戦が開始されて間もない頃である。ライト兄弟が史上初の動力飛行に成功したのが1903年であるから、空飛ぶ機械はその誕生から10年経つか経たないうちに戦いに身を投じたわけで、航空機というものが戦うための道具としての運命を背負って生まれてきたといっても決して言い過ぎではない。

　本書は、そうした航空機の戦いの様相を年代順に追ったものだが、単なる戦記物ではない。古今の名機、傑作機と呼ばれる軍用航空機の中から、絶好のライバルと呼ぶにふさわしい組み合わせを選び出し、その代表的な戦いぶりを記したものである。興味深いのは、ライバル機の選び方が通り一遍のやり方ではないことで、さすがに世界一の質と量を誇るイギリス航空出版界のベテランライター2人が書いただけのことはある、と納得するとともに感心させられる。

　例えばF-86セイバーのライバルといえば、朝鮮戦争で死闘を繰り広げたMiG-15と相場が決まっているが、本書では敢えてその組み合わせではなく、インド・パキスタン戦争で対戦したホーカー・ハンターを採り上げている。またP-51マスタングのライバルにはメッサーシュミットBf109やフォッケウルフFw190ではなく、大戦末期にあいまみえたMe262を配するといった具合で、当初はとまどうものの読み進むうちに、何ゆえにこの2機種がライバルとして選択されたかがはっきり理解されるといった組み合わせも多い。

　筆者達のライバル選びの基準は、単に

同時代の同クラス機で、実際に対戦したことがある（もちろんそれらの条件を満たす組み合わせも採り上げられているが）といった狭い枠に捉われることなく、比較・評価することにより両機の長所短所、特徴といったものが浮き彫りになり、読者の興味をよりいっそう膨らませるという狙いを優先しているといえよう。

機体そのものの解説、そしてドッグファイトの様相の記述はともに筆者2人の広範で深い知識と洞察力に裏打ちされた興味深いもので、特に日本には殆ど伝わらなかったか、ごく一部の人間しか知り得なかった事実が少なからず含まれている点が素晴らしい。

どの時代の機体の記述も面白いが、監訳した自分としてはより身近に感じられる冷戦時代を記した項に最も興味をひかれる。当時の東西両陣営の軍用機のあり方を本書に見る時、冷戦の危機というものが、（特にヨーロッパの人々にとっては）いかに間近に迫っていたものであるかを知ることができよう。

また各機に付けられた精緻なカラーイラストも本書の魅力の一つで、アートワークと呼ぶにふさわしいものだ。イラストを愛でつつ、広範で奥深く、時に無慈悲な航空戦の歴史の合間を渉猟するというのが、本書を楽しむ最良の方法といえようか。

松崎豊一
2009.11 記

ロバート・ジャクソン (Robert Jackson)
元パイロット、飛行教官。現在は軍事や航空事故分野を中心に執筆。おもな著書に "B-17 Flying Fortress""The Operational Record" など。また "The Encyclopedia of Military Aircraft" など事典の編纂も手がけている。英国ダラム在住。

ジム・ウィンチェスター (Jim Winchester)
航空機、とくに軍用機を専門とする著述家、評論家。おもな著書に "Fighters of the 20th Century""Combat Legends: A-4 Skyhawk""Fighter" など。さらに『軍用機事典』などの編集、'Air Forces Monthly' や 'Aeroplane' など有力誌への寄稿も多い。英国ロンドン在住。

松崎豊一（まつざき・とよかず）
1942年東京生まれ。早稲田大学政経学部卒業。カメラ会社勤務、飲食店経営などを経て、1980年代から航空・軍事ライターとして各種雑誌に寄稿。原書房、イカロス出版、グランプリ出版、酣灯社などから著書多数を出版。

Copyright © 2006 by Amber Books Ltd, London
Copyright in the Japanese translation © 2009 Hara Shobo Publishing Co., Ltd.
This translation of Dogfight: Military Aircraft Compared and Contrasted first published in 2009
is published by arrangement with Amber Books Ltd through Japan UNI Agency, Inc., Tokyo.

DOGFIGHT ライバル機大全

2009年11月30日　第1刷

著者　…………ロバート・ジャクソン&ジム・ウィンチェスター
監訳　…………松崎豊一

装幀・本文AD　…………松木美紀
印刷・製本　…………シナノ印刷株式会社

発行者　…………成瀬雅人
発行所　…………株式会社原書房
〒160-0022　東京都新宿区新宿1-25-13
電話・代表 03-3354-0685
http://www.harashobo.cc.jp
振替・00150-6-151594

© Toyokazu Matsuzaki 2009
ISBN978-4-562-04536-5, Printed in Japan